中国区域
中长期温室气体排放路径研究
——以江西省为例

蔡博峰　张泽宸　雷　宇　范　敏　等／著

中国环境出版集团·北京

图书在版编目（CIP）数据

中国区域中长期温室气体排放路径研究 ：以江西省为例 / 蔡博峰等著. -- 北京 ：中国环境出版集团，2023.10

ISBN 978-7-5111-5619-8

Ⅰ. ①中… Ⅱ. ①蔡… Ⅲ. ①温室效应－有害气体－大气扩散－污染防治－研究－江西 Ⅳ. ① X511

中国国家版本馆 CIP 数据核字（2023）第 181622 号

出 版 人 武德凯
责任编辑 丁莞歆
装帧设计 宋 瑞

出版发行 中国环境出版集团
（100062 北京市东城区广渠门内大街 16 号）
网 址：http://www.cesp.com.cn
电子邮箱：bjgl@cesp.com.cn
联系电话：010-67112765（编辑管理部）
010-67147349（第四分社）
发行热线：010-67125803，010-67113405（传真）
印 刷 北京鑫益晖印刷有限公司
经 销 各地新华书店
版 次 2023 年 10 月第 1 版
印 次 2023 年 10 月第 1 次印刷
开 本 787×1092 1/16
印 张 13.5
字 数 280 千字
定 价 98.00 元

序一

2020年9月22日，习近平主席在第七十五届联合国大会一般性辩论上郑重宣布，中国将提高国家自主贡献力度，采取更加有力的政策和措施，二氧化碳排放力争于2030年前达到峰值，努力争取2060年前实现碳中和。这一庄严承诺开启了中国积极应对气候变化的新篇章，也为全球气候治理增添了新的动力。实现碳达峰碳中和，是以习近平同志为核心的党中央统筹国内、国际两个大局作出的重大战略决策，是着力解决资源环境约束突出问题、全面建设美丽中国、实现中华民族永续发展的必然选择，是构建人类命运共同体的庄严承诺。

实现碳达峰碳中和是一场广泛而深刻的经济社会系统性变革。我国的碳达峰碳中和是国际上排放压力最大、中和降幅最快、转型任务最重、投入成本最高的复杂系统工程。科学、准确地分析中国未来发展情景和排放路径，系统评估不同路径下的产业发展、能源结构、工程措施、投资及成本等，并依此提出中国碳达峰碳中和的时间表、路线图和施工图，是落实党中央、国务院提出的碳达峰碳中和目标的非常重要且极为迫切的工作。建立科学、系统的综合模型是实现这一工作的重大基础性科研创新。为此，生态环境部环境规划院在原气候变化与环境政策研究中心的基础上组建了碳达峰碳中和研究中心，由该中心执行主任蔡博峰研究员等科研骨干成立了中国中长期排放综合模型攻关小组，基于该团队长期以来的学术积累和数据能力建设［包括温室气体清单方法学、温室气体排放情景模型、温室气体排放空间化模型等，以及中国高空间分辨率排放网格数据库（CHRED）和中国城市长时间序列温室气体排放数据集等］，自主研发了中国中长期排放综合评估模型（CAEP-CP）。该模型以 2030 年碳达峰和 2060 年碳中和为核心目标，实现全国、分省、分部门、分网格（10 ～ 50 km 分辨率）的排放情景模拟和达峰路径分析，为建立可科学计算、可精准研判、可落地分析的温室气体排放管控路径和措施提供了科学支撑。经过近两年的学术攻关，CAEP-CP 模型已构建完成并通过多轮测试。2021 年，CAEP-CP 模型作为中国工程院“我国碳达峰碳中和战略及路径研究”重大咨询项目的综合模型发挥了重要的支撑作用，并且充分学习和吸纳了国内 40 多位院士、300 多位专家、数十家单位在经济、能源、电力、工业、建筑、交通及碳移除等领域的前沿成果和先进方法，实现了一次重要的升级。

江西省碳达峰碳中和路径研究是 CAEP-CP 模型一个非常重要的区域应用。在项目开展过程中，江西省碳达峰碳中和的决策和管理部门不断提出各种非常具体和较为明确的管理需求，要求解决的问题也不断清晰化、精准化和定量化，对 CAEP-CP 模型提出了新的要求。在此过程中，项目团队不断联合在相关领域具有技术优势的研究单位，陆续开发了新能源潜力评估模块、森林碳汇模块、减排技术评估模块、关键产业预测模块等，同时创建了国内第一个中国碳中和技术平台。CAEP-CP 模型最终为江西省碳达峰碳中和模式与实现路径研究发挥了重要的支撑作用，其核心结果也得到了江西省委主要领导的批示。项目验收评审院士和专家充分肯定了 CAEP-CP 模型对中国和区域温室气体排放路径综合评估的原创性贡献。

中国碳达峰碳中和路径研究是一个艰巨且极富挑战性的科研方向，也是支撑中国实现碳达峰碳中和的基础性研究。CAEP-CP 模型作为其中一员，仍处于初步成长的阶段，未来我们要紧密围绕国家和地方重大管理需求及关键科学问题，充分吸纳国内外学术机构的经验和做法，持续开展学术攻关和实践应用，实现模型的不断完善和迭代升级。本书作为 CAEP-CP 模型重要应用的研究成果，也是对中国区域中长期温室气体排放路径的探索，为国内各地区碳达峰碳中和研究提供了参考，欢迎国内外学术各界及决策管理人员批评指正。

中国工程院院士
生态环境部环境规划院院长
中国环境科学学会理事长
国家气候变化专家委员会副主任
2022 年 9 月 22 日

序二

自习近平主席宣布中国将力争2030年前实现碳达峰、2060年前实现碳中和（“双碳”目标）以来，国家和地方层面相继发布了相关政策规划文件，碳达峰碳中和行动成为全社会关注的热点，并被列入全国和各地区未来五年的重点工作之中。党的二十大报告中再次强调了积极稳妥推进碳达峰碳中和的重要性，提出要“立足我国能源资源禀赋，坚持先立后破，有计划分步骤实施碳达峰行动”。先立后破，一方面要稳中求进，落实好稳中求进工作总基调，不能急于求成；另一方面要坚定不移、科学有序地推进各项工作，促进经济社会的全面绿色转型。实现碳达峰碳中和是一场广泛而深刻的经济社会系统性变革，在设计中长期碳排放路径、探索“双碳”目标实现途径的过程中，处理好“立”与“破”的关系、应对好机遇与挑战，是全国上下一致面临的问题。

江西省产业结构以传统重工业为主，高能耗、高碳行业占比偏高，能源消费结构以煤为主，清洁能源占比较低，能源和产业结构转型面临着巨大压力。与此同时，江西省又是唯一兼具国家生态文明试验区和生态产品价值实现机制国家试点的省份，在过去的一段时间里积极建设完善生态文明制度体系，探索“绿水青山”与“金山银山”的双向转化路径，形成了一批具有示范效应的可复制、可推广的经验做法。江西省“双碳”目标的实现，既有“立”的基础，也有“破”的挑战。立足本省当前发展实际，着眼未来长远发展方向，探索碳达峰碳中和目标实现的江西路径，是江西省应对气候变化和开展“双碳”工作中的重要一环。

为贯彻落实碳达峰碳中和重大战略部署，助力江西省碳达峰碳中和目标的实现，江西省人民政府批复依托江西省科学院牵头建设江西省碳中和研究中心。该中心依托组建单位——江西省科学院，在能源战略与低碳发展、新能源与可再生能源、工业节能与绿色发展、节能环保技术与产品开发、低碳战略咨询和规划编制等领域取得了一批高水平的研究成果。在10余年开展应对气候变化与绿色低碳领域科技攻关取得的成果的基础上，该中心围绕开展碳中和应用基础研究、突破碳中和关键共性核心技术、推进碳中和成果转移转化、构建碳中和高端人才聚集地等重点任务，为实现碳达峰目标和碳中和愿景提供了科学路径和科技支撑。此次，在中国工程科技发展战略江西研究院的支持下，江西省科学院与生态环境部环境规划院合作开展了“区域中长期温室气体排放路径研究”，面向国家碳中和的重大战略需求和江西省低碳发展关键问题，基于江西省社会经济、资源能源、碳排放现状，兼顾全省发展目标和发展定位，识别政策需求，厘清影响因素，评估发展潜力，探索减排路径，为江西及国内相似地区的发展方式变革和生产方式绿色转型提供了参考，也希望能够为实现碳达峰碳中和目标愿景贡献江西力量。

江西省科学院院长

2022 年 11 月 4 日

前言

开展碳达峰碳中和情景分析和路径综合评估是区域层面实现碳达峰碳中和的基础性科研工作。本书基于中国中长期排放综合评估模型（CAEP-CP），以江西省为研究对象，系统模拟和研究了江西省实现碳达峰碳中和的海量情景和可能路径，综合评估了江西省高质量实现碳达峰碳中和的路线图、产业结构变化、重点领域、重点工程、投资与成本、关键技术、社会经济影响及政策制度设计等。

CAEP-CP 模型包含多个功能模块，整体结构为历史和现状评估—趋势预判和大数据情景分析—路径寻优和综合研判—多维度系统评估。江西省碳达峰碳中和路径研究是 CAEP-CP 模型在中国省级层面一次较为系统和全面的应用。在研究过程中，生态环境部环境规划院和江西省科学院能源研究所组成的研究团队开展了大量的走访和调研。王金南院士多次带队赴江西省开展实地调研，与江西省委主要领导开展对话和座谈，与江西省发展改革委、能源局、统计局、工信厅、生态环境厅、国网江西电力公司等相关部门开展专题座谈，准确掌握了江西省相关领域的发展现状和未来愿景，也反复验证和迭代模型结果；同时，研究团队针对江西省典型企业开展了大量实地调研，共调研企业 20 余家，在微观层面上掌握和分析了江西省工业领域碳排放特点和转型的挑战与困难，并基于典型企业的市场敏锐性和面向未来的技术创新性，进一步迭代升级了模型中关于未来产业发展的分析和预判。

江西省碳达峰碳中和路径研究方法和主要成果受到江西省领导和国内相关领域院士、专家的高度肯定，研究团队在深受鼓舞的同时也深刻认识到中长期排放综合模型的重要性。为此，我们将相关研究成果进一步凝练并整合出版，使其方法内容更丰富、逻辑结构更严谨，以期为国内各地区碳达峰碳中和路径研究和实践提供参考。中国中长期排放综合模型研究是一个跨学科的新兴领域，笔者的研究和认知仍存在很多不足，书稿难免存在偏差和纰漏，恳请读者批评指正。

蔡博峰

生态环境部环境规划院

碳达峰碳中和研究中心

作者

章	作者	单位
1	张　立 蔡博峰 李明煜 任家琪	生态环境部环境规划院 生态环境部环境规划院 清华大学 北京师范大学
2	蔡博峰 王　淼 杨敬言	生态环境部环境规划院 清华大学 清华大学
3	张　立 蒋含颖 蔡博峰	生态环境部环境规划院 清华大学 生态环境部环境规划院
4	张　立 蒋含颖 蔡博峰	生态环境部环境规划院 清华大学 生态环境部环境规划院
5	蔡博峰 张　立 张　哲 吕　晨 朱淑瑛	生态环境部环境规划院 生态环境部环境规划院 生态环境部环境规划院 生态环境部环境规划院 生态环境部环境规划院
6	张泽宸 曹丽斌 庞凌云	生态环境部环境规划院 生态环境部环境规划院 生态环境部环境规划院

章	作者	单位
7	范　敏 谢运生 张　哲 叶　舒	江西省科学院能源研究所 江西省科学院能源研究所 生态环境部环境规划院 中国科学院华南植物园
8	孙李媛 杨　蕾 熊继海 才翰涛 邓同辉	江西省科学院能源研究所 江西省科学院能源研究所 江西省科学院能源研究所 江西省科学院能源研究所 江西省科学院能源研究所
9	张　哲 朱淑瑛 张　立	生态环境部环境规划院 生态环境部环境规划院 生态环境部环境规划院
10	程　帅 刘辰阳 李亚飞 张钊建	新疆金风科技股份有限公司 新疆金风科技股份有限公司 新疆金风科技股份有限公司 新疆金风科技股份有限公司
11	杨　蕾 谢运生 张泽宸 罗斌华 张　哲	江西省科学院能源研究所 江西省科学院能源研究所 生态环境部环境规划院 江西省生态文明研究院 生态环境部环境规划院
12	张泽宸 雷　宇 张　立	生态环境部环境规划院 生态环境部环境规划院 生态环境部环境规划院
13	张泽宸 雷　宇 张　立 董金池	生态环境部环境规划院 生态环境部环境规划院 生态环境部环境规划院 南京大学
14	雷　宇 张泽宸 范　敏 蔡博峰	生态环境部环境规划院 生态环境部环境规划院 江西省科学院能源研究所 生态环境部环境规划院

目录

Contents

缩略词	注解
AFOLU（Agriculture, Forestry and Other Land Use）	农业、林业和其他土地利用
BECCS（Bioenergy with Carbon Capture and Storage）	生物质能和碳捕集与封存
CAEP-CP	中国中长期排放综合评估模型
CAT（Climate Action Tracker）	气候行动追踪
CCS（Carbon Capture and Storage）	碳捕集与封存
CCUS（Carbon Capture Use and Storage）	碳捕集、利用与封存
CDR（Carbon Dioxide Remova）	碳移除
CGE（Computable General Equilibrium）	可计算的一般均衡模型
CKC（Carbon Kuznets Curve ）	碳库兹涅茨曲线
CurPol	气候政策路径
DACCS（Direct Air Carbon Capture and Storage）	直接空气碳捕集与封存
GAMS（General Algebraic Modeling System）	通用代数建模系统
GIS（Geographic Information System）	地理信息系统
GMST（Global Mean Surface Temperature）	全球平均表面温度
ICT（Information and Communication Technology）	信息通信技术
IEA（International Energy Agency）	国际能源署
IIASA	国际应用系统分析研究所
IMPs（Illustrative Mitigation Pathways ）	解释性减排路径
IPCC（Intergovernmental Panel on Climate Change）	联合国政府间气候变化专门委员会
LMDI（Logarithmic Mean Divisia Index）	对数平均迪氏指数法
MAC（Marginal Abatement Cost）	边际减排成本
MACC（Marginal Abatement Cost Curve）	边际减排成本曲线
ModAct（Moderate Action scenario）	适度行动路径
NDC（Nationally Determined Contributions）	国家自主贡献
SDG（Sustainable Development Goal）	可持续发展目标
SDS（Sustainable Development Scenario）	可持续发展情景
SSPs（Shared Socioeconomic Pathways）	共享社会经济路径
WEM（World Energy Model）	世界能源模型

1

温室气体中长期排放路径研究方法

气候变化已成为当今人类社会面临的重大全球性挑战。根据联合国政府间气候变化专门委员会（Intergovernmental Panel on Climate Change，IPCC）2020 年 8 月发布的第六次评估报告（AR6）第Ⅰ工作组（Working Group Ⅰ, WGⅠ）报告，人类活动造成的温室气体排放是全球变暖的根本原因。全球尽快实现碳中和是解决气候变暖问题的唯一途径。

碳达峰指某个地区或行业二氧化碳（CO_2）排放量达到历史最高值，然后经历平台期进入持续下降的过程，它标志着碳排放与经济发展实现了脱钩。碳中和是指人为二氧化碳排放量与移除量相平衡的状态。2018 年 IPCC 发表的《全球升温 1.5℃特别报告》（*Global Warming of 1.5℃*）对“二氧化碳净零排放”，即“碳中和”（carbon neutrality）进行了明确定义。中国气候变化事务特使解振华在全球财富管理论坛 2021 北京峰会上发表主旨演讲时表示：2030 年前要实现的碳达峰是二氧化碳的达峰，2060 年前要实现的碳中和则包括全经济领域的温室气体排放，即从二氧化碳到全部温室气体。

二氧化碳或温室气体中长期排放路径研究方法是支撑全球、国家、区域、行业等不同主体通过合理规划实现碳达峰碳中和的重要科学依据。

1.1 IPCC 排放路径研究方法

为了描述具有不同适应和减缓挑战的未来社会经济状况，2010 年 IPCC 提出了共享社会经济路径（Shared Socioeconomic Pathways，SSPs）。SSPs 是 IPCC 基于全球升温控制和排放特征，结合排放情景与社会经济发展情景提出的气候变化约束下的全球共享社会经济路径，用以阐述全球社会经济发展的可能状态和演变趋势（Samir et al.，2017；Dellink et al.，2017；Jiang et al.，2017）。IPCC-SSPs 数据库提供了较为完善且具有国际权威的 2020—2100 年全球空间化温室气体排放数据（0.5° 网格，约 50 km 分辨率），对 IPCC 各类评估报告、《联合国气候变化框架公约》（UNFCCC）谈判和各国政府气候决策发挥了关键支撑作用。

SSPs 设计了 5 种社会经济发展路径，以反映不同气候政策的可能后果。SSPs 建立的未来社会经济情景包括 7 个指标体系，分别是人力和资源指标、经济发展指标、人类发展指标、技术指标、生活方式指标、自然资源指标和政府政策指标。除了人口和国内生产总值（GDP），SSPs 还增加了人类发展指数，以分析适应、减缓和脆弱性，特别是用在对农业、土地利用和水资源的分析中。其中，人口和城市化由奥地利国际应用系统分析研究所（IIASA）和美国国家大气研究中心（NCAR）开发；GDP 由经济合作与发展组织（OECD）、国际应用系统分析学会（IIASA）及德国波茨坦气候影响研究所（PIK）的研究小组开发。

典型 SSPs 情景间的区别是基于所面临的减缓和适应挑战强度的不同。5 种典型 SSPs 情景中，分别设定了或高或低的减缓和适应挑战的不同组合：SSP1 为可持续路径（Sustainability），是一条绿色的道路，其减缓和适应面临低挑战；SSP2 为中间路径（Middle of the Road），是一个两方面挑战均相对适中的路径，其减缓和适应面临中等挑战；SSP3 为区域竞争路径（Regional Rivalry），是一条崎岖的道路，其减缓和适应面临高挑战；SSP4 为不均衡路径（Inequality），是一条差异显著的道路，其减缓挑战低、适应挑战高；SSP5 为以化石燃料为主的发展路径（Fossil-fueled Development），是一条高速发展的常规道路，其减缓挑战高、适应挑战低（图 1-1）。SSPs 的不同情景对未来社会、经济发展的假设也不同（表 1-1）。

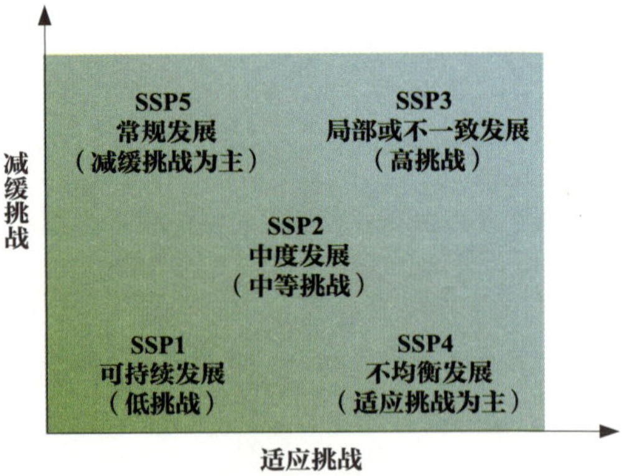

图 1-1　典型 SSPs 情景下 5 种路径面临的减缓和适应挑战

表 1-1 SSPs 情景下人口和发展要素参数

SSPs 元素	SSP1			SSP2			SSP3			SSP4			SSP5		
	按照人口统计要素中的出生率进行分组														
	高出生率	低出生率	OECD 富裕国家	高出生率	低出生率	OECD 富裕国家	高出生率	低出生率	OECD 富裕国家	高出生率	低出生率	OECD 富裕国家	高出生率	低出生率	OECD 富裕国家
人口统计															
人口增长	相对低			中			高		低	相对高		低	相对低		
出生率	低	低	中	中			高	高	低	高	低	低	低	低	高
死亡率	低			中			高			高	中	中	低		
人口迁移	中			中						中			高		
城市化水平	高			中			低			高	高	中	高		
类型	管理状况良好			延续历史格局			管理不善			城市内和城市间交错混合			随着时间的推移，管理状况转好，部分格局杂乱		
人类发展															
教育	高			中			低			非常低 / 不平等	低 / 不平等	中等 / 不平等	高		
卫生投资	高			中			低			地区内部不平等，低收入国家（LICs）较低，高收入国家（HICs）中等			高		
保健设施、水、卫生的可获得性	高			中			低			地区内部不平等，低收入国家（LICs）较低，高收入国家（HICs）中等			高		
性别平等	高			中			低			地区内部不平等，低收入国家（LICs）较低，高收入国家（HICs）中等			高		
公平	高			中			低			中			高		
社会凝聚力	高			中			低			低，分层			高		
公众参与	高			中			低			中			高		

区域影响评估模型可使用 SSPs 中的情景假设，包括有关人力资源、环境资源和政策结构等，将所有描述转换为可用于区域影响评估模型的量化变量。这些变量并不完全适用于区域情况，因此需要用历史数据对其进行更正。基于新的区域影响评估模型和 SSPs 情景，可以获得区域情景假设。模型构建过程为描述 SSPs 情景—定量化 SSPs 情景变量—根据区域具体情况对模型进行偏差矫正—输出区域情景投射。在应用至省级等区域尺度时，不同研究在将“国家间竞争”进行投射方面有所差异，可分为两种：一是依旧解释为“国家间竞争”，即直接采用“原始故事线”下全球数据的区域分解；二是解释为“区域间竞争”，构建新的“SSPs 故事线”（图 1-2）。

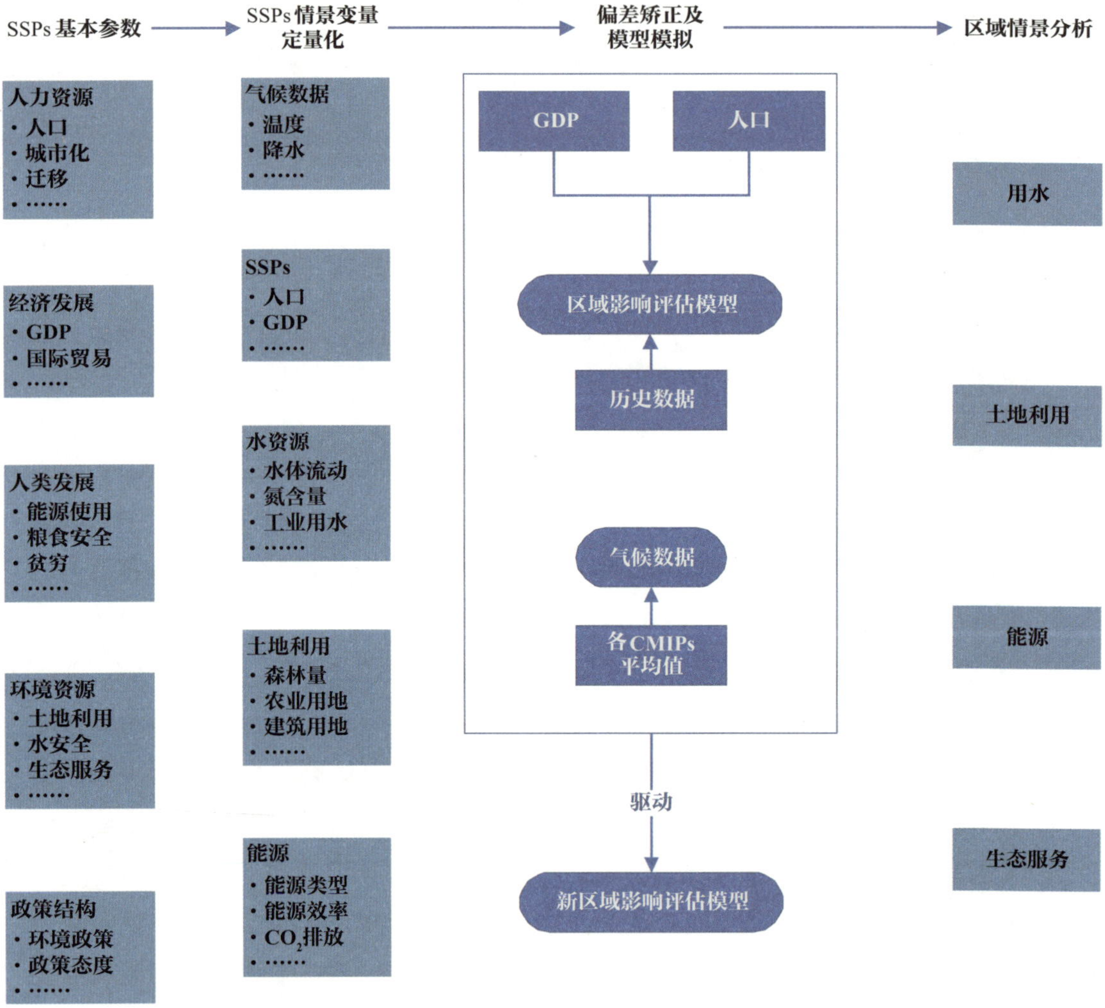

图 1-2　基于 SSPs 情景的区域评估模型

注：CMIPs 全称为国际耦合模式比较计划（Coupled Model Intercomparison Project）。

IPCC 科学组收集了文献中的大量情景，形成了第六次评估报告第Ⅲ工作组（WGⅢ）的情景数据库，数据库中包含了 2 266 个全球范围情景（IPCC，2022）。第三工作组以历史数据趋势的一致性作为初始设定标准，并对这些情景进行审查，共筛选出 1 686 个情景（未通过的情景仍然保留在数据库中）。这些通过了审查的情景来自 50 多个模型族和 15 个以上的模型对比项目。筛选出的 1 686 个情景由气候模拟器评估后，根据升温程度进行分类。在评估过程中使用了 3 种气候模拟器：FAIR、CICERO-SCM、MAGICC。由于 MAGICC（Model for the Assessment of Greenhouse Gas Induced Climate Change）包括的结果范围较充分，以下只展示这一模拟器的结果。根据气候模型和观测数据对模拟器进行校准后，模拟的结果与 IPCC 第六次评估第Ⅰ工作组报告一致。气候评估包括三步：协调、填充和运行概率气候模拟器。在预测了 2100 年变暖情况的 1 574 个情景中进行审查，以历史统计数据的一致性和近期合理性为设定标准，有 1 202 个情景通过了筛选，其余情景信息不充分。通过筛选的情景按升温程度分为 8 个类别（表 1-2），这些分类可与全球气候变化指数评估中对气候变化影响进行分类时所选择的 1.5℃、2℃、3℃和 4℃常见全球变暖等级（Global Warming Levels， GWL）进行比较。

表 1-2　按变暖程度分类的排放情景

描述	详情	WGⅠ SSPs	WGⅢ IMPs	情景 / 个
C1：升温不超过或小幅度超过 1.5℃	有≥ 33% 的概率将变暖峰值控制在 1.5℃，> 50% 的概率让 21 世纪末的温升< 1.5℃	SSP1-1.9	SP、LD、Ren	97
C2：升温大幅度超过 1.5℃	有< 33% 的概率将变暖峰值控制在 1.5℃，> 50% 的概率让 21 世纪末的温升< 1.5℃		GS、Neg	133
C3：升温可能低于 2℃	有> 67% 的概率将变暖峰值控制在< 2℃	SSP2-2.6		311
C4：升温低于 2℃	有> 50% 的概率将变暖峰值控制在< 2℃			159
C5：升温低于 2.5℃	有> 50% 的概率将变暖峰值控制在< 2.5℃			212
C6：升温低于 3℃	有> 50% 的概率将变暖峰值控制在< 3℃	SSP2-4.5	ModAct	97
C7：升温低于 4℃	有> 50% 的概率将变暖峰值控制在< 4℃	SSP3-7.0	CurPol	164
C8：升温高于 4℃	有≥ 50% 的概率将变暖峰值控制在> 4℃	SSP5-8.5		29

注：WGIII IMPs 包括以下类别：发展转型路径（Shifting Pathways，SP）、低需求发展路径（Low Demand，LD）、可再生能源路径（Renewable Electricity，Ren）、逐步加强现行减排政策路径（Gradual Strengthening，GS）、广泛应用负碳技术路径（Negative Emissions，Neg）、适度行动路径（Moderate Action scenario，ModAct）和当前气候政策路径（Current Policies，CurPol）。

除了温度分类，不同情景还可以按政策分类，如：诊断场景（P0）99 个；没有全球协调政策的情景（P1）500 个，以及没有气候缓解努力（P1a）124 个，当前国家缓解努力（P1b）59 个，国家自主贡献（Nationally Determined Contributions，NDC）（P1c）160 个，其他非标准假设（P1d）153 个；立即（2030 年之前）行动的全球协调气候政策（P2）634 个，以及不转让任何排放许可证（P2a）435 个，转让排放许可证（P2b）70 个，附加政策假设（P2c）55 个；推迟（2030 年以后）采取行动的全球协调气候政策（P3）451 个，以及在此之前没有缓解承诺或当前国家政策（P3a）7 个，NDC（P3b）426 个，NDC 和附加政策（P3c）18 个；成本效益分析（CostBenefit Analysis，CBA）（P4）2 个。通过对情景元数据的文本模式匹配来识别政策类别，采用模型中的情景进行校准，并根据相关文献的排放、碳价格轨迹及与建模人员的交流进行进一步验证。为了证明情景的多样性，根据人口、GDP、能源和累计排放量的维度，对通过审查的情景进行不同分类。每个类别的场景数量均提供了一些对当前文献的见解，但这并不代表该类别在现实中发生的概率更高。总体而言，大多数情景与 SSP2“中间路径”类别一致，只有少数情景探索了极端情况。GDP 的变化幅度相对较大，大多数情景都围绕 SSP2 的社会经济假设。预计碳捕集与封存（Carbon Capture and Storage，CCS）和碳移除（Carbon Dioxide Remova，CDR）的水平将根据缓解的程度而变化，但它们仍然在各种情景中广泛使用。CDR 主要是生物质能和碳捕集与封存（Bioenergy with Carbon Capture and Storage，BECCS）及陆地封存，使用直接空气碳捕集与封存（Direct Air Carbon Capture and Storage，DACCS）的场景相对较少，增强风化和其他技术的场景更少。

IPCC 研究报告使用情景来说明未来可能的气候政策关键特征。在 IPCC 第五次评估报告（AR5）中，第 I 工作组和第 II 工作组（WGII）的气候模型以 4 种典型浓度排放路径（Representative Concentration Pathways，RCPs）作为基础，第III工作组评估了包括这些 RCPs 在内的 1 000 多个情景。在《全球升温 1.5℃特别报告》评估的 400 多个情景中，选择了 4 个情景来强调短期减排和 BECCS 长期部署之间的权衡。在 IPCC 第六次评估报告中，第 I 工作组和第 II 工作组将第六次国际耦合模式比较计划（CMIP6）中选择的场景用来评估变暖水平，第III工作组除使用这些情景外，还选择了解释性减排路径（Illustrative Mitigation Pathways，IMPs），这是为了表明不同社会选择对未来排放的发展和主要温室气体排放行业相关转变的影响。IMPs 最重要的作用是解释报告中串联共同主线的关键主题，包括定性说明和定量说明。其中，定性说明描述了 IMPs 的关键特征；定量说明提供的数值在内部是一致的，各章之间可以相互比较。

IPCC 第六次评估报告选择出的情景（IPs）被分为 2 组：2 个高排放参考路径和 5 个 IMPs（图 1-3）。2 个高排放参考路径——气候政策路径（CurPol）和适度行动路径（ModAct）探讨了当前政策和承诺的后果：CurPol 探讨了在 2020 年继续执行气候政策并在 2020 年之后才逐步加强的结果，该路径说明了文献中预测当前政策结果的许多场景的结果；ModAct 探讨了实施 2020 年制定的 NDC 的影响，以及在此之后进一步加强措施的结果。这 2 个参考路径将导致全球平均温度升高超过 2℃。5 个 IMPs 探索了符合《巴黎协定》长期温度目标的不同路径，代表了从总体评估中出现的 5 条不同路径：逐步加强现行减排政策路径（IMP-GS）、广泛应用负碳技术路径（IMP-Neg）、可再生能源路径（IMP-Ren）、低需求发展路径（IMP-LD）和发展转型路径（IMP-SP）。其中，IMP-GS 可能将温度控制在 2℃（C3）以内；IMP-Neg 可能将温升保持在 2℃以下，但在 21 世纪末回到近 1.5℃（因此表示为 C2*）。除了这些路径，IPCC 第六次评估报告还评估了 IMP-Neg 和 IMP-Ren 替代升温水平（C3）的敏感性案例（IMP-Neg2.0 和 IMP-Ren2.0）。

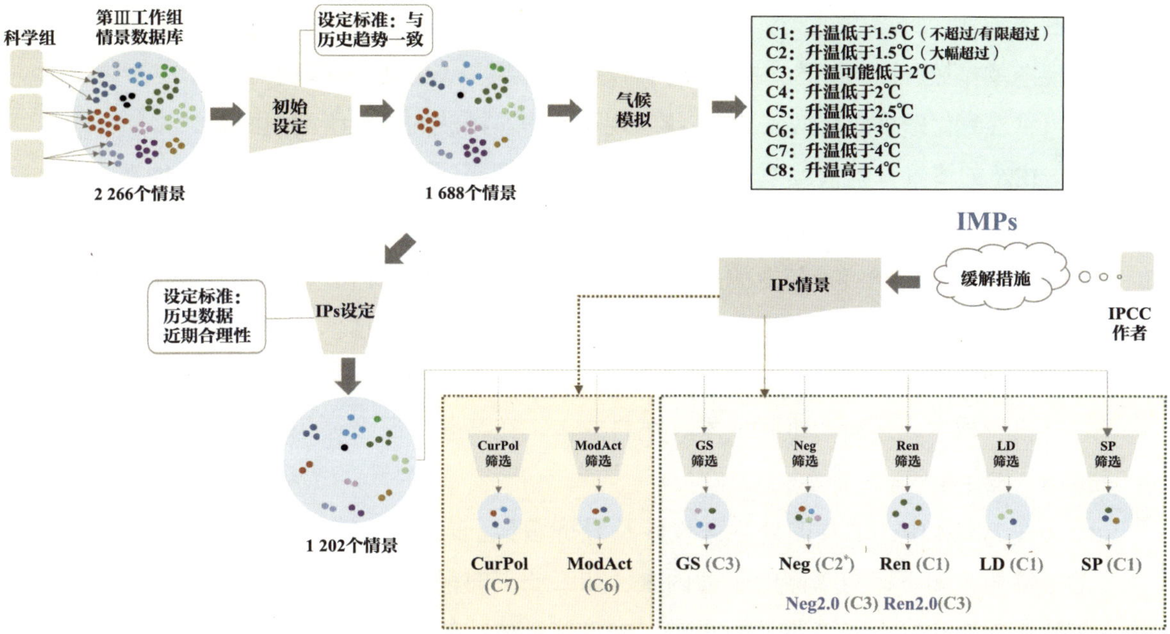

图 1-3　IPCC 第六次评估报告（2022）选择的情景

1.2　IEA 排放路径研究方法

国际能源署（IEA）在《世界能源展望 2020》（*World Energy Outlook 2020*，WEO-2020）中设定了 3 种情景并展开了路径分析，包括既定政策情景（Stated Policies Scenario，STEPS）、延迟恢复情景（Delayed Recovery Scenario，DRS）和

可持续发展情景（Sustainable Development Scenario，SDS），主要使用世界能源模型（World Energy Model，WEM）来研究全球能源和排放路径（IEA，2020a；IEA，2020b）。

SDS提供了一种能源部门路径，将部门能源政策的基本原则与联合国（United Nation，UN）可持续发展目标（Sustainable Development Scenario，SDG）结合起来。该情景在2017年首次引入《世界能源展望》：一是描述了到2030年实现获得能源服务的途径；二是描绘了一幅符合实现国际气候目标所需方向的图景，包括《巴黎协定》目标；三是SDG假定其他与能源有关的污染物大量减少，这与全球空气质量的显著改善及随之而来的空气污染导致的过早死亡的减少相一致；四是SDG整合了全球从新冠疫情（Covid-19）持续复苏所需的刺激方案。SDS的目标是制定一项综合的最低成本战略，以实现政策目标，同时能够保证能源安全。

在SDS的基础上，IEA补充分析了2050年净零排放案例（NZE 2050）。根据SDS的预测，许多发达经济体最迟将在2050年实现净零排放，全球有望在2070年实现净零排放。NZE 2050中，IEA首次详细介绍了WEM。该模型描述了在未来10年内将二氧化碳排放量纳入2050年实现全球净零排放的途径所需的内容。

IEA的情景分析依赖WEM。WEM是一个涵盖能源供应、能源转换和能源需求的模拟模型。大多数终端使用部门使用存量模型（stock model）来描述能源基础设施的特点，并且规定了与能源相关的二氧化碳排放和投资内容。虽然一般模型是以模拟模型构建的，但特定成本在确定满足能源服务需求的技术份额方面起到重要作用。在WEM的不同部分，Logit函数和Weibull函数用于根据特定成本确定技术份额，包括投资成本、运营和维护成本、燃料成本，在某些情况下还包括二氧化碳的排放成本（图1-4）。

在WEM中，主要的外生假设涉及经济增长、人口统计和技术发展。技术方面的关键假设如下：需求侧的驱动因素（如工业中的钢铁产量或住宅家庭规模）是根据历史数据和社会经济驱动因素进行经济计量估计的；所有终端使用部门模块的预测都基于现有的能源基础设施库存，包括运输车辆的数量、工业生产能力和建筑物的占地面积；各种能源服务需求都有专门的模拟。考虑到结构、政策或技术的预期变化，在模型中集成了多种技术，以满足每个特定的能源服务。通过考虑所有终端使用技术的效率水平可以得出每个部门和子部门的最终能源需求。

在WEM中，电力消费和电价动态连接最终的能源需求和转型部门。主要石油产品的消费在每个终端使用部门单独建模，炼油模型将单个产品的需求与不同类型的石油联系起来。一次能源需求作为供应模块的输入。在区域层面编制完整的能源

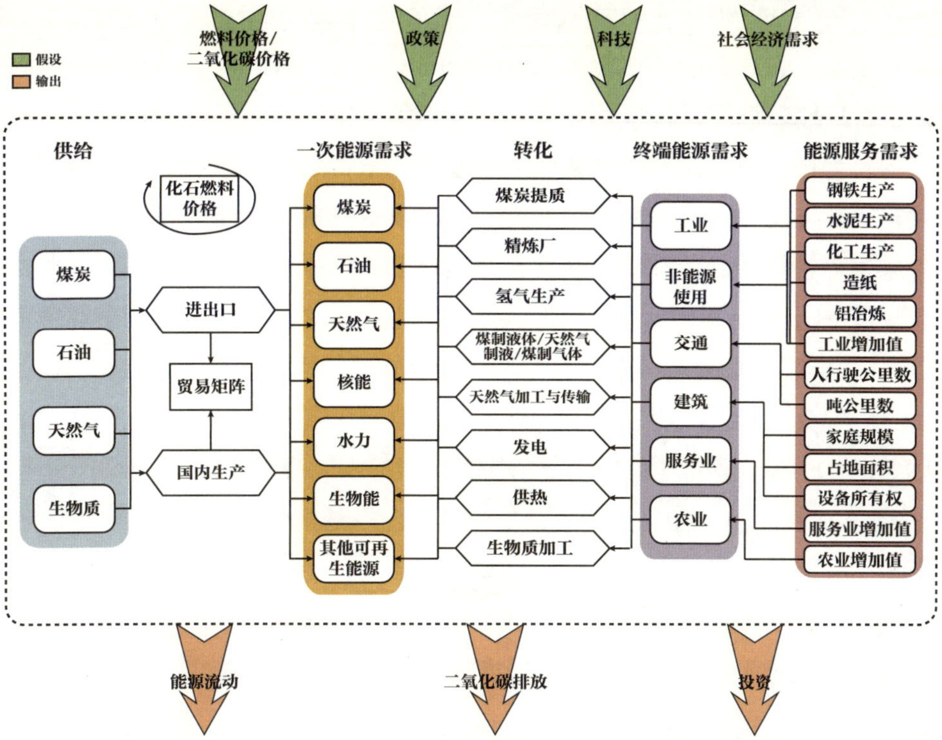

图 1-4　WEM 框架

平衡公式，然后使用衍生的二氧化碳因子计算每个区域的二氧化碳排放量。模型的时间分辨率以年为单位。该模型每年都会根据最新的可用数据进行重新校准，目前正式的基准年是 2018 年，因为这是包括能源需求和生产全面情况最新的一年。最新的数据也会使用，包括 2019 年和 2020 年的能源生产和需求估计值。这些估计值基于《全球能源评论》（*Global Energy Review*）报告的更新，数据源包括向 IEA 能源数据中心（IEA's Energy Data Centre）提交的最新月度数据、国家政府部门发布的统计数据，以及 IEA 市场报告系列（IEA Market Report）中最新的市场数据，涵盖煤炭、石油、天然气、可再生能源和电力。

WEM 使我们能够评估具体政策和措施对能源需求、生产、贸易、投资需求、供应成本和排放的影响；同时，在其政策和措施数据库（http://www.iea.org/policies/）中详细说明了解决可再生能源、能源效率和气候变化问题的政策，以便支持分析。

1.3　欧盟排放路径研究方法

欧盟采用“自上而下”的行业模型（FORECAST）与“自下而上”的技术发展

细节相结合的方法开展排放情景和路径研究（European Commission，2018），其方法体系见图 1-5。FORECAST 是基于一种考虑技术动态和社会经济驱动因素的模拟方法，可用于支持战略决策。它考虑了广泛的减缓方案，并结合了高水平的技术细节，主要目的是为行业的能源需求和温室气体排放的长期发展制定方案。FORECAST 可以解决与工业能源需求相关的各种研究问题，包括设置单个能源载体（如电力或天然气）未来需求情景，计算节能潜力、对温室气体排放的影响及减排成本曲线，进行事前政策影响评估。

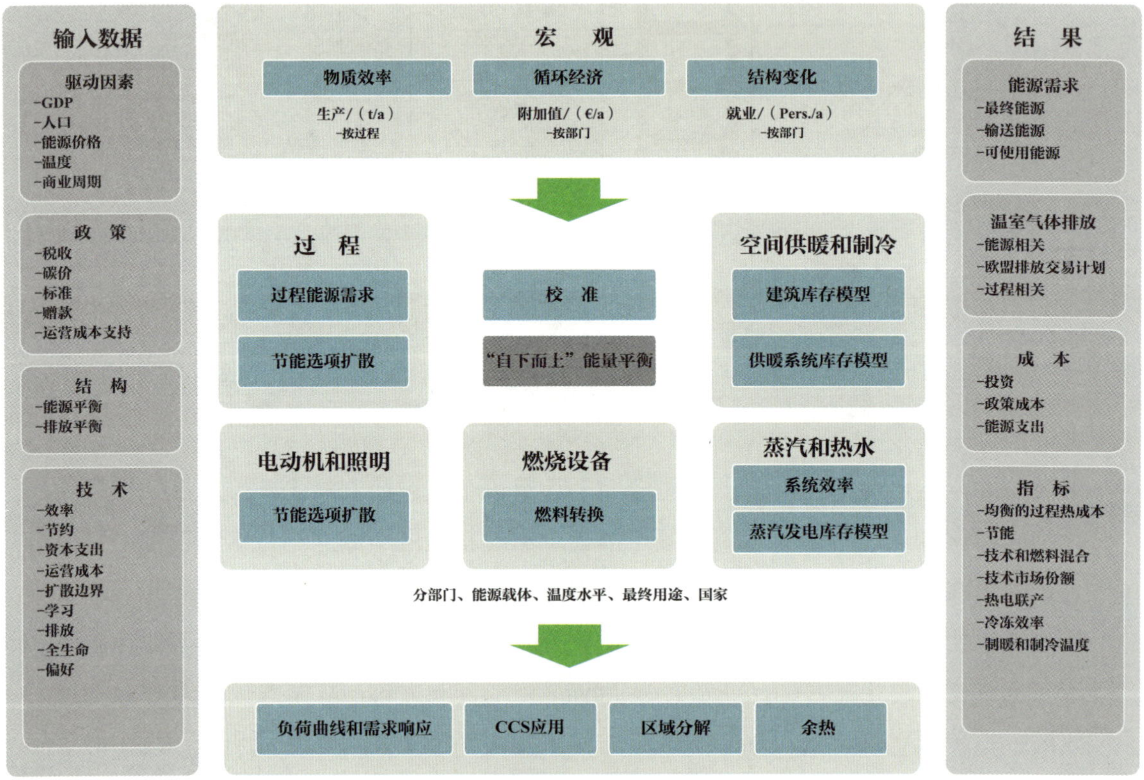

图 1-5　欧盟排放路径研究方法体系

欧盟基于公众咨询（调查问卷）调查了先进技术的公众接受度，基于模型量化了不同技术情景下部门的减排量，讨论了社会经济因素的参与程度，并分析了各个情景对社会经济的影响，对未来情景的预测和评估都较为完整，具有较大的参考价值。欧盟温室气体排放途径所使用的模型套件在对能源系统和温室气体排放与移除更精细的表示方面得到了极大的增强。模型评估的对象包括所有能源部门（PRIMES 及其有关生物量和运输的卫星模型），农业（CAPRI），林业和土地利用（GLOBIOM-G4M），大气扩散、健康和生态系统（酸化、富营养化）（GAINS），具有多个部门的就业和社会福利的宏观经济（GEM-E3）。FORECAST 对上述模型套件进行了补充。

欧盟 2050 愿景报告分部门分析了减排的技术选项和可行性，根据不同情景模拟了技术组合的减排量，从而总结了部门长期减排的动机、机遇和挑战。其涉及的主要部门包括能源供应、建筑业、交通、工业、非二氧化碳排放、社会经济交叉因素等，7 个主要技术战略构建块如下：①最大限度地提高能源效率的效益，包括零排放建筑；②最大限度地部署可再生能源并利用电力，使欧洲的能源供应系统完全去碳化；③支持清洁、安全、互联的出行方式；④将有竞争力的欧盟产业和循环经济作为减少温室气体排放的重要推动力；⑤建设充足的智能网络基础设施和互联网络；⑥从生物经济中全面获益并建立基本的碳汇；⑦通过 CCS 处理剩余的二氧化碳排放物。

欧盟强调了不同参与主体的责任与角色，对各成员国、区域政府、企业和个人都提出了一定要求，在数字化转型、投资及公平转型方面也有所强调。欧洲各国纷纷推动数字化进程，将智能数字化实时管理和控制系统引入能源系统，以实现提高能效的目的。2019 年，德国出台《能源转型数字化法案》，计划实施智能电网并布局能源互联网项目，加强对网络攻击和大规模停电的防御，使小型能源系统之间的连接更加智能、高效。碳中和行动中的“社会公平转型”强调关注转型过程中经济社会利益可能受损的民众，解决利益分配问题。以欧盟各国为代表的欧洲国家在这些方面进行了积极探索，如提出通过建立包括公平转型基金在内的公平转型机制来纾解绿色低碳转型过程潜在的就业困境和结构性失业问题，为受转型影响最大的公民提供就业再培训计划，以提高绿色经济环境下民众的就业能力。

1.4 美国排放路径研究方法

美国普林斯顿大学发布的研究报告《净零美国：潜力路径、基础设施和影响》（*Net-Zero America: Potential Pathways, Infrastructure and Impacts*）（Larson et al.，2021）展示了美国是如何在 2050 年前大幅削减温室气体排放并实现净零排放的。根据该报告，到 2050 年达到净零似乎在技术上是可行的，甚至是可以负担得起的，每种方法都有不同的社会和经济权衡。研究人员确定了美国为保持零排放步伐而在未来 10 年内需要做出的一系列重大改变，指出应尽快开展相关基础工作。

普林斯顿大学提出了美国碳中和路径的建立方法，可以通过 RIO（the Regional Investment and Operations model）和 EP（EnergyPathways）2 种模型来实现（图 1-6）。EP 模型包括 1 个“自下而上”的能源需求模块、1 个详细的经济计量模块，以及 64 个子部门和 25 种能源种类。RIO 模型是一种线性可编程模型，包含了设备生产力及运行时效模块。EP 模型结果被输入 RIO 模型后可以寻求脱碳能源供应成本最低的解决方案。

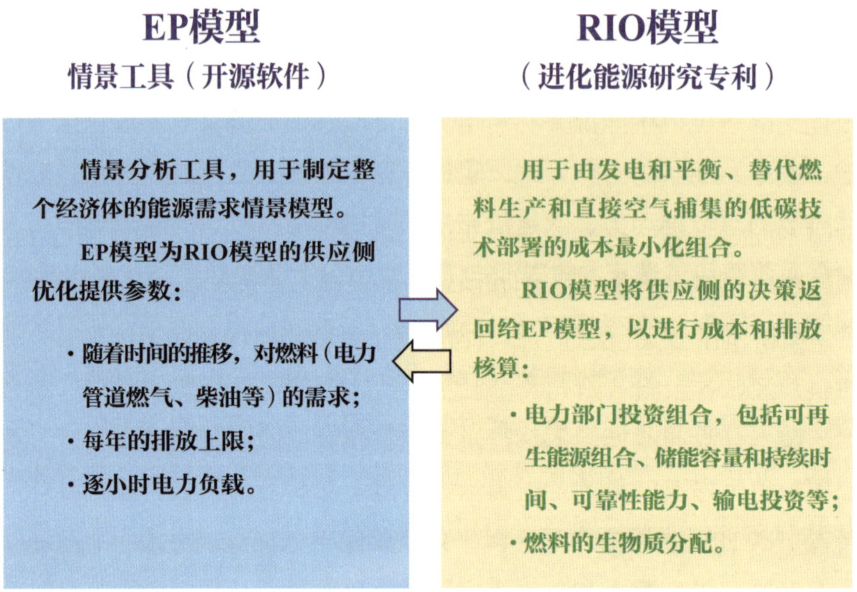

图 1-6　美国普林斯顿大学建立的美国碳中和路径框架

该项研究定义和建模了 5 种不同的净零能源系统情景（或路径），每个路径都对未来可用的能源需求和能源供应技术选项有不同的假设。这些路径有助于突出能源系统转型中 3 个关键要素的作用：①运输和建筑物最终使用电气化的程度；②太阳能和风力发电的范围；③生物质能源利用的程度。

普林斯顿大学发布的报告提出了 6 项主要措施：终端能源效率和电气化，清洁电力，生物能源和其他零碳燃料及原料，二氧化碳捕集、利用与封存（Carbon Capture Use and Storage，CCUS），减少非二氧化碳排放，增强土地吸收等。

美国碳中和的实现途径包括有条不紊地提高能源效率、转向电力技术、利用清洁电力（特别是风电和光电）并部署少量的碳捕集技术（图 1-7）。这样就可以实现零排放，而无须改变行为。成本最低的方案中，电力系统超过 80% 的能源来自风能和太阳能，但需要其他资源来提供可靠的服务。消除化石燃料的使用是完全可能的，但成本更高。在未来 10 年中，所有途径所需的行动都类似，即扩大可再生产能 3.5 倍，淘汰煤炭；保持现有天然气发电能力；将电动汽车和热泵的销量提高到超过市场份额的 50%。

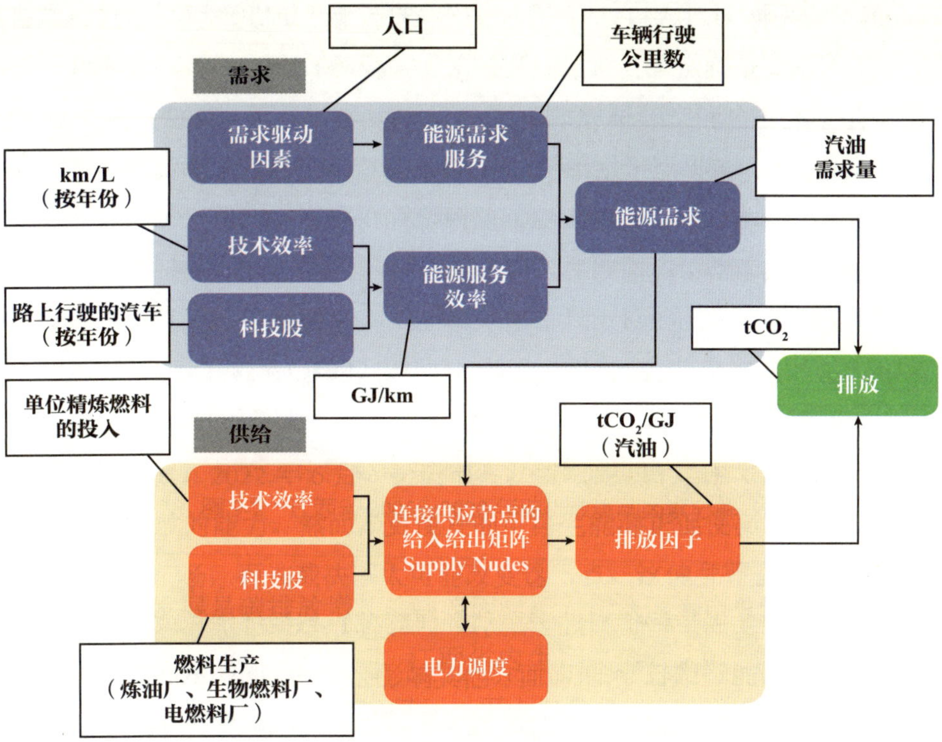

图 1-7　美国普林斯顿大学建立的美国碳中和路径方法（以道路交通为例）

1.5　国内外学术文献排放路径研究方法

二氧化碳排放路径的学术研究主要是基于长时间序列排放数据或者大量数据展开的多要素综合分析。例如，直接基于排放水平或者历史轨迹设定目标（WRI，2014；C40，2018；UNEP，2018；张立等，2020；蒋晗颖等，2021）；基于综合模型（STIRPAT、Kaya 公式、脱钩系数法、LMDI 分解模型、投入产出模型等）分析温室气体排放的影响因素，再基于主要影响因素的变化趋势判断排放趋势或者达峰情况（何建坤，2013；Li et al.，2019；Su et al.，2020；Su et al.，2021；Shi，2020；Tapio，2005）；基于排放的某种演化规律判断未来的排放轨迹，如碳排放演化模型（Cui et al.，2021）、生存模型（Wang et al.，2019）、碳库兹涅茨曲线（Chen et al.，2020；Dong et al.，2018；Shen et al.，2018）等。

1.5.1　分解模型和影响因素法

1. STIRPAT 模型法（及其演化过程的模型）

STIRPAT （Stochastic Impacts by Regression on Population，Affluence，and

Technology）模型回归对人口、富裕度和技术的影响（IPAT）模型以预测碳排放。对碳排放量的预测是确定最佳排放轨迹的关键。反映社会、经济和技术综合影响的IPAT模型是预测一个国家碳排放的合适方法。Waggoner等（2002）将IPAT模型修改为ImPACT模型，该模型采用单位GDP的消费量乘以技术对环境的影响。York等（2003）强调了前两个模型的局限性，原因是存在比例效应假设。相关研究人员还提供了改进的IPAT模型，即回归对人口、富裕度和技术的随机影响（STIRPAT）模型。但是，多重共线性是STIRPAT模型的主要缺点。有3种主要的回归模型可以用来处理STIRPAT方程的多重共线性问题：主成分回归（PCR）、岭回归（RR）和偏最小二乘回归（PLS）。PLS可以自然地与统计模型联系起来（Helland et al.，2018），其与PCR的相似之处在于可以使用一个组件来减少需要构建的变量数量，因此它已经成为非常流行的预测方法。

2. 脱钩系数法

脱钩系数法主要用于评价自然资源消耗（能源）与经济增长或人类发展之间的解耦关系。该方法能够比较一个国家或区域在一段时间内的解耦状态，也可以用于不同国家之间的发展阶段比较，以此对各个区域未来的二氧化碳排放趋势（增加、减少、达峰或者平台期等）进行判断。

3. LMDI分解模型

从二氧化碳排放相关问题的研究方法来看，指数分解分析（IDA）因易于理解和应用而在近年来被广泛使用。IDA主要有2种方法，即Laspeyres和Divisia指数方法，其中对数平均迪氏指数法（Logarithmic Mean Divisia Index，LMDI）是Divisia指数方法的一种著名格式。目前，LMDI是研究CO_2排放变化最受欢迎的分解方法之一（Lee et al.，2006）。Guan等（2018）采用LMDI分析了中国碳排放变化的驱动因素，结果表明产业结构升级、能源用煤比例下降及能效率提升使中国的碳排放进入新的阶段。Gao等（2021）将经济发展的主要影响分解为劳动力投入、资本存量和全要素生产率，进一步分析了碳排放的驱动力。

4. Kaya公式

Kaya公式如下：

$$CO_2\text{排放量} = \text{人口} \times (\text{GDP}/\text{人口}) \times (\text{能源消费量}/\text{GDP}) \times (CO_2\text{排放量}/\text{能源消费量}) \quad (1\text{-}1)$$

即

$$CO_2\text{排放量（QC）} = \text{人口（Pop）} \times \text{人均GDP（GDPP）} \times \text{GDP能源强度（Ige）} \times \text{能源消费的}CO_2\text{强度（Iec）} \quad (1\text{-}2)$$

由此可知，二氧化碳排放峰值的一个必要条件可粗略表示为单位GDP的二氧化碳排放强度年下降率应大于GDP的年增长率。这说明一个国家潜在的GDP年增长率越高，其二氧化碳排放峰值所需的减排力度就越大，实现起来就越困难。

5. 投入产出模型（I-O）

传统的I-O由Leontief于1936年创建，着眼于一个国家或地区的经济状况，随后被发展为环境I-O分析，以揭示整个经济的环境排放。与上述研究方法相比，I-O分析更能描述部门之间的相互作用，因此能够从不同角度（基于生产或消费）考虑各种经济主体的温室气体排放（Liu et al.，2015）。目前已有广泛的研究来分析并说明基于I-O开发的区域温室气体排放应用方法，如结构分解分析（Guan et al.，2008；Su et al.，2017）和碳足迹核算（Fan et al.，2016；Liang et al.，2016）。Wang等（2020）提出了一个基于I-O的综合优化模型，该模型旨在评估排放减速与经济增长之间的权衡。

1.5.2 排放演化模型

1. 碳排放演化模型

碳排放演化模型（Evolution based Emission Scenarios）借鉴生物学发展演化理论和马尔可夫链方法，借助精细化和全口径的城市碳排放数据清单，利用城市时空演化过程中所产生的时空数据构建演化路径来探索城市低碳发展规律。其核心是基于群体演化规律预测单个城市在自然状态下的碳排放演变趋势，得到未来基准情景下的碳排放数据。

2. 生存模型

生存模型（Survival Model）在经济学领域也被称为持续时间模型，通过分析事件发生的时间数据，探索一个或多个事件发生之前的生存时间及影响因素与事件之间的关系。Wang等（2019）通过分析1960—2014年91个国家的数据，采用生存模型探讨了影响排放峰值时间的因素，并预测了实现二氧化碳排放峰值的条件概率。

1.5.3 趋势判断法

1. 排放达峰路径方法

该方法要求某地区的碳排放峰值与最新一期（在5年以内建立的）排放清单相比已经达到最高水平，否则排放变化可能是受极端天气或经济等某些因素影响，而并非形成了一个长期的趋势（WRI，2014）。该地区在碳达峰后的5年时间中，其二氧化碳排放必须至少减排 10%（平均每年 2% 的下降速率），以此排除受经济等因素影响而出现“虚假”峰值现象，并需要公开地无条件承诺未来会进一步实现碳减排（C40，2018；UNEP，2018）。碳排放在达到峰值后仍允许在平台期内出现上升的情况，但是不能超过碳排放峰值。“未来的达峰判断”标准则要求有明确的碳排放峰值目标或者保证未来的排放水平会低于历史的排放水平，以对碳排放峰值和减排作出暗示。碳达峰目标确定方法包括基准年排放目标（与历史上某一基准年相比的减排目标）、固定水平排放目标（在某一目标年份将碳排放限制在某一绝对水平）、轨迹目标（将碳排放在多年或者一长段时间内控制在一个规定值，可以包括“峰值 - 下降”目标，如碳排放先达到峰值，进入平台期后继而下降）。这一标准下的减排目标或者承诺必须是无条件的（Levin et al.，2017）。

2. M-K 趋势检验法

蒋含颖等（2021）提供了基于统计学的排放达峰判断方法——Mann-Kendall（M-K）趋势检验法。该方法是一种非参数统计检验方法，其优点是样本不需要遵从一定的分布，也不受少数异常值的干扰，计算方便且实用性强。M-K 趋势检验法在气候序列趋势的统计分析与判断方面广为应用。

3. 碳库兹涅茨曲线

在大多数先前的研究（Dong et al.，2018；Shen et al.，2018）中已使用环境库兹涅茨曲线（EKC）检查了碳排放峰值，该理论假设人均收入与环境污染之间呈倒 U 形关系，表明环境破坏的程度首先随着人均 GDP 的增加而增加，然后在达到顶峰后又下降（Grossman et al.，1995）。由于检查碳排放峰值与环境有关，因此 EKC 可以称为碳库兹涅茨曲线（Carbon Kuznets Curve，CKC）（Shuai et al.，2017）。实际上，在许多国家，有大量文献采用 CKC 来测试部门碳排放峰值。例如，Kharbach 等（2017）验证了 CKC 假说 1971—2011 年在摩洛哥的公路运输部门中的适用性，并得出碳排放量在 1981 年达到峰值的结论；使用多级混合效应模型的面板数据，Pablo-Romero 等（2017）在欧盟 28 个国家的住宅建筑部门中证实了 CKC 假设，并指出丹麦、卢森堡和芬兰已达到碳峰值；Fujii 等（2013）对 23 个 OECD 国家工业部门碳排放的研究支持了 CKC 假设，并确定了每个国家的碳峰值，等等。

2

发达国家或地区碳达峰分析

碳达峰可分为自然达峰、社会变动达峰和政策驱动达峰三大类。自然达峰与国家经济发展、产业结构及城镇化水平有着密切关系，环境政策的约束对碳达峰也起到了协同促进的作用。社会经济发展和能源消耗是碳排放增加的主要原因（Duan et al.，2022），因此发达国家或地区的碳达峰路径与经济和能源领域的变化密切相关。发达国家都是在发展过程中因产业结构、能源结构、城市化、人口等变化而自然形成的，其碳达峰的主要措施包括产业结构升级、低碳燃料替代、能效技术进步、碳密集制造业转移等。

根据碳排放强度、人均碳排放量和碳排放总量达峰时间，各发达国家或地区的达峰过程大致可分为以下三个阶段（图 2-1）：

- 第一个阶段发生在碳强度达峰与人均碳排放达峰之间，其工业化和城镇化水平均处于初级阶段，但保持了持续上升的趋势，重工业比重明显增加；
- 第二个阶段发生在人均碳排放达峰与总碳排放达峰之间，其工业化速度加快，同时城市化水平不断提高，进入城市化中期阶段；
- 到第三个阶段，碳排放开始下降，各达峰国家或地区的工业化率开始下降，第三产业成为支柱产业，并且城市化水平仍在上升，进入成熟阶段（Dong et al.，2019）。

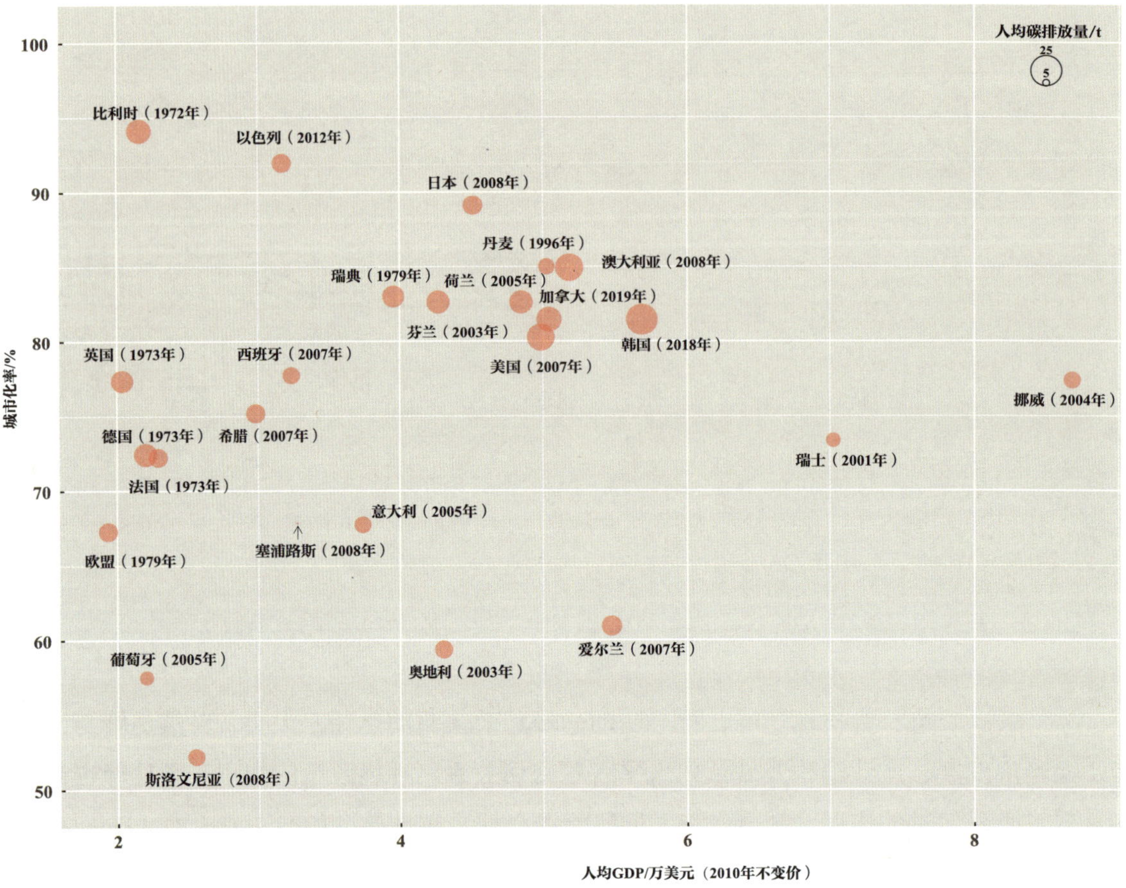

图 2-1　发达国家或地区碳达峰时的社会经济情况

注：括号中的数据为达峰时间。

本章选取了 25 个碳排放已达峰的发达国家和地区，分析其达峰特征，以为中国各地区的碳达峰提供参考借鉴。

首先，发达国家或地区达峰时，人均 GDP 都超过了 2 万美元（2010 年不变价），部分国家超过了 4 万美元，个别国家超过了 6 万美元，大部分国家的城市化率都超过了 70%。

美国和欧盟作为人口和经济体量最大的国家和地区，在达峰时的社会经济状况差异较大。美国 2007 年达峰时的城市化率为 80.27%，人均 GDP 为 5 万美元（2010 年不变价），在整体中均处于中等偏高的水平，人均碳排放量高达 20 t。而欧盟由于达峰年份较早，1979 年达峰时的城市化率未超过 70%，仅为 67.28%，处于整体第五低的水平，人均 GDP 仅为 1.9 万美元（2010 年不变价），是发达国家或地区中达峰时人均 GDP 最低的地区，人均碳排放量也仅有 9.8 t。

在 25 个国家和地区中，有 18 个即 72% 的国家在达峰时城市化率超过 70%，这些国家的人均 GDP 大多分布在 2 万～ 6 万美元，其中瑞士和挪威这 2 个国家的人均 GDP 甚至超过了 6 万美元。有 11 个即 44% 的国家达峰时城市化率超过 80%，其中有 9 个国家的人均 GDP 均接近或高于 4 万美元，仅比利时和以色列人均 GDP 处于偏低水平，但其城市化率为 25 个国家和地区中最高的。

除了比利时与以色列，其余城市化率较高的国家（如日本、丹麦、澳大利亚等）人均 GDP 处于 4 万～ 6 万美元，在图 2-1 中分布较集中。城市化率最低的国家为斯洛文尼亚，仅为 52.21%，其次为葡萄牙（57.52%），两者人均 GDP 均处于低水平，仅为 25 455 万美元和 22 009 万美元。另外，英国、法国、德国达峰时人均 GDP 也处于略高于 2 万美元的低水平，除了达峰年份偏早，还与其 1973 年受第一次石油危机影响发生了较严重的经济衰退有一定关系。

这些发达国家大多是第三次工业革命的先驱者，凭借其金融和科技优势率先在新能源、新材料和人工智能等领域取得了发展先机，进一步提升了工业化水平（关雎文等，2022）。当一个国家的经济水平提高、工业化程度加深，碳排放普遍会由升转降，实现自然达峰（王少鹏等，2010）。

城市化率作为城市人口变化的典型指标，对碳排放产生的影响分为两个阶段。在农村人口向城市迁移的过程中，由于住房需求和公共基础设施建设的需要，将消耗大量的化石燃料，从而会导致碳排放的大量增加，这一阶段碳排放与城市化之间存在正相关关系（Cole et al.，2004；Parikh et al.，1995；Poumanyvong et al.，2010；York et al.，2003；Zhang et al.，2012）。然而，当城市化水平超过某一阈值后，城市化将对碳排放产生抑制作用，主要原因是城市化的提高促进了能源效率的提高、新能源发电创新技术的产生和规模效应的增强（Dong et al.，2019），此时城市化与碳排放之间存在负相关关系（Barla et al.，2011；Sharma，2011）。

考虑到人均碳排放量与人均 GDP 之间的关系，有研究表明，在低收入阶段人均碳排放量会随着人均 GDP 的增长而增加，但当人均 GDP 达到一定水平后会出现拐点，人均碳排放量会随着人均 GDP 的增长而减少（Kasman et al.，2015）。

其次，发达国家或地区碳达峰后人均 GDP（2010 年不变价）在 20 ～ 30 年后增幅仍较高；达峰 10 年后人均 GDP 平均增长率约为 10%，达峰 20 年后的平均值超过 40%（图 2-2）。

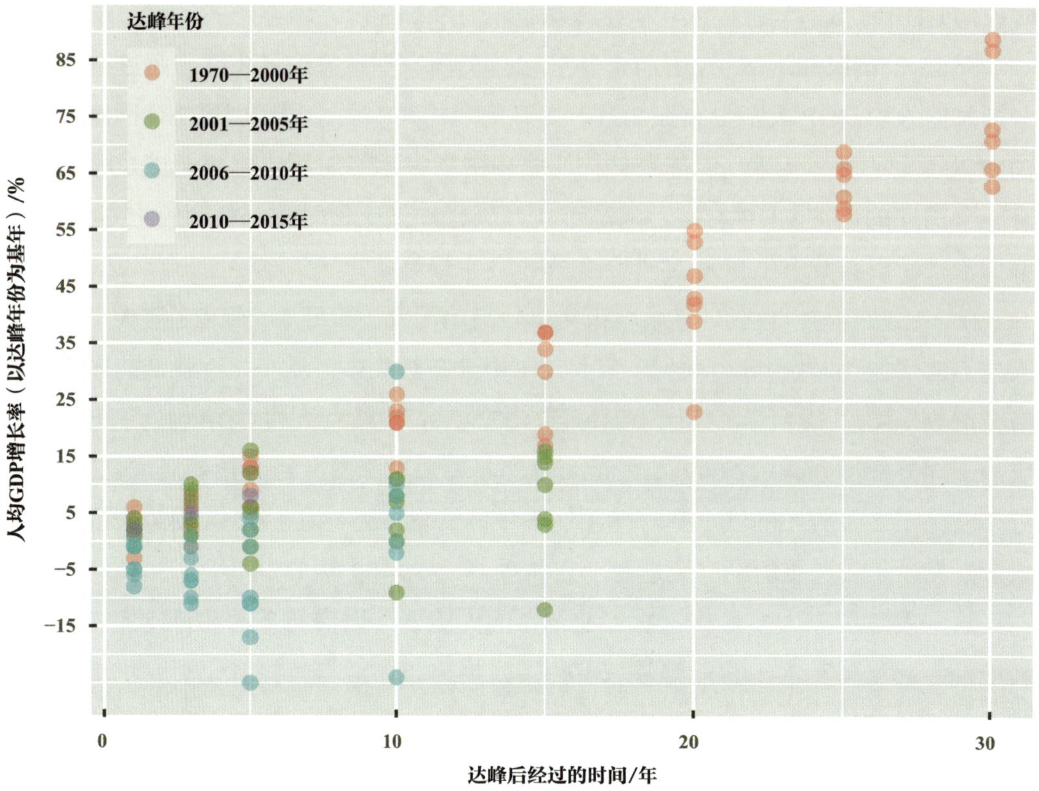

图 2-2　发达国家或地区达峰后人均 GDP 变化

发达国家或地区在碳达峰后人均 GDP 总体呈增长趋势。达峰 5 年后平均增长 2%，达峰 10 年后平均增长 10%，达峰 30 年后平均增长 75%。有研究认为，碳达峰进程往往伴随着 GDP 进入较低增速阶段，即经济增长与碳排放“脱钩”是在相对较低的经济增速下完成的（裴庆冰，2021）。

达峰 10 年后，爱尔兰为人均 GDP 增长最多的国家，涨幅高达 30%；有 7 个国家和地区的涨幅超过 20%；希腊以 24% 的降幅成为达峰 10 年后人均 GDP 降低最多的国家，这主要是因为希腊是经济危机导致达峰的典型国家，其国内经济比较单一，2008 年国际金融危机爆发后，外界对旅游等的需求减弱，导致国家收入减少。达峰 20 年后，比利时和德国两个国家的人均 GDP 增长了 50% 以上。达峰超过 30 年的英国和比利时的人均 GDP 涨幅甚至高达 89% 和 87%。经济发展与碳排放量的变化趋势相反，表明碳达峰后经济发展不再依赖能源的消耗，而是向可持续发展的方向转变。

已有的研究还对经济增速的变化量进行了分析，根据发达国家或地区的经济发展经验，有学者总结出发达国家或地区在碳达峰前后呈现经济水平较高、经济增速下降的特点（关睢文等，2022）。

再次，发达国家或地区达峰时，人均能源消费量基本都超过了 4 tce（吨标准煤），部分国家超过了 6 tce/ 人；所有国家或地区的单位 GDP 能耗都低于 3 tce/ 万美元，大部分国家的单位 GDP 能耗都低于 2 tce/ 万美元（图 2-3）。

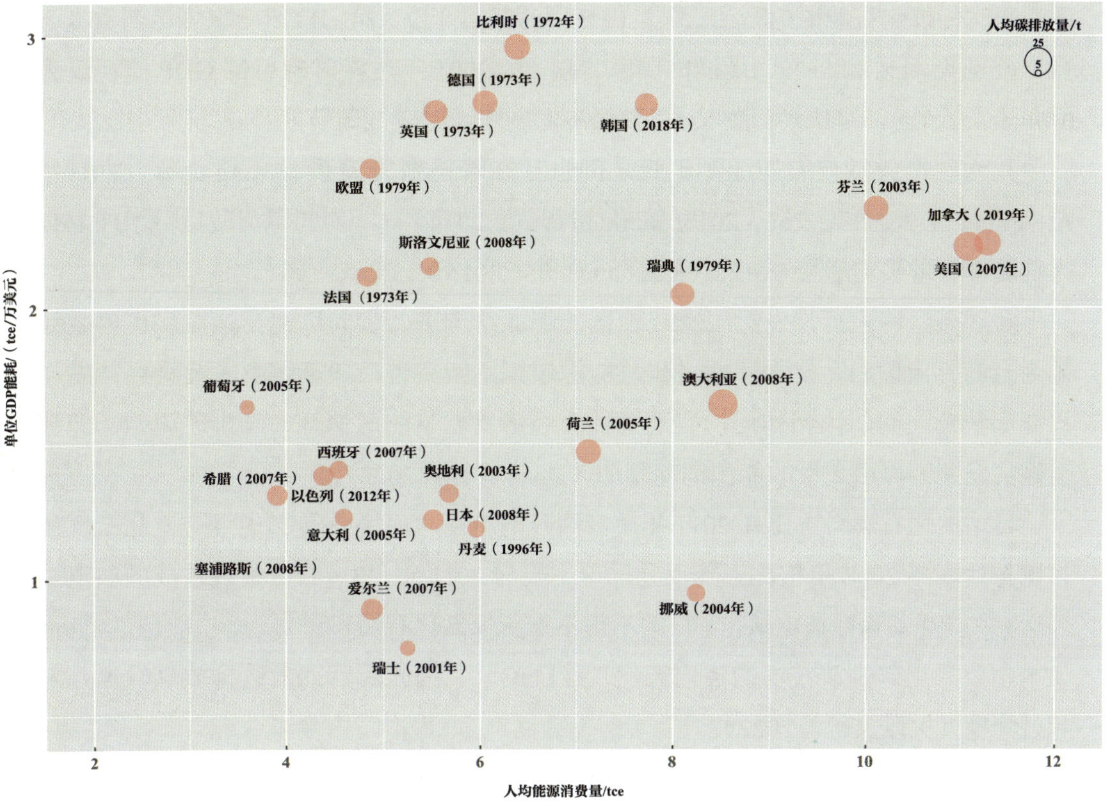

图 2-3　发达国家或地区碳达峰时能源消费情况

注：括号中的数据为达峰时间。

实现碳达峰需要协调社会经济发展和能源消费之间的相互关系（Duan et al.，2022；Deangelo et al.，2021）。大量的化石能源消费促进了社会经济的快速发展，而高度发达的社会经济也会伴随着能源需求的下降、能源效率的提高和能源结构的转变（Song et al.，2018；Zhong et al.，2020）。

美国在 2007 年达峰时人均能源消费量高达 11 tce，仅次于加拿大；欧盟在 1979 年达峰时人均能源消费量仅有 4.9 tce。76% 的国家和地区的人均能源消费量低于 8 tce，60% 的国家和地区低于 6 tce，近 50% 的国家和地区达峰年份的人均能源消费量在 4 ～ 6 tce。

从单位 GDP 能耗来看，超过一半的国家都在 2 tce/ 万美元以下。此外，10 个国家的单位 GDP 能耗在 0.7 ～ 1.5 tce/ 万美元且人均能源消费量在 3.5 ～ 7.5 tce。单位 GDP 能耗最高的国家为比利时，1972 年达峰时高达 2.96 tce/ 万美元，其 GDP 对能源消耗的依赖性较大。德国、韩国、英国和欧盟紧随其后，均超过了 2.5 tce/ 万美元，能耗偏高与各个国家化石能源在能源结构中的占比偏高有关，如韩国在 2018 年碳达峰时传统化石能源的石油、煤炭仍分别为其第一位、第二位的一次能源消费量，占比分别为 41% 和 25%。最低的国家为瑞士，2001 年达峰时的单位 GDP 能耗仅为 0.74 tce/ 万美元，是比利时的 1/4，其经济发展路线比较低碳节能。

人均碳排放量与人均能源消耗之间也存在着正相关关系（Wang et al.，2011；Arouri et al.，2012；Ozcan，2013；Farhani et al.，2014）：人均能源消费量每增加 1%，人均碳排放量平均增加 0.56%（Kasman et al.，2015）。

实现碳达峰之后，发达国家或地区的能源结构进一步向以清洁能源和可再生能源为主的方向倾斜，技术不断进步，能源政策不断完善，逐渐缓解了社会经济发展与能源消费之间的依赖作用，实现了社会经济发展与能源消耗、碳排放脱钩，即社会经济发展不再由大量的能源消耗驱动（Duan et al.，2022）。

日本的化石燃料占比在 2011 年后有回升的趋势，尤其是在 2019 年，其化石燃料占比与达峰年 2008 年相比不降反升。这主要与 2011 年“3・11”地震造成的核电站停运有关，为了弥补核电缺口，日本不得不重新依靠化石燃料进口。多次能源危机后，日本主要采用碳排放较少的液化天然气（LNG），因此其后期的碳排放总量也并未超过峰值（关睢文等，2022）。

最后，绝大部分国家或地区达峰时的第三产业占比超过了 50%。

美国与欧盟达峰时三产结构差异较为显著：美国 2007 年达峰时第三产业占比达到 64.7%，而欧盟 1979 年达峰时第三产业占比与第二产业占比基本持平，分别为 48.4% 和 48.9%；美国达峰时第三产业占比在整体中处于较高水平中的第 4 位，仅次于塞浦路斯、希腊、荷兰，而欧盟在整体中处于较低水平中的第 5 位。

从图 2-4 中可以看出，各个国家或地区达峰时第一产业占比基本远低于第二和第三产业，第一产业占比排在前列的为法国与瑞典，分别为 7% 和 5%，可忽略不计，第二和第三产业占比总和接近于 1。在 25 个国家和地区中，有 18 个国家（72%）达峰时第三产业占比高于 50%；有 10 个国家（40%）达峰时第三产业占比高于 60%，其中 6 个国家的人均碳排放量低于 15 t。

第三产业占比最高的国家为塞浦路斯，达 75%；其次为希腊，占比为 71%。韩国、德国、法国等国家达峰时第三产业占比最低，不到 45%；其第二产业最高，为国家经济主体，其中韩国的第二产业占比达到 61%。从整体上看，有 21 个即 84% 的国家或地区达峰时第三产业占比接近或超过 50%。

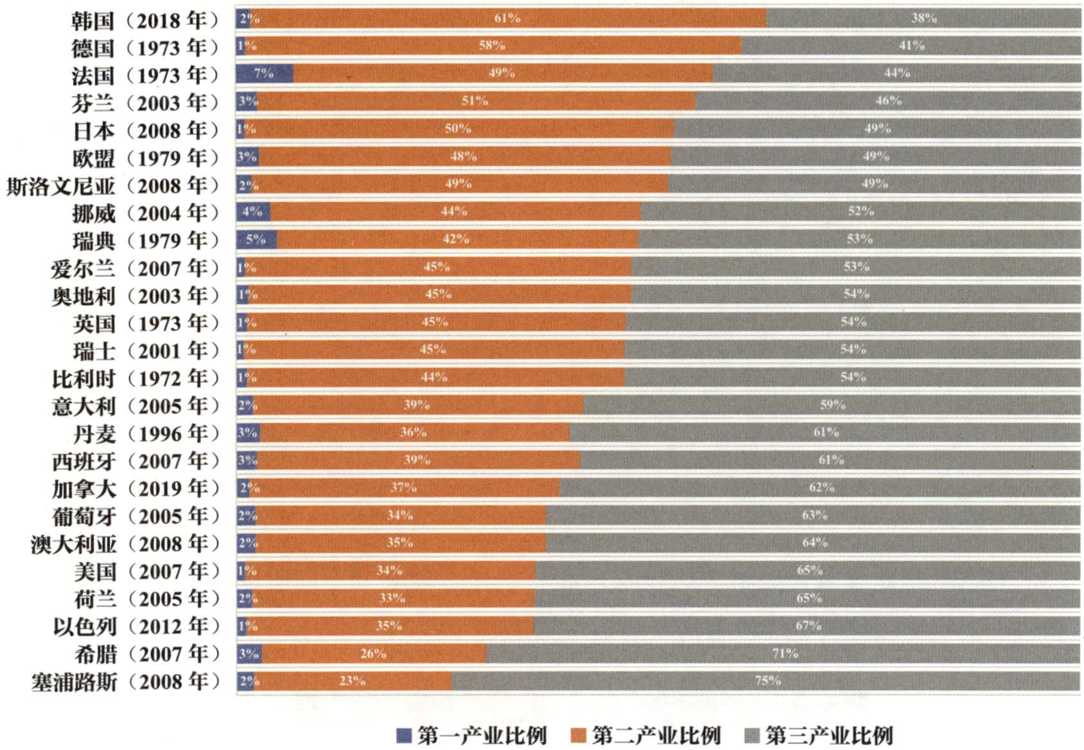

图 2-4　发达国家或地区碳达峰时的产业结构情况

从历史经验来看，发达国家或地区达峰前后的产业结构变化情况大致分为两类。一类是以法国、英国为代表的“去工业化”产业变迁。这类国家将中低端制造业向外转移，本国发展以信息技术为主导的低碳产业，并不断提升服务业比重，第三产业逐渐取代了以能源密集型和劳动密集型为主要特征的第二产业，在碳达峰时进入“后工业化时期”（Duan et al.，2022；关睢文等，2022）。另一类是以美国、德国、日本为代表的制造业升级调整。德国、日本作为制造业大国，在达峰年份第二产业占比仍在 50% 及以上，并且在之后的年份里也维持在 40% ～ 45%，因此两国碳排放减少的主要原因是制造业升级。美国虽然在 2007 年达峰时第三产业占比高达 65%，但也并不是简单的“去工业化”，而是源于制造业内部的研发设计服务被剥离出来形成了新的生产性服务业，通过强化技术发展优势达到了新产业结构的平衡（关睢文等，2022；聂晓培等，2020）。

3

碳达峰
判断方法研究

为定量判断二氧化碳排放达峰状态和科学、合理划分不同阶段，本书研究团队创建了二氧化碳排放达峰状态判断模型（图 3-1）。

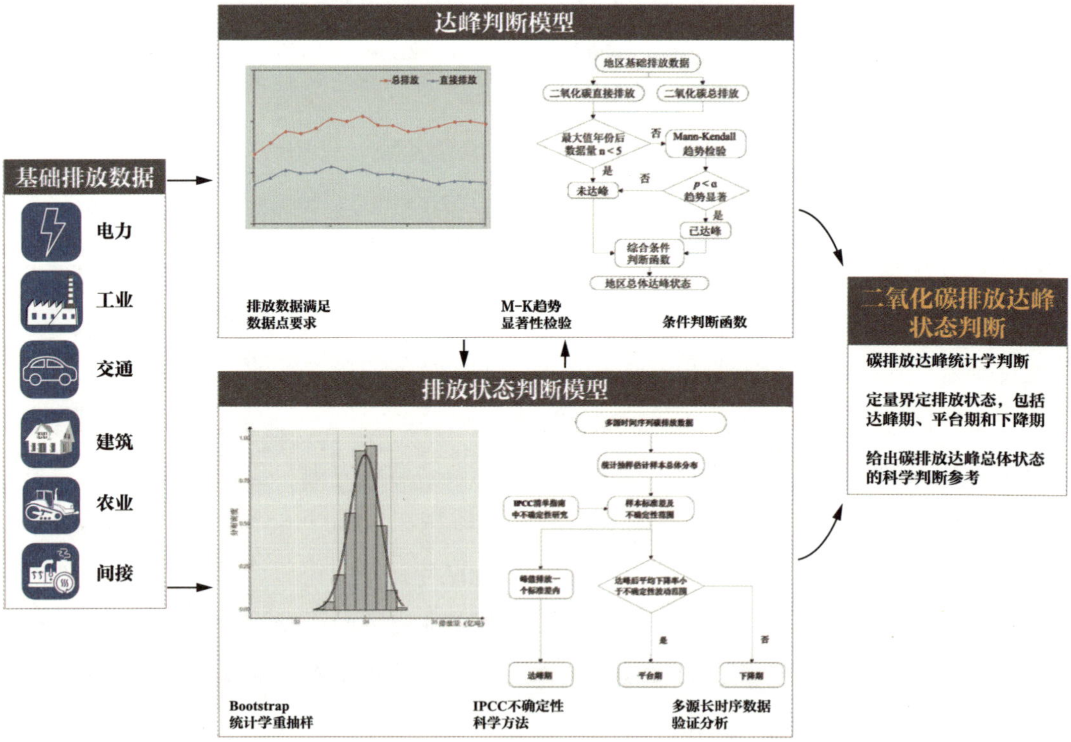

图 3-1　二氧化碳排放达峰状态判断模型研究模块

3.1 二氧化碳排放达峰状态判断

本书基于条件判断函数和M-K趋势检验法构建了二氧化碳排放达峰状态判断模型（Zhang et al.，2022；蒋含颖等，2021），如图3-2所示。M-K方法是一种非参数统计检验方法，其优点是不需要样本遵从一定的分布，也不受少数异常值的干扰，计算方便且实用性强。M-K趋势检验法在气候序列趋势的统计分析与判断方面广为应用，曾被用于检测地区水文特征的时间序列单调趋势、城市一氧化碳（CO）排放趋势、城市降水趋势等问题研究（Sheng et al.，2002；Gois et al.，2017；Bagdatli et al.，2019）。

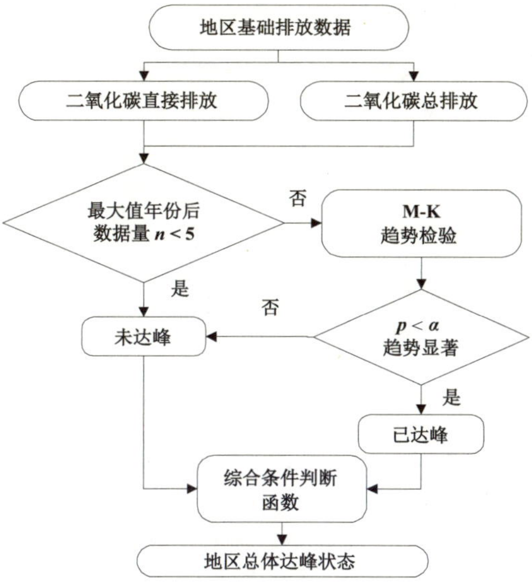

图3-2　二氧化碳排放达峰状态判断模型函数

具体判断如下：先将该地区（如国家、省份、城市或者区县等）单元时间序列排放量最高的年份确定为最大值年份，再对最大值年份后所有年份的排放数据进行M-K趋势检验。若最大值年份后的数据量 $n < 5$，则认为该地区未达峰，这是因为地区在达峰后仍需要一段时间的检测证明其并非虚假达峰（WRI，2014），且当数据量过少时无法进行趋势检验（Gilbert，1987）；若最大值年份后的二氧化碳排放呈显著下降趋势，则认为该地区达峰，令显著性水平 $\alpha = 0.05$；若没有显著趋势，则认为该地区仍然处于未达峰状态。同时，通过上述判断函数对地区的直接排放与总排放达峰状态分别进行判断，并根据表3-1对该地区总体的达峰状态进行综合判断。由此可以发现，二氧化碳排放达峰判断需要某个地区的二氧化碳排放量达到历史最高值，然后进入持续显著下降的过程。

表 3-1 区域二氧化碳排放达峰状态判断

直接排放状态	总排放状态	总体状态
已达峰	已达峰	已达峰
已达峰	未达峰	未达峰
未达峰	已达峰	未达峰
未达峰	未达峰	未达峰

3.2 二氧化碳排放阶段定量评估

在二氧化碳排放达峰确定后，对二氧化碳排放状态的定量判断（包括达峰期、平台期和下降期的定量评估和划分）非常重要。根据 IPCC 关于不确定性的研究，对于具体排放量的测量，不同的核算、计量方法会出现不同的结果，并造成结果误差，从而影响对排放状态的判断（Des，2001；IPCC，2019）。针对这一情况，本节在上述二氧化碳排放达峰研究的基础上，构建了基于数理统计的二氧化碳排放状态判断模型（Evaluation model on the status of CO_2 emissions，ESC）（张立等，2021），如图 3-3 所示。该模型应用 Bootstrap 方法，选取排放统计基础较好的地区，对多源长时间序列的碳排放数据进行统计分析判断，并结合 IPCC 国家温室气体清单指南（以下简称 IPCC 清单指南）中关于不确定性的方法，给出二氧化碳排放状态（包括达峰期、平台期和下降期）定量判断的参考。

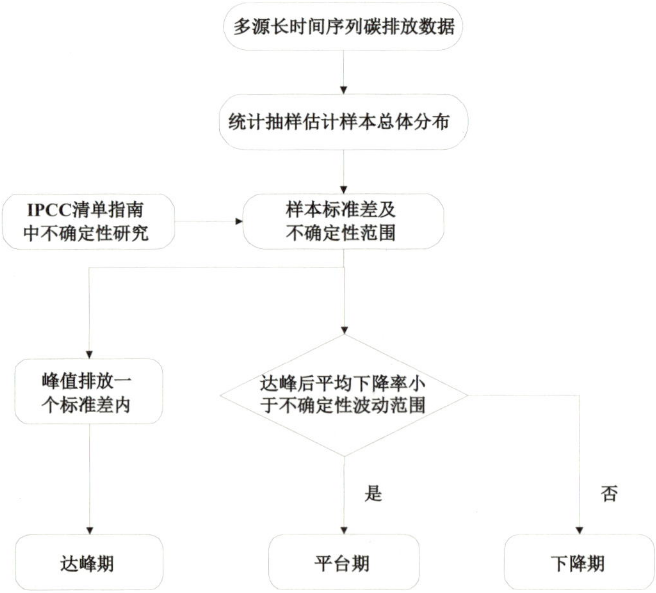

图 3-3 二氧化碳达峰期、平台期及下降期定量界定方法

首先，选取多源长时间序列的二氧化碳排放数据，应用 Bootstrap 方法对数据样本重复进行多次有放回抽样，对样本的总体分布进行估计。其次，根据 IPCC 清单指南中关于不确定性的方法，利用多源数据 Bootstrap 抽样后的结果计算碳排放数据的分布统计值，包括标准差和不确定性范围，以此来解决因核算、计量方法的不同而造成的结果误差。最后，基于统计值将峰值碳排放的一个标准差定义为达峰期，将不确定性波动范围取 95% 置信区间与均值的比值为界，与达峰后的平均下降率作比较，以此定量界定碳达峰后的平台期和下降期。

一般的统计推断需要基于一定的分布，但在实际中经常出现数据分布未知、样本量过小的情况，统计推断结果的可信度低，此时对样本数据进行 Bootstrap 重抽样可避免此类误差。基于数理统计的碳达峰平台期判断方法模型首先应用 Bootstrap 方法对数据进行重复抽样以对排放分布进行估计。Bootstrap 方法最早由美国统计学家 Efron 进行系统性介绍，本质上是一种非参数方法，通过对样本重复进行多次有放回抽样，重构样本并不断进行统计推断，用于估计统计信息，如平均值或标准偏差，从而不需要得到总体的具体分布即可得到较高精度的估计量（Efron，1992）。Bootstrap 方法具有稳健性高、统计性质好的优点，该方法已在许多学科中得以应用，如工程、化学、心理学和计量经济学，Chernick 提供了此方法学相关文献的详细清单（Chernick，2011）。该方法也常用于构建时间序列模型数据的估计与推断、检验变量的因果、构造预测区域、检验结果与置信区间等（Hong et al.，2021；Yurtkuran，2021；Parrella et al.，2021；Song et al.，2013）。

本研究主要采用的是非参数 Bootstrap 重抽样方法，其主要思想是当总体的分布 F 未知，从中抽取的一个容量为 n 的数据样本，并可从该数据样本中重复有放回地抽取容量为 n 的 Bootstrap 样本。此时，Bootstrap 样本与数据样本的距离等于数据样本与总体之间的距离，即可利用这些 Bootstrap 样本对总体 F 进行统计推断；同时，可以得到参数估计量 $\hat{\theta}$ 的标准差可度量估计的精度。具体如下：

①从原始样本 $x=(x_1, x_2, \cdots, x_n)$ 中有放回地抽取容量为 n 的样本 $x^*=(x_1^*, x_2^*, \cdots, x_n^*)$，构成一个 Bootstrap 样本。

②重复①中的过程 m 次，得到 m 个 Bootstrap 样本，公式如下：

$$x^{*i}=(x_1^{*i}, x_2^{*i}, \cdots, x_n^{*i}), i=1, 2, \cdots, m \tag{3-1}$$

第 i 个 Bootstrap 样本对总体分布 F 中未知参数 θ 的估计量 $\hat{\theta}$ 可表示为

$$\hat{\theta}^{*i}=\hat{\theta}(x_1^{*i}, x_2^{*i}, \cdots, x_n^{*i}), i=1, 2, \cdots, m \tag{3-2}$$

③ $\hat{\theta}$ 的标准误差 $\sqrt{D(\hat{\theta})}$ 的计算公式如下：

$$\sqrt{D(\hat{\theta})}=\sqrt{\frac{m}{m-1}\sum_{i=1}^{m}(\hat{\theta}_i^{\ *}-\bar{\theta}^{\ *})^2} \tag{3-3}$$

$$\bar{\theta}^{\ *}=\frac{1}{m}\sum_{i=1}^{m}\hat{\theta}_i^{\ *} \tag{3-4}$$

式中，x^{*i}——第 i 个 Bootstrap 重抽样样本；

$\hat{\theta}^{*i}$——第 i 个样本对总体的估计量；

$\sqrt{D(\hat{\theta})}$——所有估计量的标准误差；

$\bar{\theta}^{\ *}$——估计量均值。

在 IPCC 清单指南中，建议使用 95% 的置信区间来表征碳排放的不确定性。本书以 95% 的置信区间作为参考，对应统计学中 0.05 的显著性水平，以反映数据间的差异情况。在得到各地区的碳排放总体分布估计后，根据 IPCC 清单指南中关于不确定性的方法，以 95% 置信区间范围与均值的比值为界限，确定各地区碳排放数据的不确定性，对达峰判断后时间序列的排放数据进行不同时期的划分。第一，将峰值排放的一个标准差界定为碳达峰期，用于表示碳排放数据的离散程度。第二，对于达峰后的时间序列数据，若某一年的碳排放平均下降率在碳排放的 95% 置信区间范围与均值的比值之内，则认为该年份处于平台期；若在比值之外，则认为该年份处于下降期。

当前模型结果已经在欧盟和美国得到应用和验证。通过对欧盟和美国典型年份的碳排放数据进行 Bootstrap 重抽样后发现，两地区的均值分布整体呈正态分布或近似正态分布，并得到欧盟和美国近 20 年波动范围的平均值分别是 ±2.30% 和 ±1.76%，以此作为其平台期和下降期界定的定量参考。随后，通过 ESC 模型方法，对欧盟和美国 1970—2019 年的历史碳排放数据（BP，2021）进行二氧化碳排放状态的判断应用。欧盟在 1979 年碳排放量达到峰值，基于 Bootstrap 重抽样结果，近 20 年欧盟的碳排放均值波动范围平均值为 2.30%。1980—1983 年，欧盟碳排放达峰后平均下降率均高于 2.30%，说明该时期欧盟的碳排放进入下降期。美国 1979—1983 年呈现出与欧盟相近的下降趋势，但之后波动性上升，直到 2007 年达到峰值。相似地，美国 2008—2012 年碳排放的平均下降率始终高于上述 Bootstrap 重抽样结果的界定值（1.76%），表明该时期美国的碳排放进入下降期。

基于 ESC 模型的判断应用与欧盟和美国历史排放趋势呈现高度一致，欧盟与美国目前均已实现碳达峰，以这两个地区作为典型案例验证模型结果具有较好的可信度。

4

全球与典型国家和地区碳中和路径分析

4.1 全球碳中和路径

4.1.1 IPCC 2.0℃目标下的全球排放路径

IPCC 在第五次评估报告（IPCC，2014）中，基于已发布的集成模型在数据库中收集了约 900 种缓解方案以开展全球减排评估，该范围涵盖了 2100 年的大气浓度水平，即 430 ～ 720 ppm[1] CO_2eq（二氧化碳当量），与 RCP 2.6 ～ RCP 6.0 的 2100 年级别相当；同时，还评估了超出此范围的情景，包括 2100 年浓度低于 430 ppm CO_2eq 的某些情景（图 4-1）。缓解方案涉及广泛的技术、社会经济和制度轨迹，但是存在不确定性和模型局限性，并且有可能在此范围之外发展。

相对于工业化前水平，由人为温室气体排放引起的温度变化可能保持在 2℃以下的缓解方案的特征在于 2100 年大气浓度约为 450 ppm CO_2eq。到 2100 年达到约 500 ppm CO_2eq 浓度水平的缓解方案很有可能将温度变化相对于工业化前水平限制在 2℃以下，除非它们在 2100 年前暂时过冲了约 530 ppm CO_2eq 的浓度水平；到 2100 年二氧化碳浓度达到 530 ～ 650 ppm 的情景比将工业化之前的温升保持在 2℃以下的可能性更大；到 2100 年，二氧化碳浓度超过 650 ppm 的情况不太可能将相对于工业化前水平的温度变化限制在 2℃以下。到 2100 年，相对于工业化前水平，温度升

[1] ppm 是 part per million 的缩写，代表百万分比浓度，即 10^{-6}。

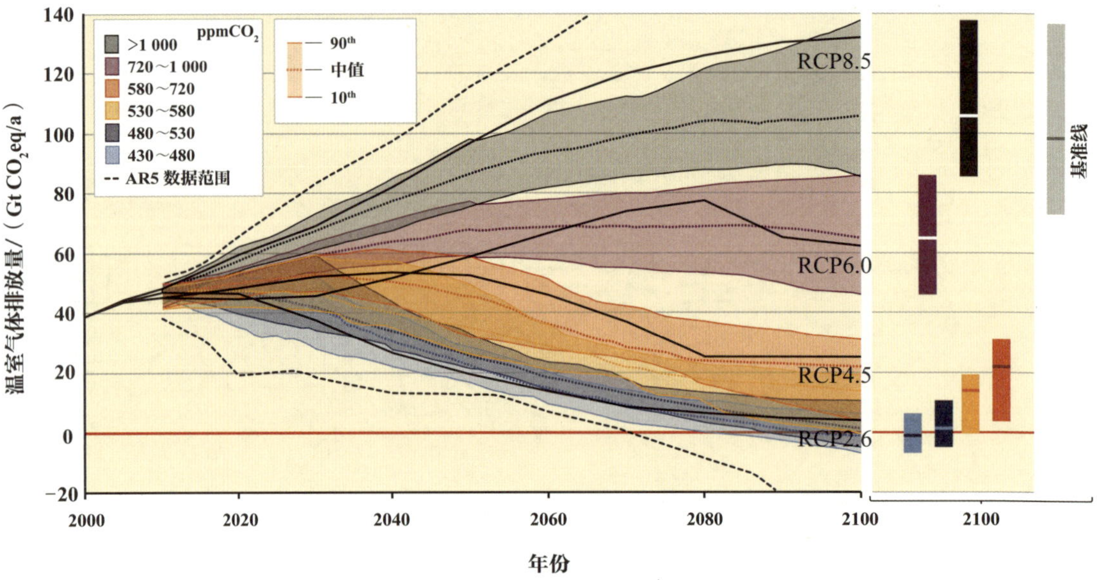

图 4-1　全球不同排放情景下的二氧化碳浓度

注：1 Gt = 10 亿 t。

高很有可能不低于 1.5℃的缓解情景的特征是 2100 年的浓度低于 430 ppm CO_2eq。在这种情况下，温度在 21 世纪达到顶峰，然后下降。

根据图 4-2，在基准情景中，除农业、林业和其他土地利用（Agriculture，Forestry and Other Land Use，AFOLU）部门中的二氧化碳净排放量外，所有部门的温室气体排放量预计都将增加。预计能源供应部门的排放将继续成为温室气体排放的主要来源，最终可以解释建筑物和工业部门用电间接排放的显著增加。在基准情景中，尽管预计非二氧化碳温室气体的农业排放量将增加，但 AFLOU 部门的二氧化碳净排放量会随着时间的推移而下降，一些模型预测到 21 世纪末将出现净汇。在使用 CCS 和不使用 CCS 的情况下，基线和缓解方案中各部门的二氧化碳直接排放量和跨部门的总非二氧化碳温室气体（京都气体）直接排放量达到约 450（430 ～ 480）ppm CO_2eq。图 4-2 中底部的数字指的是该范围内包括的方案数量，由于不同的部门分辨率和模型的时间跨度，跨部门和时间也有所不同。由于在不使用 CCS 的情况下许多方案无法在 2100 年之前达到 450 ppm CO_2eq，因此图 4-2（c）的方案数量很少。

IPCC 第五次评估报告中，控制 2℃的温升需要达到 2030 年全球温室气体排放基本等于或低于 2010 年的排放量，2050 年排放量相对于 2010 年减排 41% ～ 72%，低碳电力供给［包括可再生能源（RE）、核能和 CCS］的份额将从当前的约 30% 增至 2050 年的 80% 以上。

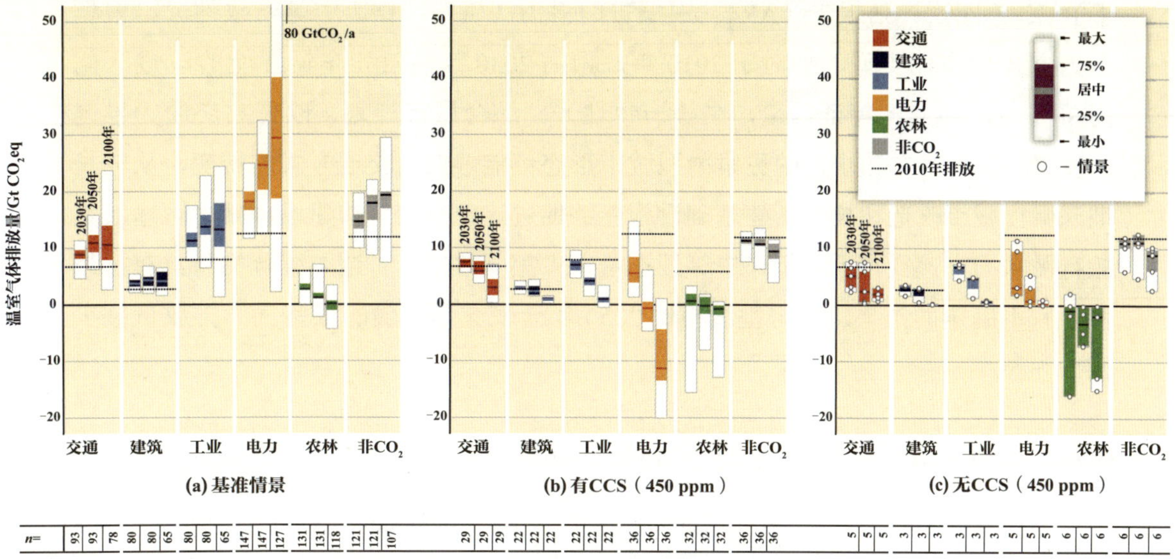

图 4-2　基准线和不同情景中全球分部门温室气体排放路径

具体特点如下：

一是 2010 年全球温室气体排放量为 490 亿 t，如果排除目前已采取的努力，将减缓努力拖延到 2030 年预计会大大增加转型到长期低排放水平的难度，同时缩小了为维持温度变化不超过工业化前水平 2℃的备选方案的范围（高信度）。对于那些至少可能保持在低于将温度控制在不超过工业化前水平 2℃的成本有效的减缓情景（2100 年浓度在 450 ～ 500 ppm CO_2eq），其典型特征是 2030 年温室气体排放量为 300 亿～ 500 亿 tCO_2eq。

二是 2030 年温室气体排放量高于 550 亿 tCO_2eq 的情景特征如下：2030—2050 年的减排速率大幅提高，低碳能源规模扩展加速；长期来看更加依赖 CDR 技术；转型影响加大，经济影响呈长期性。由于这些增加的减排挑战，许多 2030 年温室气体排放量高于 550 亿 tCO_2eq 的模型不能达到。

三是 2050 年相对于 2010 年减排 41% ～ 72%。在实现低稳定浓度水平（430 ～ 530 ppm CO_2eq）的过程中，发电行业的低碳化（降低发电的碳强度）是实施具有成本效益减缓战略的关键内容；在大多数综合模拟情景下，与工业、建筑业和交通行业相比，发电行业的低碳化要更迅速（中等证据量，高一致性）。到 2100 年，不采用 CCS 的化石燃料电力生产将几乎完全被淘汰。

所有交通运输方式的技术和行为减缓措施，再加上新建基础设施和城市改造投资，可使 2050 年最终能源需求比基线减少约 40%，其中经评估的减缓潜力将高于 IPCC 第四次评估报告（AR4）中报告的潜力（确凿证据，中等一致性）。根据运输方式和车辆类型，相对于 2010 年，预估 2030 年能效和车辆性能的改进区间为 30% ～ 50%（中等证据量，中等一致性）。综合城市规划、以公共交通为导向的发展、支持骑车和步行的更紧凑型城市形态都能够促进交通方式的转变，从较长期来看，城市改造和投资新建基础设施能够促进这一转变，如建设可减少短途航空旅行需求的高速铁路系统等（中等证据量，中等一致性）。这类缓解措施具有挑战性，有不确定的结果，但与基线相比 2050 年会使交通运输的温室气体排放量减少 20% ～ 50%。

4.1.2 IPCC 1.5℃目标下的全球排放路径

全球升温 1.5℃对自然系统和人类系统的气候相关风险将高于现在，但低于升温 2℃（高信度）。这些风险取决于升温的幅度和速度、地理位置、发展水平及脆弱性，也取决于适应和减缓方案的选择和实施情况（IPCC，2018）。

1. 总减排路径

在没有或有限过冲 1.5℃的模式路径中，到 2030 年全球净人为二氧化碳排放量在 2010 年的水平上减少约 45%（40% ～ 60% 四分位区间），在 2050 年前后（2045—2055 年四分位区间）达到净零。在全球升温限制在低于 2℃的情况下，大多数路径中的二氧化碳排放量预估到 2030 年减少约 25%（10% ～ 30% 四分位区间），并在 2070 年前后（2065—2080 年四分位区间）达到净零。在全球升温限制在 1.5℃的路径中，非二氧化碳排放大幅下降，类似于升温限制在 2℃路径中的情况（高信度）。将全球升温限制在不高于或略超过 1.5℃的路径需要在能源、土地、城市和基础设施（包括交通和建筑）及工业系统方面进行快速而深远的转型（高信度）。这些系统的转换规模是前所未有的，但在速度方面却不一定前所未有，这意味着所有部门的深度减排、广泛的减缓方案组合及对这些方案投资的显著升级（中等信度）。

2. 能源减排路径

在能源系统中，将全球升温限制在不高于或略超过 1.5℃的路径通常可满足能源服务需求，同时降低能源使用（包括通过增强能源效率），并且与 2℃的相比，其显示的能源终端使用的电气化速度更快（高信度）。与 2℃路径相比，在 1.5℃且没有或仅有有限过冲的路径中，预计低排放能量来源的份额更高，特别是在 2050 年之前（高信度）。在 1.5℃且没有或仅有有限过冲的路径中，可再生能源预计将在 2050 年提供 70% ～ 85%（四分位区间）的电力（高信度）。在发电方面，大多数 1.5℃且没有或仅有有限过冲的路径中，能够进行 CCS 的核燃料和化石燃料的模拟份额有所增加。在模拟的不高于或略超过 1.5℃的路径中，使用 CCS 能够让使用天然气发电的份额在 2050 年达到约 8%（3% ～ 11% 四分位区间），而所有路径都显示出使用煤炭发电的份额急剧减少，并将减少至几乎为 0（0 ～ 2% 四分位区间，高信度）。在认识到各种挑战及各种方案与各国国情之间差异的同时，在过去几年中，太阳能、风能和电力储存技术的政治、经济、社会与技术的可行性已经得到了显著改善（高信度）。这些改进标志着在发电过程中潜在着系统转型。

3. 工业减排路径

在将全球升温限制在 1.5℃且没有或仅有有限过冲的路径中，到 2050 年工业产生的二氧化碳排放量预计将比 2010 年减少 65% ～ 90%（四分位区间）。相比之下，全球升温 2℃则为 50% ～ 80%（中等信度）。通过采用新技术与现有技术相结合的做法可以实现这种减排，包括电气化、氢气、可持续生物基原料、产品替代和 CCUS。在各种尺度上已从技术方面证实了这些方案，但是在特定环境下经济、财政、人力和制度约束及大规模工业设施的具体特征限制了其大规模部署。在工业行业中，能源和工艺效率的减排本身不足以将升温限制在不高于或略超过 1.5℃（高信度）。

4. 土地、城市、运输和建筑减排路径

与将全球升温限制在 2℃以下相比，城市和基础设施系统的转换与将全球升温限制在 1.5℃且没有或仅有有限过冲的路径一致，这意味着土地和城市规划做法的变化、运输和建筑物更深层的减排（中等信度）等可促进实现深度减排的技术措施和做法包括各种能源效率方案。在将全球升温限制在 1.5℃且没有或仅有有限过冲的路径中，到 2050 年建筑物所需能源的电力份额为 55% ～ 75%，相比之下，到 2050 年全球升温 2℃则为 50% ～ 70%（中等信度）。在交通运输部门，低排放情景下最终能源的比例将从 2020 年的低于 5% 上升到 2050 年的 35% ～ 65%，相比之下，全球升温 2℃的比例为 25% ～ 45%（中等信度）。经济、体制和社会文化障碍可能会阻碍这些城市和基础设施系统的转换，这还要取决于国家、地区和当地的情况、能力及资本的可用性。

5.CDR 技术

将全球升温限制在不高于或略超过 1.5℃的所有路径都预测到在 21 世纪使用 CDR 的级别为 1 000 亿～ 10 000 亿 tCO_2。CDR 将用于补偿残余排放，并且在大多数情况下可实现净负排放以便在峰值之后将全球升温恢复至 1.5℃（高信度）。部署数百个 10 亿 tCO_2 的 CDR 项目受到多种可行性和可持续性的限制（高信度）。近期显著的减排与降低能源和土地需求的措施可以将 CDR 部署限制在几千亿吨 CO_2，而不依赖 BECCS 技术（高信度）。

根据《巴黎协定》提交的当前国家或地区规定的减缓目标来估算全球的排放结果，将得出 2030 年全球温室气体排放量为 520 亿～580 亿 tCO_2eq（中等信度）。即使辅以 2030 年后减排的规模和目标大幅增加（高信度），反映这些减缓目标的路径也不会将全球变暖限制在 1.5℃。只有全球二氧化碳排放量在 2030 年之前就开始下降（高信度），才能避免过冲和依赖未来大规模部署 CDR 项目。

由图 4-3 可知，四种解释性路径的特征表现为不同的减缓战略可以实现净排放减少，这些减排需遵循将全球变暖限制在 1.5℃且没有过冲或仅有限过冲的路径。所有的路径都使用 CDR，但数量因路径的不同而不同，BECCS 的相对贡献及 AFOLU 部门也是如此。这对排放和其他几种路径特征产生影响。

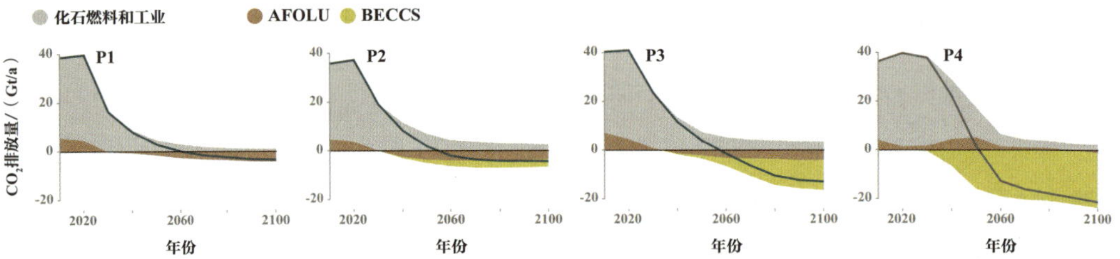

P1：在社会、商业和技术创新导致2050年能源需求下降的情景下，生活水平有所提高，特别是南方国家，一个小型能源系统可以实现能源供应的快速脱碳，造林是唯一考虑的CDR方案；化石燃料与CCS和BECCS都不使用。

P2：广泛关注可持续发展，包括能源强度、人类发展、经济一体化和国际合作、转向可持续和健康的消费模式、低碳技术创新及管理良好的土地系统转变的情景，社会接受BECCS的程度不高。

P3：一个中间路线的情景，其中社会和技术发展遵循历史模式，减排主要通过改变能源和产品的生产方式来实现，其次是降低需求程度。

P4：在资源和能源密集型情景下，经济增长和全球化导致广泛采用温室气体密集型生活方式，包括对运输燃料和畜产品的高需求，减排主要通过技术手段实现，通过部署BECCS大力推广使用CDR。

全球指标	P1	P2	P3	P4	四分位数范围
路径分类	没有或有限过冲	没有或有限过冲	没有或有限过冲	更高过冲	没有或有限过冲
2030年CO_2排放量变化（相对于2010年的百分比）/%	-58	-47	-41	4	(-58, -40)
2050年（相对于2010年的百分比）/%	-93	-95	-91	-97	(-107, -94)
2030年东京温室气体排放量*（相对于2010年的百分比）/%	-50	-49	-35	-2	(-51, -39)
2050年（相对于2010年的百分比）/%	-82	-89	-78	-80	(-93, -81)
2030年最终能源需求**（相对于2010年的百分比）/%	-15	-5	17	39	(-12, 7)
2050年（相对于2010年的百分比）/%	-32	2	21	44	(-11, 22)
2030年可再生电力份额/%	60	58	48	25	(47, 65)
2050年/%	77	81	63	70	(69, 86)
2030年由煤炭产生的一次能源（相对于2010年的百分比）/%	-78	-61	-75	-59	(-78, -59)
2050年（相对于2010年的百分比）/%	-97	-77	-73	-97	(-95, -74)
2030年石油（相对于2010年的百分比）/%	-37	-13	-3	86	(-34, 3)
2050年（相对于2010年的百分比）/%	-87	-50	-81	-32	(-78, -31)
2030年天然气（相对于2010年的百分比）/%	-25	-20	33	37	(-26, 21)
2050年（相对于2010年的百分比）/%	-74	-53	21	-48	(-56, 6)
2030年核能（相对于2010年的百分比）/%	59	83	98	106	(44, 102)
2050年（相对于2010年的百分比）/%	150	98	501	468	(91, 190)
2030年生物能（相对于2010年的百分比）/%	-11	0	36	-1	(29, 80)
2050年（相对于2010年的百分比）/%	-16	49	121	418	(123, 261)
2030年非生物再生能源（相对于2010年的百分比）/%	430	470	315	110	(245, 436)
2050年（相对于2010年的百分比）/%	833	1327	878	1137	(576, 1 299)
到2100年累积的CCS/Gt CO_2	0	348	687	1218	(550, 1 017)
BECCS/Gt CO_2	0	151	414	1191	(364, 662)
2050年生物能源作物的土地面积/（$\times 10^6$ km^2）	0.2	0.9	2.8	7.2	(1.5, 3.2)
2030年农业甲烷排放量（相对于2010年的百分比）/%	-24	-48	1	14	(-30, -11)
2050年（相对于2010年的百分比）/%	-33	-69	-23	2	(-47, -24)
2030年氧化亚氮农业排放量（相对于2010年的百分比）/%	5	-26	15	3	(-21, 3)
2050年（相对于2010年的百分比）/%	6	-26	0	39	(-26, 1)

图 4-3　四种路径对全球净二氧化碳排放的贡献

图 4-4 中介绍了观测到的全球温度变化和对程式化人为排放和强迫路径的模拟响应。人类活动导致的全球变暖大约比工业化前水平高 1.0℃，可能的范围是 0.8 ～ 1.2℃。如果以目前的速度继续上升，全球变暖可能在 2030—2052 年达到 1.5℃。从反映自工业化前时期以来的长期变暖趋势来看，2006—2015 年这 10 年观测到的全球平均表面温度（Global Mean Surface Temperature，GMST）比 1850—1900 年的平均值高 0.87℃（可能在 0.75 ～ 0.99℃）。估计的人为造成的全球变暖与观测到的变暖水平在 ±20% 之间相匹配。由于过去持续的排放，目前估计的人为造成的全球变暖每 10 年上升 0.2℃（可能在 0.1 ～ 0.3℃）。

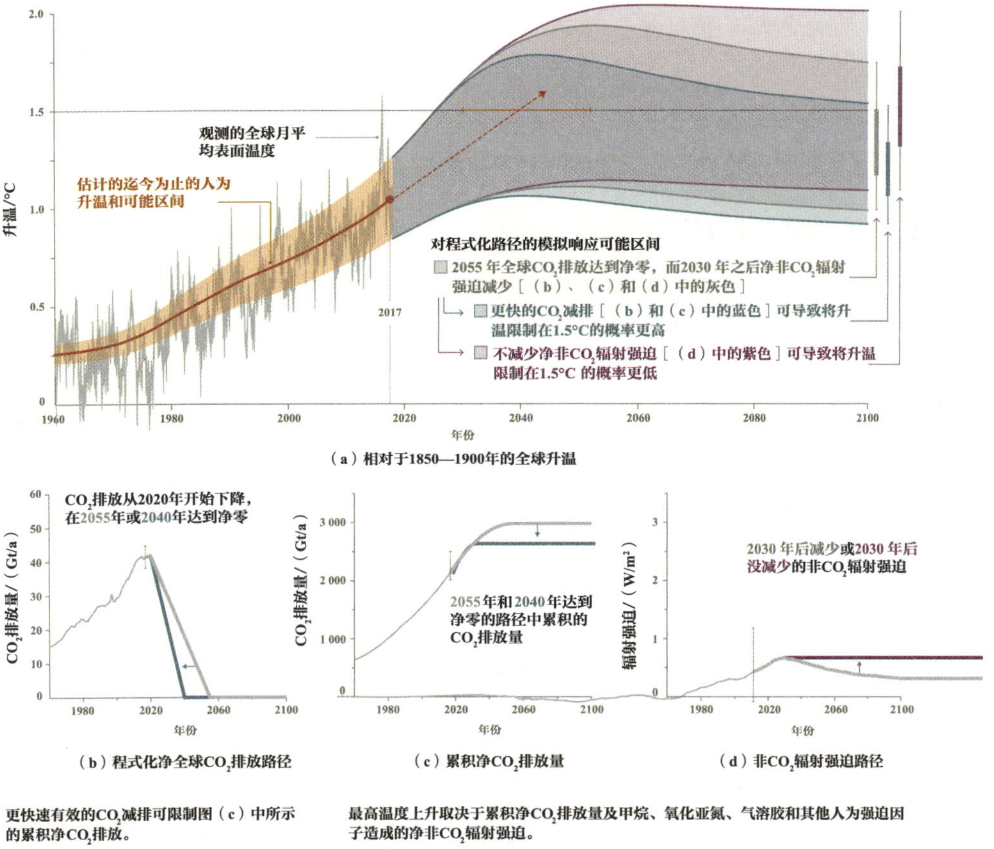

图 4-4　全球温度变化与排放路径模拟

注：图（a）右侧的灰羽带表示用简单气候模式计算出的程式化路径的升温响应可能区间，按此路径，净 CO_2 排放量［图（b）和图（c）中的灰线］从 2020 年直线下降，在 2055 年达到净零，而净非 CO_2 辐射强迫［图（d）中的灰线］上升直至 2030 年，而后下降。图（a）中的蓝羽带表示对更快 CO_2 减排［图（b）中的蓝线］、2040 年达到净零、减少累积 CO_2 排放量［图（c）］的响应。紫色带表示对 2055 年降至零的净 CO_2 排放的响应，净非 CO_2 辐射强迫在 2030 年后保持不变。图（a）右侧的竖误差条表示在这 3 种程式化路径下估算的 2100 年升温分布可能区间（细线）和中间的百分位点（第 33 ～ 66 百分位，粗线）。图（b）、图（c）和图（d）中的竖向虚线误差条分别表示历史年度和 2017 年的累积全球净 CO_2 排放量及 AR5 提供的 2011 年净非 CO_2 辐射强迫的可能区间。

要想达到并维持全球人为净二氧化碳排放量为零，减少非人为二氧化碳净辐射强迫，应在数十年的时间尺度上停止人为造成的全球变暖，再由最高的人为净累积二氧化碳净排放量（直至达到净零二氧化碳排放量）和在达到最高温度之前的几十年中的非二氧化碳辐射强迫水平来确定所达到的最高温度。在更长的时间尺度上，可能仍需要持续的全球人为净负二氧化碳排放量和（或）进一步减少非二氧化碳辐射强迫，以防止由于地球系统的反馈而进一步变暖，并逆转海洋酸化作用以最小化海平面上升速度。

未来与气候相关的风险取决于变暖的速度、峰值和持续时间。总体而言，如果全球变暖在 2100 年之前恢复到相较工业化前水平超过 1.5℃，则比全球变暖逐渐稳定在 1.5℃时风险更大，尤其是在峰值温度高（如约 2℃）时，有些影响可能是长期的或不可逆转的。

4.1.3 IPCC 第六次评估报告中的全球排放路径

IPCC 第六次评估报告（IPCC，2022）在将升温限制在 1.5℃（＞ 50%）且无过冲或过冲有限的全球模拟路径中，以及在将升温限制在 2℃（＞ 67%）并假定立即采取行动的路径中，全球温室气体排放预计在 2020 年前后达到峰值，最迟在 2025 年前达到峰值。在这两类路径中，在 2030 年、2040 年和 2050 年都会出现快速和深入的温室气体排放减少（高信度）。如果不加强 2020 年年底前实施的政策，预计 2025 年后温室气体排放将上升，导致 2100 年全球变暖的中位数为 3.2℃（2.2 ～ 3.5℃，95%CI）（中等信度）。

在将升温限制在 2℃（＞ 67%）并假设立即采取行动的全球模拟路径中，全球温室气体净排放量预计到 2030 年将比 2019 年的水平下降 27%（13% ～ 45%），到 2050 年下降 63%（52% ～ 76%）。其中，2030 年全球二氧化碳净排放量下降 27%（11% ～ 46%），2040 年下降 52%（36% ～ 70%）；2030 年全球甲烷（CH_4）排放量下降 24%（9% ～ 53%），2040 年下降 37%（20% ～ 60%）。

在将升温限制在 1.5℃（＞ 50%）且无过冲的路径中，到 2030 年将减排 43%（34% ～ 60%），到 2050 年将减排 84%（73% ～ 98%）。其中，2030 年全球二氧化碳净排放量减少 48%（36% ～ 69%），2040 年减少 80%（61% ～ 109%）；2030 年全球甲烷排放量减少 34%（21% ～ 57%），2040 年减少 44%（31% ～ 63%）。上述这两类路径，到 2050 年非二氧化碳排放的减少量相似，甲烷排放量减少 45%（25% ～ 70%）；氧化亚氮（N_2O）排放量减少 20%（−5% ～ 55%）；而氟气体排放量减少 85%（20% ～ 90%）。

在高度过冲后将升温恢复到 1.5℃（＞ 50%）的模拟路径中，温室气体排放在 2030 年将减少 23%（0 ～ 44%），在 2050 年将减少 75%（62% ～ 91%）（高信度）。这与《联合国气候变化框架公约》第 26 次缔约方大会（COP26）之前宣布的直到 2030 年的 NDC 一致，并假设在此后各缔约方不增加雄心的模拟路径中温室气体的排放量更高，导致到 2100 年全球变暖的中位数为 2.8℃（2.1 ～ 3.4℃）（中等信度）。

IPCC 第六次评估报告中，情景类别按其超过全球变暖水平（峰值和 2100 年）的可能性来定义。① C1 类包括将 2100 年的升温限制在 1.5℃可能性大于 50%，并在 21 世纪达到或超过 1.5℃的升温可能性为 67% 或更低的模拟情景。在第六次评估报告中，这些情景被称为将升温限制在 1.5℃（＞ 50%）且没有过冲或有限过冲的情景。有限过冲是指超过 1.5℃的全球变暖最多约 0.1℃，并持续数十年。② C2 类包括将 2100 年的升温限制在 1.5℃的可能性大于 50%，以及在 21 世纪超过 1.5℃的升温的可能性大于 67% 的模拟情景。在第六次评估报告中，这些情景被称为在高过冲后将升温恢复到 1.5℃（＞ 50%）的情景。高过冲是指全球变暖暂时超过 1.5℃（0.1 ～ 0.3℃）长达数十年。③ C3 类包括将整个 21 世纪的峰值变暖限制在 2℃以内的可能性大于 67% 的模拟情景。在第六次评估报告中，这些情景被称为将升温限制在 2℃（＞ 67%）的情景。④ C4 ～ C7 类包括在整个 21 世纪将升温限制在 2℃、2.5℃、3℃、4℃的可能性大于 50% 的模拟情景。在 C4 的一些情景和 C5 ～ C7 的许多情景中，变暖将持续到 21 世纪以后。⑤ C8 类包括在 21 世纪期间升温超过 4℃的可能性为 50% 或更高的模拟情景。在这些情景中，变暖在 21 世纪以后将继续上升。

不同路径达到净零排放的时间不同。其中，在将升温限制在 1.5℃（＞ 50%）且无过冲或有限过冲的模拟路径中，全球二氧化碳净零排放在 20 世纪 50 年代初达到；在将升温限制在 2℃（＞ 67%）的模拟路径中，大约在 20 世纪 70 年代初达到净零。这些路径中的大部分在净零点之后将继续保持二氧化碳的净排放，同时还包括其他温室气体排放的深度削减。气候变暖的峰值水平取决于在二氧化碳净零点之前的累计二氧化碳排放量，以及到峰值时非二氧化碳气候因素的变化。这些情景到 2030 年和 2040 年，温室气体排放将迅速减少，特别是减少了甲烷排放，降低了变暖峰值，减少了过冲升温限制的可能性，并导致对二氧化碳净负排放依赖的减少（高信度）。

不同缓解路径中的部门减排与技术贡献也不一样。所有将升温限制在 1.5℃（＞ 50%）且无过冲的全球模拟路径，以及将升温限制在 2℃（＞ 67%）的全球模拟路径都涉及所有部门快速、深入且在大多数情况下立即减少温室气体排放。实现这些减排的模拟缓解战略包括从化石燃料到低碳或零碳能源的转变，如可再生能源或化石燃料结合 CCS 技术、需求端措施和提高效率、减少非二氧化碳温室气体排放，以及部署 CDR 以抵消剩余的温室气体排放。解释性减排路径（IMPs）展现了与特定温升水平一致的部门减排战略组合（图 4-5）。具体来说，在将升温限制在 1.5℃（＞ 50%）且无过冲或有限过冲的模拟路径中，预计 2050 年全球煤炭、石油和天然气的使用将下降，与 2019 年相比中位数和四分位数范围分别为 95%（80% ～ 100%）、60%（40% ～ 75%）和 45%（20% ～ 60%）。在将升温限制在 2℃（＞ 67%）的模拟路径中，到 2050 年全球煤炭、石油和天然气预测下降的中位数和四分位数范围分别为 85%（65% ～ 95%）、30%（15% ～ 50%）和 15%（-10% ～ 40%）。在模拟的将升温限制在 1.5℃（＞ 50%）且无过冲或有限过冲的路径中，煤炭（未结合 CCS 技术）、石油和天然气的使用预计将出现更大程度的减少，与 2019 年相比，2050 年减少的中位数约为 100%、60% 和 70%，四分位数范围分别为（95% ～ 100%）、（45% ～ 75%）和（60% ～ 80%）。在这些全球模拟路径中，2050 年几乎所有的电力都由零碳或低碳来源提供，如可再生能源或带有 CCS 技术的化石燃料，以及对能源需求的电气化。

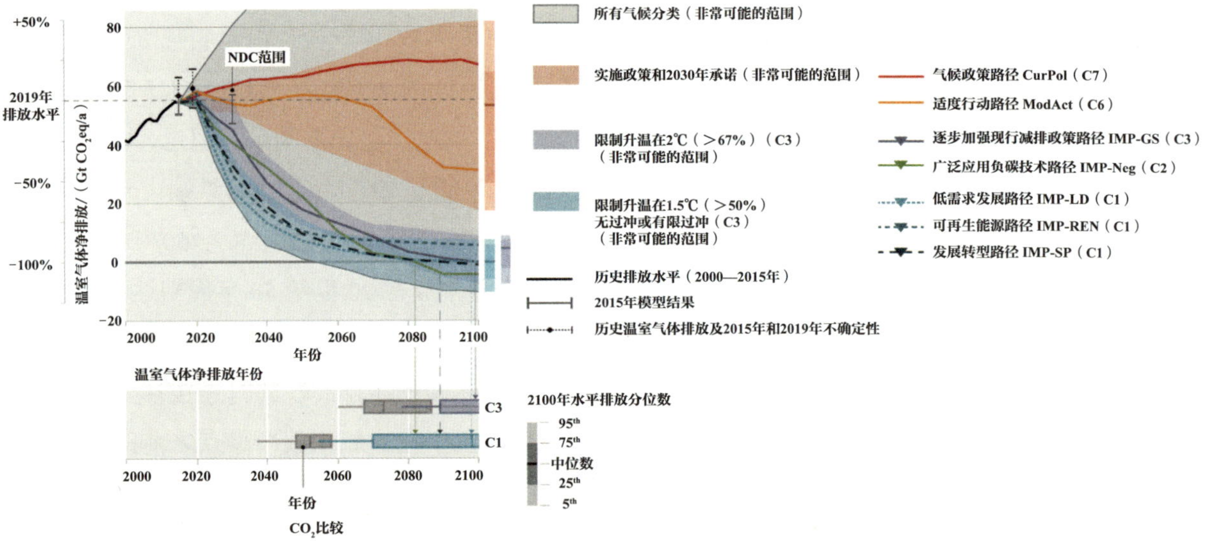

图 4-5 IPCC 全球解释性减排路径

就分部门而言，在达到全球二氧化碳净零排放的模拟路径中，在达到净零排放时一些部门排放的 50 亿～ 160 亿 tCO_2 将被其他部门的二氧化碳负排放所抵消。在大多数将升温限制在 2℃（＞ 67%）或更低的全球模拟路径中，AFOLU 部门需要重新造林和减少毁林，同时能源供应部门需要比建筑、工业和运输部门更早达到二氧化碳净零排放（高信度）。在达到温室气体净零排放时，全球约 74%（54% ～ 90%）的减排量是通过能源供应和需求部门的二氧化碳减排来实现的，13%（4% ～ 20%）来自 AFOLU 部门的二氧化碳减排，以及约 13%（10% ～ 18%）是通过减少土地利用、能源和工业的非二氧化碳排放来实现的（中等信度）。

全球模拟减排路径中，CDR 的部署方法和水平因对成本、可得性和约束条件假设的不同而不同。在使用 CDR 并将升温限制在 1.5℃（＞ 50%）且无过冲或有限过冲的模拟路径中，2020—2100 年 BECCS 和 DACCS 的全球累计 CDR 分别为 300 亿～ 7 800 亿 tCO_2 和 0 ～ 3 100 亿 tCO_2；AFOLU 部门贡献了 200 亿～ 4 000 亿 tCO_2 的净负排放，累计净负二氧化碳排放总量为 200 亿～ 6 600 亿 tCO_2。在将升温限制在 2℃（＞ 67%）的模拟路径中，2020—2100 年 BECCS 和 DACCS 的全球累计 CDR 分别为 1 700 亿～ 6 500 亿 tCO_2 和 0 ～ 2 500 亿 tCO_2，AFOLU 部门贡献了 100 亿～ 2 500 亿 tCO_2 的净负排放，累计净负二氧化碳排放总量为 400（0 ～ 2 900）亿 tCO_2（高信度）。此外，所有减排战略的实施都面临着挑战，包括技术风险、规模和成本。许多挑战，如对清洁发展机制（CDM）的依赖、对土地和生物多样性的压力（如生物能源）及对前期高投资技术的依赖（如核电），在假设资源得到更有效的利用（如低需求发展路径 IMP-LD）或将全球转向可持续发展（如发展转型路径 IMP-SP）的模拟路径中会显著减少（高信度）。

4.1.4 IEA 全球碳中和路径

在 IEA 的净零排放路径中（IEA，2021），全球能源相关和工业过程产生的二氧化碳排放量在 2020—2030 年下降了近 40%，并在 2050 年达到净零（图 4-6）。

2030 年前约一半的减排量源于能效、风能和太阳能。它们在 2030 年后将继续贡献减排，但在 2030—2050 年，电气化、氢能使用和 CCUS 部署将不断增加，并在此期间贡献一半以上的减排量。在净零排放路径中，2050 年二氧化碳的移除量将达到 19 亿 t，低碳氢的需求达 5.2 亿 t。

2050 年全球能源需求将比目前低 8% 左右，但其服务的人口比目前多 20 亿人。能源更高效利用与资源效率和行为改变的有机结合，将抵消因世界经济发展和能源普遍可及而引起的能源需求的增长。2050 年，风能、太阳能、生物能、地热能和水能将占能源供应总量的 2/3。太阳能将成为最大的能源来源，占能源供应总量的 1/5。到 2050 年，太阳能光伏装机将是现在的 20 倍，风电装机将是现在的 11 倍。

净零排放意味着化石燃料消耗将大幅减少。2050 年，化石燃料消耗在能源供应总量中的占比将由目前的近 4/5 减少到略超于 1/5。

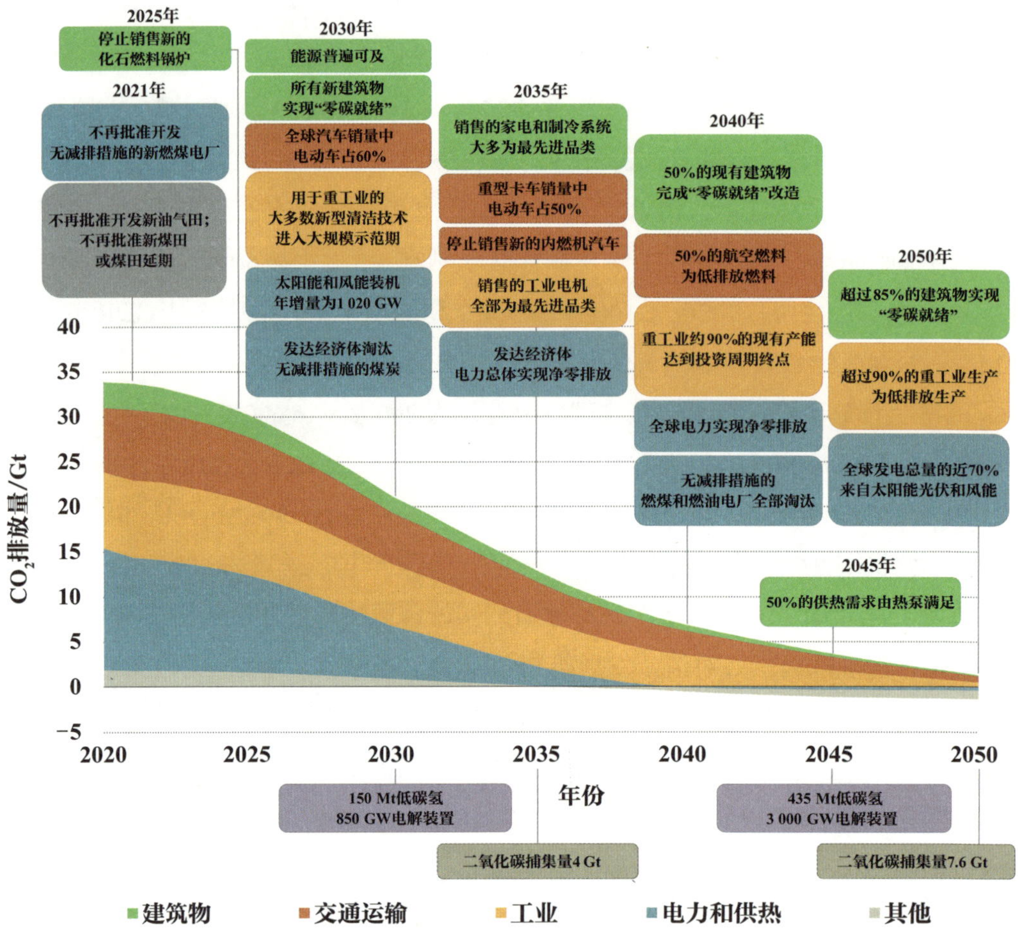

图 4-6　IEA 全球碳中和路径

2050 年全球总发电量需要达到目前的 2.5 倍以上。2030 年之前最低效的燃煤电厂将全部被淘汰，2040 年之前将对仍在使用的其余燃煤电厂进行改造。到 2050 年，近 90% 的发电来自可再生能源，风能和太阳能光伏发电合计占近 70%，其余大部分来自核电。

工业、交通运输和建筑物领域的减排需要更长时间。要想实现工业领域 2050 年减排 95%，就需要大力建设新的基础设施。自 2030 年起，每月需要为 10 座重工业工厂配备 CCUS，建造 3 座新氢能工厂，并在工业场所增加 2 GW 电解槽制氢能力。2035 年之前停止销售内燃机汽车，并推动电气化，从而支持交通运输领域大幅减排。到 2050 年，全球路上行驶的汽车均为电动车或燃料电池车。

在建筑物领域，需要自 2025 年起在全球范围内禁止新增化石燃料锅炉，从而推动电热泵的销售。

4.2 典型国家和地区碳中和路径

为适应全球应对气候变化、减少温室气体排放的行动，世界各个国家和地区也提出了自己的碳中和战略路径。本节基于典型国家和地区提出的碳中和路径，结合气候行动追踪（Climate Action Tracker，CAT）评估开展相关研究和分析。

CAT是一项基于独立的科学分析，通过《巴黎协定》中“将温升控制在远低于2℃，并努力将温升限制在1.5℃”的目标来追踪政府的气候行动。CAT量化并评估气候变化减缓目标、政策和行动。它将国家行动汇总到全球层面，使用碳循环/气候模型——MAGICC模拟21世纪可能的温升程度，并通过在部门层面开展进一步分析来说明实现全球温升目标所需的途径。

CAT追踪了39个国家和地区（涵盖了所有最大的排放者和具有代表性的较小排放者样本），覆盖了全球约85%的温室气体排放量和约70%的人口。其中，跟踪的国家和地区行动包括气候政策和行动对排放的影响、政府已实施或颁布的政策及这些政策如何影响到2030年及以后的时间段内的国家或地区排放；2030年及以后的承诺、目标和NDC对国家或地区排放的影响；比较各个国家或地区模拟路径与公平配额，确定政府是否遵循了《巴黎协定》中关于限制全球变暖的“公平配额”，以及在本国领土上的减排努力是否符合全球最低成本路径。CAT使用MAGICC分析与政府行动一致的全球排放路径并预测气候后果，模拟21世纪的全球变暖，同时计算到2030年相对于工业化前水平的温度变化限制在2℃以下及到2100年将温度变化限制降至1.5℃以下所需的排放水平与预计NDC、承诺和现行政策下的排放之间的差距。

4.2.1 欧盟碳中和路径

欧盟委员会于2018年在《给所有人一个清洁星球——一份欧盟对于建设繁荣、现代、有竞争力的气候中性经济体的长期战略愿景》（*A Clean Planet for All: A European long-term strategic vision for a prosperous, modern, competitive and climate neutral economy*）中，首次提出欧盟将在2050年前实现气候中性并成为世界上第一个首先实现气候中和的主要经济体的战略（European Commission，2018）。2020年10月，欧洲议会投票通过《欧洲气候法》，为2050年前实现碳中和目标建立了法律框架并启动了对相关法规的修订。欧盟委员会于2022年5月18日提出了REPowerEU计划，该计划包括一项提案，即到2030年将可再生能源在最终能源中的份额从40%增至45%，并将最终能源消耗减少到750 Mtoe（百万吨油当量）（European Commission，2022）。

根据 CAT 的研究结果（图 4-7），能源结构的变化和从天然气到煤炭的潜在转变将使欧盟的排放量比 1990 年的水平低 57% ～ 58%（不包括 LULUCF），并使欧盟减排与《巴黎协定》兼容性的控制在 4% ～ 5%（在辅以大幅增加的国际气候融资条件下）；如果包括 LULUCF，减排幅度将在 60% ～ 62%（CAT，2022）。为促进全球气候行动，欧盟应在减排方面量化新目标。一个令人担忧的事态发展是一些欧盟成员国的反应，为了应对化石燃料价格的上涨，这些国家正在为化石燃料消费提供补贴。欧盟委员会试图在其投资分类下将化石天然气和核能归类为“可持续”能源。此类措施不仅削弱了欧盟作为全球气候行动领导者的资格，还会导致更多的搁置资产，并且需要很长时间才能对提高能源安全的当前形势产生任何有意义的影响。当前，欧盟能源体系面临巨大挑战。然而，化石燃料价格的大幅上涨不应成为改变欧盟对能源依赖的借口，而应通过使用可再生能源和采取能源效率措施来减少这种依赖。虽然 REPowerEU 计划提供了许多可以减少欧盟能源依赖和排放的要素，但其增加对天然气的投资及有限幅度地从天然气转向煤炭的提议对欧盟的气候雄心构成了重大威胁。相反，欧盟应进一步加速脱碳，以消除对进口化石燃料的依赖。

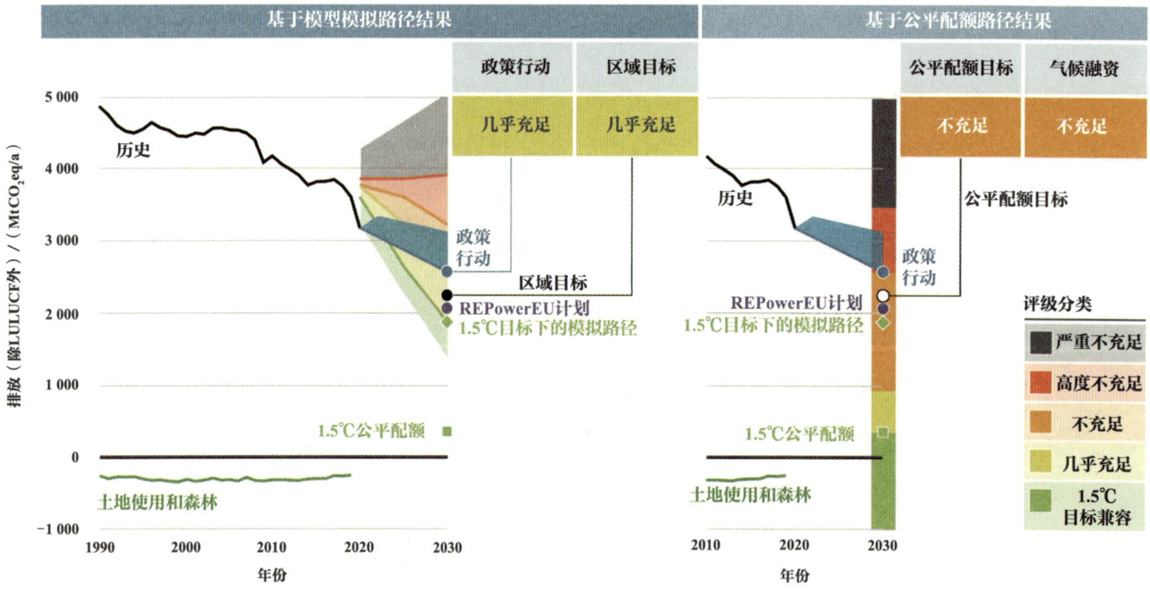

图 4-7　CAT 对欧盟碳中和进程的评估

注：1 Mt ＝ 100 万 t。

CAT 将欧盟的气候目标、政策和资金评为“不充足”，表明欧盟的气候政策和承诺只有大幅改进才能与《巴黎协定》1.5℃升温限制保持一致。模拟路径显示，欧盟 2030 年的减排目标及其政策和行动与升温 2℃目前一致。但是，欧盟并没有兑现其对气候公平行动贡献的承诺。为提高评级，欧盟应将其减排目标提高到至少比1990年水平低62%（不包括LULUCF），并采取必要的政策来实现这一目标，同时显著增加对发展中国家和最不发达国家气候行动的支持。

在政策与行动方面，CAT将欧盟评为“几乎充足”。目前欧盟的政策和行动不足以实现到2030年在1990年水平之下“至少减少55%”的减排目标。然而，欧盟目前正在讨论一些政策举措，若成员国采用和实施这些举措，可能会使减排超过55%的目标。除了在欧盟层面采用的政策，成员国还需要采取额外措施，尤其是最迟在2030年淘汰煤炭及随后很快淘汰天然气。相反，一些国家正在游说欧盟将资金用于发展化石天然气基础设施。将化石天然气作为“过渡技术”添加到欧盟分类中是不符合《巴黎协定》标准的。天然气仍然是一种化石燃料，必须逐步淘汰，而不是一种过渡选择。

在欧盟于2020年12月提交的到2030年（包括LULUCF）将排放量在1990年的水平上至少减少55%的目标是朝着正确方向迈出的一步，特别是因为它开启了实现《巴黎协定》目标的可能性。欧盟委员会在2022年5月的REPowerEU计划中提出了可再生能源和能源效率目标，为使欧盟的目标与《巴黎协定》兼容创造了可行的机会。

在公平配额目标方面，欧盟的减排目标被评为“不充足”，这表明欧盟在2030年的公平配额目标只有大幅改进才能与《巴黎协定》的1.5℃升温限制保持一致。其中，一些改进应针对欧盟自身的排放目标，另一些则可能以资金形式对发展中国家实现的减排提供额外支持。

在气候融资方面，欧盟的国际公共气候融资贡献被评为“不充足”。欧盟已承诺增加其气候融资，但迄今为止的捐款与其公平配额相比一直很低。为了提高其评级，欧盟需要在2020年后提高其国际气候融资的贡献水平，并逐步加速淘汰化石燃料融资。

在净零目标方面，欧盟被评估为“可接受”。欧盟的气候中和目标在其架构、透明度和范围方面表现适中，并定期对其进行审查和评估。对2040年中期目标的规定将在《巴黎协定》全球盘点之后确定。

4.2.2 美国碳中和路径

美国于2021年决定重返《巴黎协定》，并制定了雄心勃勃的NDC，同时发起全球甲烷承诺，在国内和国际上采取了更多应对气候变化的行动。2021年11月，美国国务院和华盛顿特区总统办公厅发布了《美国长期战略：到2050年实现温室气体零排放的途径》（*The Long-Term Strategy of the United States: Pathways to Net-Zero Greenhouse Gas Emissions by 2050*），阐述了美国如何在 2050 年之前实现净零排放的最终目标（United States Department of State and the United States Executive Office of the President，2021）。2022 年 8 月 16 日，拜登总统签署了美国历史上最雄心勃勃、最具潜在影响力的气候政策——《降低通货膨胀法案》（IRA）（Jenkins et al.，2022），将美国的排放量设定在实现其气候承诺的轨道上，即 2030 年温室气体排放量比 2005 年的水平降低一半，但需要采取更多的行动才能实现这一目标。IRA 标志着美国气候行动的根本转变，并将碳排放坚定地置于下降轨道。

CAT 估计 IRA 的实施将加速美国温室气体排放量的下降，但美国将需要实施额外的政策以实现其提议的 50% ～ 52% 的减排目标（包括 LULUCF）（图 4-8）。如果不实施进一步的政策，预计到 2030 年，美国的排放量将下降到比 2005 年水平低 26% ～ 42%（包括 LULUCF），这距离其 2030 年比 2005 年水平低 50% ～ 52% 的目标仍有距离。

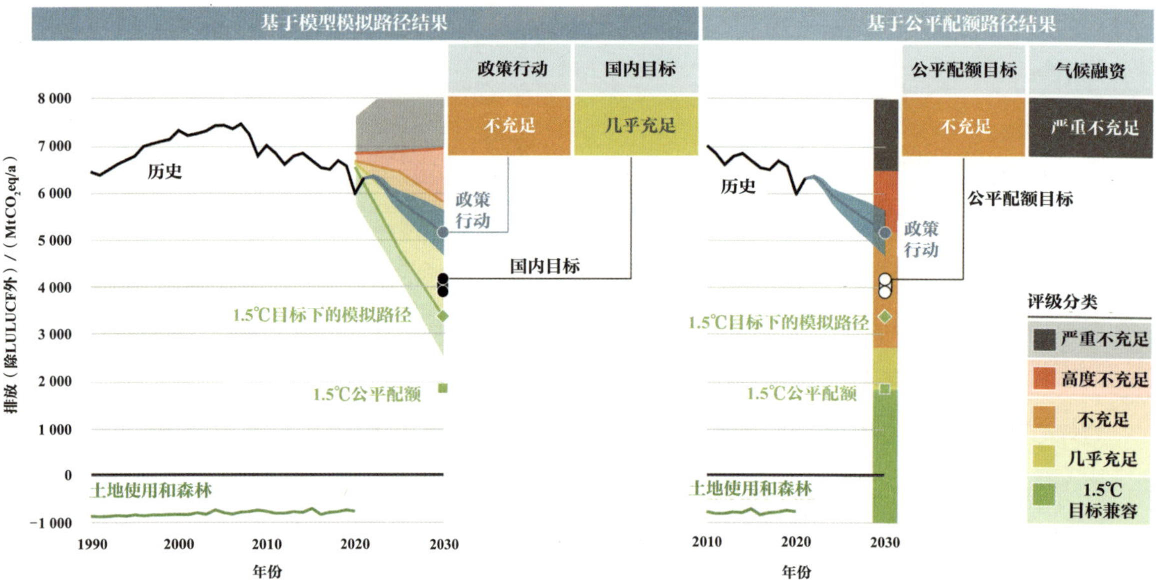

图 4-8　CAT 对美国碳中和进程的评估

美国的国内行动被评为“不充足”和“几乎充足”之间。不过需要注意的是，美国国会批准了将 10 亿美元用于 2022 年的国际气候融资，这远低于拜登总统在 2021 年 9 月宣布的到 2024 年每年提供 114 亿美元的承诺。如此低的气候融资条款不足以弥补其公平配额贡献，并损害了美国宣称的打算成为气候变化全球领导者的可信度。考虑到这一点，美国所有政策的总体CAT评级，包括国内行动、2030年目标和国际气候融资，均被评为“不充足”。

虽然IRA的最大份额用于清洁技术，但它还包括对化石燃料行业的多项让步，如要求为钻井租赁提供最少的公共土地面积。这些让步与拜登总统上任第一天关于禁止在联邦土地上进行新的石油和天然气钻探的承诺相矛盾。在IRA之前，拜登总统在短期内解决通货膨胀和高价石油与天然气影响的其他行动可能会损害其长期气候目标。为了弥补当前局势造成的石油供应损失，拜登总统将在6个月内每天从国家战略储备中释放100万桶石油，并宣布计划举行他上任以来的首次油气租赁，鼓励石油和天然气生产商进行钻探和增加产量。

需要注意的是，2022年6月，美国最高法院裁定限制美国国家环保局（EPA）监管发电厂碳排放的能力。然而，更便宜的可再生能源正促使美国电力部门脱碳，将煤炭赶出电力市场，而该裁决不太可能改变这一点。这使拜登总统的2035年电力行业100%零排放目标受到进一步质疑。该决定还为法院审理的更多案件树立了一个令人担忧的先例，这些案件可能会影响其他方面的未来气候行动。

综合来说，CAT将美国2030年气候目标、政策和气候融资的组合评为“不充足”，表明美国的全部政策和提案需要大幅改进以符合《巴黎协定》1.5℃升温限制。与CAT模拟的美国排放路径相比，美国2030年国内减排目标（NDC）与升温2℃一致，但与《巴黎协定》1.5℃升温限制不一致。美国在2030年的政策和行动导致排放路径下降，但仍高于其设定的目标。美国也没有实现其对气候变化的公平贡献，除了加强其目标和政策，还需要向其他国家提供额外的支持。

在政策与行动方面，CAT将美国的政策和行动评为“不充足”。美国将需要实施额外的政策以实现其提议的目标。CAT预计2030年温室气体排放量将比NDC目标高出12%～35%（不包括LULUCF）。新冠病毒大流行的影响导致排放量下降，帮助美国实现了《哥本哈根协议》下的2020年目标。

拜登总统签署了《基础设施投资和就业法案》，旨在刺激经济复苏和更新国家基础设施，同时加快气候行动。1.2万亿美元的法案投资于开发电动汽车充电基础设施、升级电网及提高建筑的能源效率和电气化。拜登政府扭转了特朗普时代最有害的倒退之一，其为乘用车制定了更严格的燃油经济性和温室气体排放标准。政府还颁布了一项法案，在未来15年内逐步减少氢氟碳化物（HFCs）。拜登总统设定了到2035年实现电力部门脱碳的目标，这与《巴黎协定》的路径是一致的。

在国内目标方面，CAT将美国评为“几乎充足”。与模型相比，美国到2030年的排放量比2005年水平减少50%～52%的目标（或不包括土地利用、土地利用变化和林业，排放量减少 44% ～ 47%）是“几乎充足”的。该评级表明，拟议的 2030 年美国国内目标尚不符合《巴黎协定》1.5℃升温限制，但可能会有所改善。美国的目标无法将升温限制在 1.5℃，需要进一步改进。

在公平配额目标方面，美国的减排目标被评为“不充足”，这表明美国 2030 年的公平配额目标需要大幅改进才能与《巴黎协定》1.5℃升温限制保持一致。气候融资方面，CAT 将美国的国际公共气候融资贡献评为“严重不足”。拜登政府已承诺增加其气候融资，但与公平配额相比，到 2020 年年底的捐款一直很低。为了提高其评级，美国需要在 2020 年后提高其对国际气候融资的贡献水平，并加速逐步淘汰国外的化石燃料融资。

在净零目标方面，美国被评为“平均”。拜登政府于 2021 年 11 月向 UNFCCC 提交了更新的长期战略，正式承诺美国最迟在 2050 年实现净零排放。净零目标涵盖所有温室气体排放。美国政府有多种途径来提高其净零排放的目标范围、目标架构和透明度，如将国际航空和航运纳入其目标范围，并明确承诺在其境内实现净零排放。

4.2.3 英国碳中和路径

CAT 将英国对减缓气候变化的总体贡献评为“几乎充足”，即英国在某些方面的努力是世界领先的，如其国内减排目标，而在其他方面，如其对全球气候融资的贡献仍然不足，需要加大力度为实现 2030 年的雄心而采取国内行动（图 4-9）。

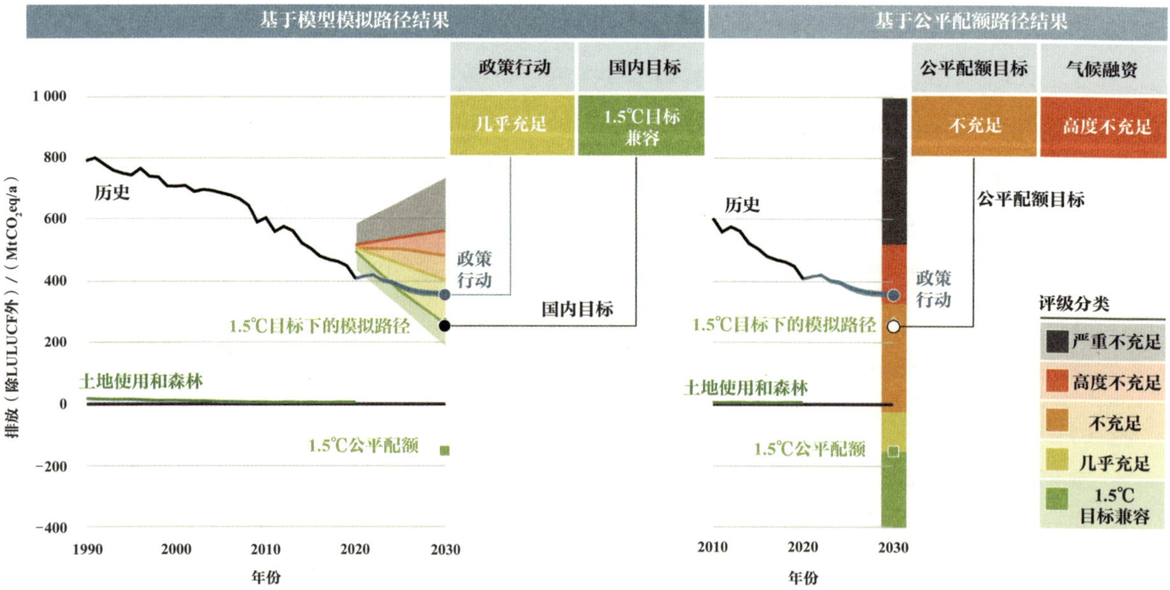

图 4-9　CAT 对英国碳中和进程的评估

CAT 研究结果显示，英国最近更新的 2030 年排放目标是世界上仅有的与 1.5℃兼容的国内目标之一，这巩固了英国在这方面作为全球气候领先者的地位。然而到目前为止，CAT 的计算结果显示，英国距离其实现 2030 年所需的大幅减排目标还差 94 ～ 109 MtCO_2eq。英国将其整体评级提高到"1.5℃兼容"所需的关键措施如下：大幅增加对国际气候融资的贡献，以确保其为全球气候减缓努力贡献其公平配额；明确量化的政策，所有部门实现必要规模的减排，以实现其 2030 年目标。

在政策与行动方面，CAT 将英国在 2030 年之前的现行政策评为"几乎充足"，表明英国在 2030 年的气候政策和行动尚不符合《巴黎协定》1.5℃升温限制，但可能会有所改善。如果所有国家都效仿英国的做法，升温可以控制在 2℃以下，但不会远低于 2℃。

英国政府已经宣布了多项政策和计划，针对所有经济部门，包括期待已久的 2021 年 10 月的"净零战略"（*Net Zero Strategy: Build Back Greener*）（HM Government，2021）。这些新宣布的措施预计将显著减少排放，但由于许多新措施的具体影响尚未量化，它们是否能够实现 2030 年、2035 年和 2050 年的目标仍然存在不确定性。

CAT 评估英国已实施和宣布的政策（迄今为止已由英国政府量化）到 2030 年将导致排放量比 1990 年的水平减少 54% ～ 56%（不包括 LULUCF 并考虑新冠疫情的影响）。这远低于英国 2030 年的 NDC，即比 1990 年的水平至少减少 68%。英国电力部门在脱碳方面取得了相当大的进展，到 2020 年 43% 的电力来自可再生能源，而煤炭仅占总发电量的 1.7%。2021 年，英国政府确认将比原计划提前一年实现（在 2024 年）淘汰电力部门的煤炭使用。英国政府已经制定了一项雄心勃勃的禁令，从 2030 年开始禁止新销售仅使用化石燃料的汽车，并提议从 2040 年开始禁止使用化石燃料重型汽车。如果该政策得以实施，英国将在这方面成为全球领先者。然而，最近一项 274 亿英镑用于扩大英国道路网络的承诺可能会增加交通排放。英国政府的氢能和建筑战略于 2021 年下半年发布，但都引发了对措施是否充分的担忧。

在国内目标方面，与模拟的国内排放路径相比，CAT 认为英国 2030 年国内减排目标至少比 1990 年水平低 68%，这与《巴黎协定》1.5℃的长期升温限制相一致。英国的国内目标并不要求其他国家做出相对较大的削减。

在公平配额目标方面，英国的减排目标被评为"不充足"。该评级表明英国在 2030 年的公平配额目标只有大幅改进才能与《巴黎协定》1.5℃升温限制保持一致。

在气候融资方面，英国的国际公共气候融资贡献被评为"高度不充足"。英国在 2020 年后仍致力气候融资，但迄今为止的贡献一直低于其应得的份额。为了提高其评级，英国需要加快承诺增加气候融资。

在净零目标方面，英国被评估为“可接受”。2019 年，英国立法到 2050 年实现净零排放。2021 年，英国向 UNFCCC 提交了其净零战略作为长期战略。英国的净零目标涵盖了大多数要素，并且大多数被认为是良好的做法，但有些要素仍然未定义。

4.2.4 日本碳中和路径

日本更新后的《巴黎协定》目标承诺到 2030 年的排放量将比 2013 年减少 46%，并努力减少 50%。这一新目标比之前的 26% 减排目标迈出了重要一步。在推出新的 NDC 的同时，日本政府还于 2021 年 10 月批准了新的基本能源计划（Basic Energy Plan），这是实现新的 46% 减排目标的关键一步。该计划包括修订后的电力结构目标，即到 2030 年由 36% ～ 38% 的可再生电力（原为 22% ～ 24%）、20% ～ 22% 的核电（原为 27%）、22% 的天然气（原为 27%）和 19% 的煤炭（原为 26%）组成。

从综合评价来看，CAT 将日本的气候目标、政策和资金均评为“不充足”，这表明日本的气候政策和承诺需要大幅改进，以符合《巴黎协定》1.5℃升温限制（图 4-10）。CAT 将日本的 2030 年国内减排目标评为“几乎充足”。与 CAT 模拟的国内排放路径相比，该目标与升温 2℃相一致。

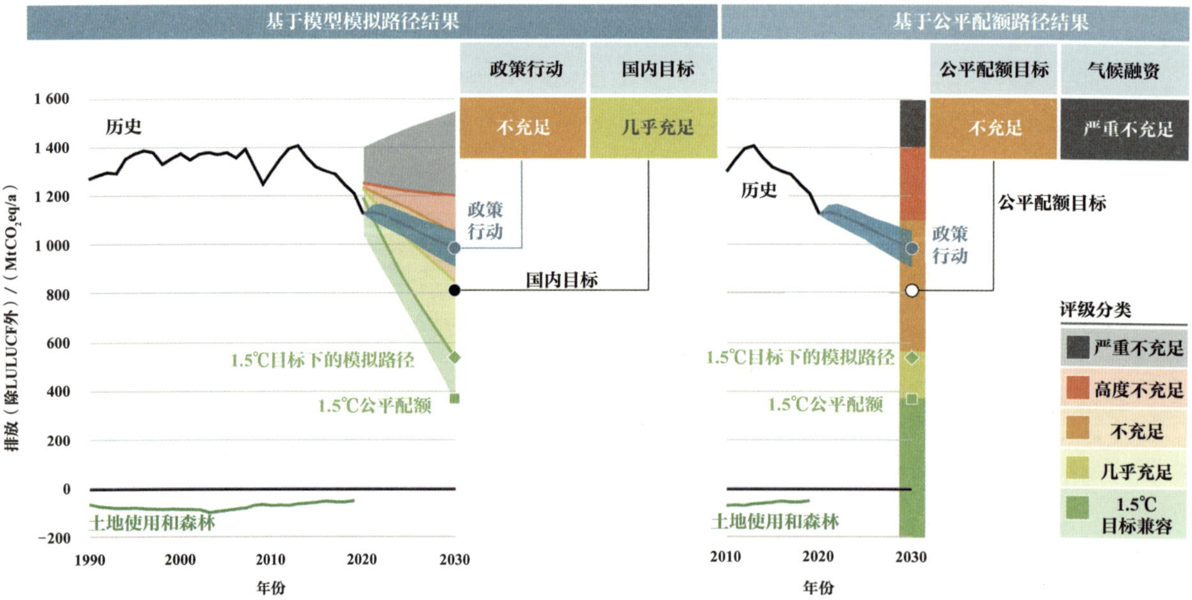

图 4-10　CAT 对日本碳中和进程的评估

在政策与行动方面，CAT将日本的政策与行动评为“不充足”。CAT预计日本实施的政策将导致2030年的排放水平比2013年低25%～35%（不包括LULUCF并考虑新冠疫情的影响）。日本目前的政策将大大超过其第一个NDC目标，但仍远低于其新目标。连同2020年宣布淘汰低效燃煤电厂和发展海上风电，政府目前的政策预计将使排放量比2013年水平降低25%～35%，这一结果仍远未达到新的2030年目标。

在国内目标方面，CAT将日本2030年国内减排目标比2013年水平低46%（不包括LULUCF则是42%）评为“几乎充足”，表明日本在2030年的国内目标尚不符合《巴黎协定》1.5℃升温限制，但可能会有所改善。如果所有国家都效仿日本的做法，升温可以控制在2℃以下，但不会远低于2℃。

在公平配额目标方面，日本的减排目标被评为“不充足”，表明日本在2030年的公平配额目标只有大幅改进才能与《巴黎协定》1.5℃升温限制保持一致，其通过气候融资对国外缓解的贡献严重不足。因此，日本既应提高其减排目标，又应向其他国家提供额外、可预测的资金，以实现其公平配额的贡献。

在气候融资方面，日本的国际公共气候融资贡献被评为“高度不充足”。日本在2020年后仍致力于气候融资，但迄今为止的贡献与其公平配额相比非常低。为了提高其评级，日本需要停止在海外为化石燃料提供资金，并加快承诺增加气候融资。

在净零目标方面，日本被评估为“差”。2020年10月，日本宣布了2050年实现温室气体净零排放目标。2021年5月26日，日本国会通过了一项修订日本框架气候法的《全球变暖对策推进法》，以合法地体现2050年净零排放目标。2021年6月修订的《绿色增长战略》提供了行业层面以技术为重点的路线图，以实现净零排放目标。然而，修订后的《全球变暖对策推进法》和《绿色增长战略》都没有提供足够的细节来说明确保净零排放目标的有效性和透明度的关键要素。

4.2.5 巴西碳中和路径

总体而言，自《巴黎协定》以来，巴西已两次更新其NDC目标。其最近一次（2022年3月）的更新比2020年的更新更强，但仍弱于2016年提交的原始NDC。此次更新的NDC仍然允许比巴西首次提交的排放量更高，这与《巴黎协定》的渐进原则和不倒退原则形成对比。

在巴西的长期能源计划中，化石天然气和石油的作用将扩大，未来10年这两种化石燃料的产量都将增加。同期对化石燃料勘探和生产的投资可能超过5 000亿美元。除非采取额外的政策，否则随着巴西经济从新冠疫情的影响中复苏，能源部门的排放量将恢复上升趋势，将巴西排放锁定在碳密集度更高的能源系统中，而其可再生能源发电的巨大潜力却未被开发。巴西的森林砍伐在 2020 年和 2021 年有所增加，这主要是由于非法采矿活动和放牧。此外，执法不力和非法活动为进入受保护土地提供了便利。如果不改变现行政策，预计排放量将继续增加，使巴西远远达不到其气候目标。2022 年 7 月，巴西最高法院宣布必须重新启动气候基金，并承认《巴黎协定》是一项人权条约。

从综合评价来看，CAT 将巴西的气候目标和政策评为“不充足”，表明巴西的气候政策和承诺只有大幅改进才能与《巴黎协定》1.5℃升温限制保持一致（图 4-11）。根据巴西目前的政策，其排放量将继续上升，这将无法实现其 2030 年的 NDC 目标。巴西也没有达到其公平配额的贡献，需要制定更雄心勃勃的减排目标并实施更严格的政策。

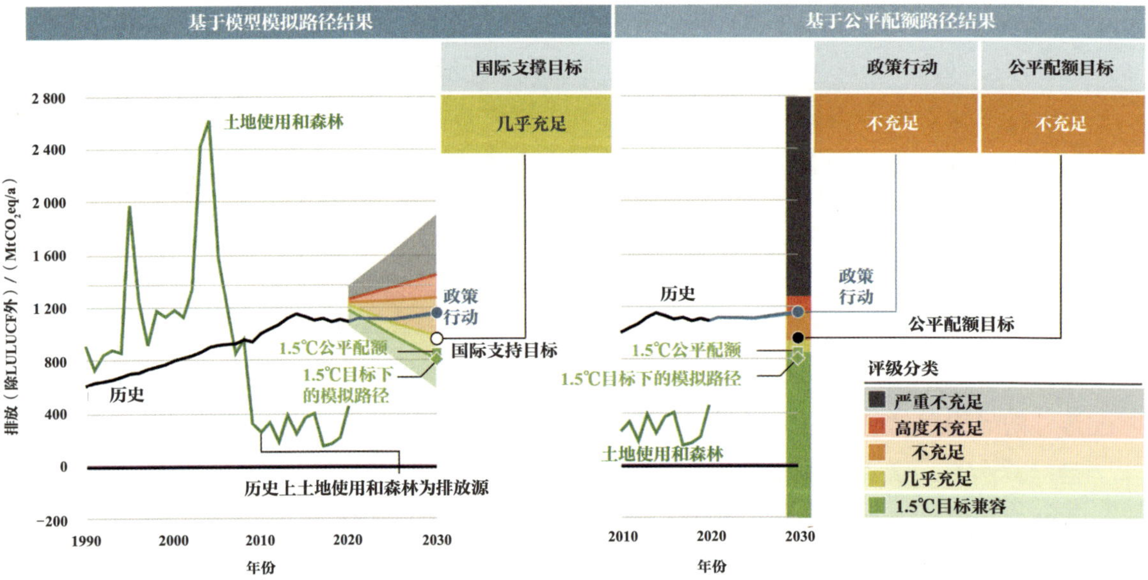

图 4-11　CAT 对巴西碳中和进程的评估

在政策与行动方面，CAT 将巴西的政策与行动评为“不充足”。巴西距离阻止排放增长的政策存在较大差距，其森林砍伐仍然是一个令人担忧的严重问题。森林保护政策的持续倒退导致森林砍伐率越来越高，推动巴西最大排放源的排放量在 10 多年下降后上升。农业仍然是继森林砍伐之后巴西温室气体排放的第二大贡献源，而农业本身就是森林砍伐的主要驱动力。在能源领域，巴西的能源基础设施规划令人担忧，该规划将继续使用化石燃料，包括煤炭和天然气。不过积极的一面是，可再生能源发电的市场趋势正朝着正确的方向发展，风能和太阳能发电量稳步增长。

在土地利用与林业资源方面，近年来巴西的森林砍伐率迅速上升。非法砍伐森林的增加与巴西森林保护制度和法律框架的系统性破坏有关，使其走上了与森林砍伐承诺相反的方向。鉴于土地利用和林业部门在巴西 NDC 中的关键作用，以及森林对环境服务、生物多样性和碳封存巨大的全球重要性，巴西政府迫切需要加强而不是削弱该部门的减缓行动。

在净零目标方面，巴西被评为“资料不全”。作为更新后的 NDC 的一部分，巴西设定了到 2050 年实现净零排放的指示性目标，条件是需要获得财政支持。鉴于 NDC 中没有提供详细信息，因此无法对其净零目标进行评估。

4.2.6 印度碳中和路径

2022 年 8 月，印度正式提交了更新后的《巴黎协定》目标，并于 2021 年 11 月在 COP26 上首次宣布了新目标。与其首个 NDC 相比，印度加大了 2030 年排放强度目标和电力结构中使用非化石燃料的份额。在 COP26 上，莫迪总理还宣布了 500 GW 的非化石产能目标。该目标尚未包含在 NDC 更新中。鉴于 500 GW 并没有超出当前的政府计划，它最多可以推动印度排放量的小幅减少。

印度在 2021 年上半年的第二波疫情中受到新冠疫情的严重影响，这进一步降低了已经面临由风暴、洪水、极热、干旱和其他与气候相关的灾害带来的流离失所风险的气候变化脆弱人群的恢复能力。印度政府通过推出世界上最大的刺激计划之一来应对经济危机，整体复苏刺激计划主要支持的行业活动可能对环境产生巨大的负面影响，如增加化石燃料的使用和不可持续的土地使用。

印度 2021 年最新的刺激措施对气候更加友好，2/3 的资源用于绿色复苏，包括将大约 30 亿美元用于电池开发和太阳能光伏发电。但印度继续支持煤炭，为几个火电项目提供了新贷款，破坏了绿色复苏。尽管燃煤电厂的利用率有所下降，但印度仍在继续扩大其煤炭产能，这会给盈利能力和搁置资产带来风险。

根据目前的煤炭扩张计划，2029—2030 年，印度的煤炭产能将从目前的 200 GW 以上增加到近 266 GW，预计未来 5 年将有 35 GW 并网。为了实现 1.5℃的排放路径，印度必须逐步淘汰效率较低、排放量较高的旧的高容量发电厂，并停止增加任何新的煤炭产能。

印度为化石燃料和可再生能源提供补贴，包括直接补贴、财政激励、价格监管和其他政府支持。虽然煤炭补贴的绝对值自 2017 年以来基本保持不变，但仍比可再生能源补贴高出约 35%。印度需要以上网电价补贴的形式提供价格支持，而将补贴从化石能源转移到非化石能源，这可能是提高可再生能源在能源结构中的比例的重要推动力。

从综合评价来看，CAT将印度的气候目标和政策评为“严重不充足”，表明印度的气候政策和承诺不符合《巴黎协定》1.5℃升温限制（图4-12）。印度应采取能够推动实际减排和加快气候政策实施的目标（在国际支持下才能实现）。

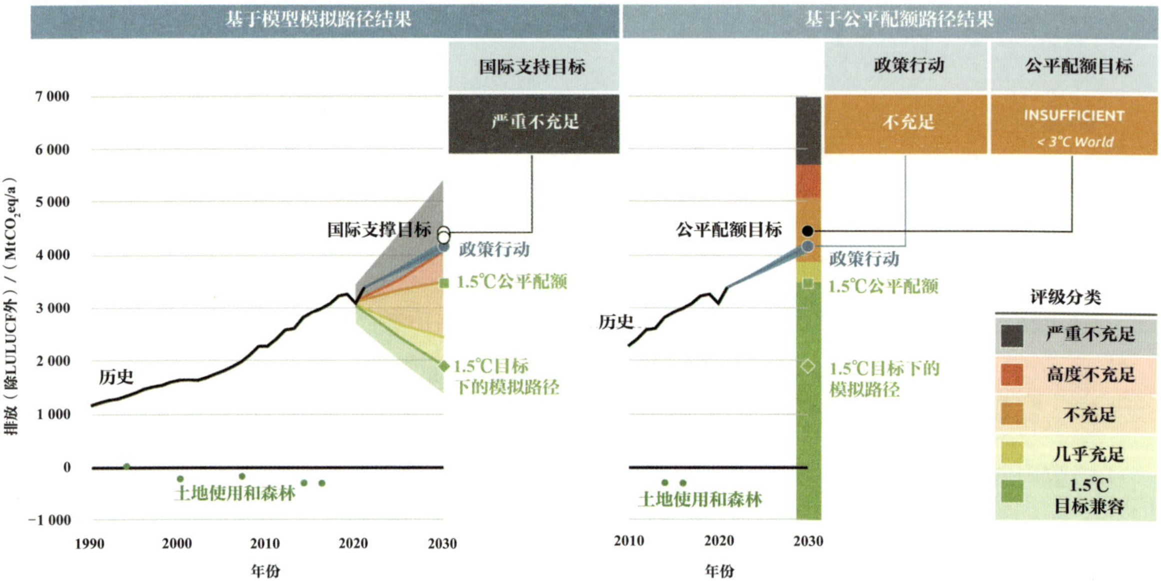

图4-12　CAT对印度碳中和进程的评估

在政策与行动方面，在现行政策下，印度2030年的排放量将在2030年达到41亿～43亿 tCO_2（不包括LULUCF），CAT将其评为“不充足”。

在国内目标方面，印度被评为“严重不充足”。印度的首个NDC具有3个主要要素：①到2030年，排放强度目标比2005年水平低45%；②到2030年，实现非化石能源累计发电装机达50%的目标；③到2030年，通过增加森林和树木覆盖创造25亿～30亿 tCO_2 的碳汇。虽然印度在其更新的NDC中表示，实现其50%的非化石产能目标需要国际支持，但根据现行政策，它已经有望在2030年实现60%～67%的非化石产能。

在净零目标方面，印度总理莫迪在COP26世界领导人峰会上宣布了2070年的净零目标。印度更新的NDC提交中也提到了该目标。但是，关于目标的详细信息很少，CAT因此将印度的净零目标评为“目标信息不完整”。

5

中国中长期排放综合评估模型

5.1 模型结构

中国中长期排放综合评估模型（CAEP-CP）是生态环境部环境规划院王金南院士团队建立的中国排放路径综合模型，该模型作为中国工程院“我国碳达峰碳中和战略及路径研究”重大咨询项目的综合模型，持续完善和迭代升级。该模型基于“自上而下”的宏观模型和“自下而上”的演化模型，充分考虑了不同区域的资源禀赋、规划愿景和社会经济发展，中国与不同区域2030年前实现碳达峰、2060年前实现碳中和等目标约束，同时考虑了技术可达性、措施可行性等因素，通过反复迭代优化，形成了基于区域的排放路径（图5-1）。

5.2 关键产业预测模块

该模块基于区域文献成果大数据，综合分析区域产业结构特征、对外依赖情况、存在的问题和不足、未来可能的发展趋势和方向；基于区域专利和重要科研成果大数据，综合研判区域核心技术储备和发展潜力、重点技术研发中心的潜在空间布局；全球相关产业发展趋势，中国国家和区域碳达峰碳中和约束下的产业发展宏观趋势特征，结合区域科技规划和中长期产业愿景，同时考虑区域产业关联较强省份发展特征，预判区域新兴产业和主导产业发展趋势；中国国家和区域产业数字化特征和

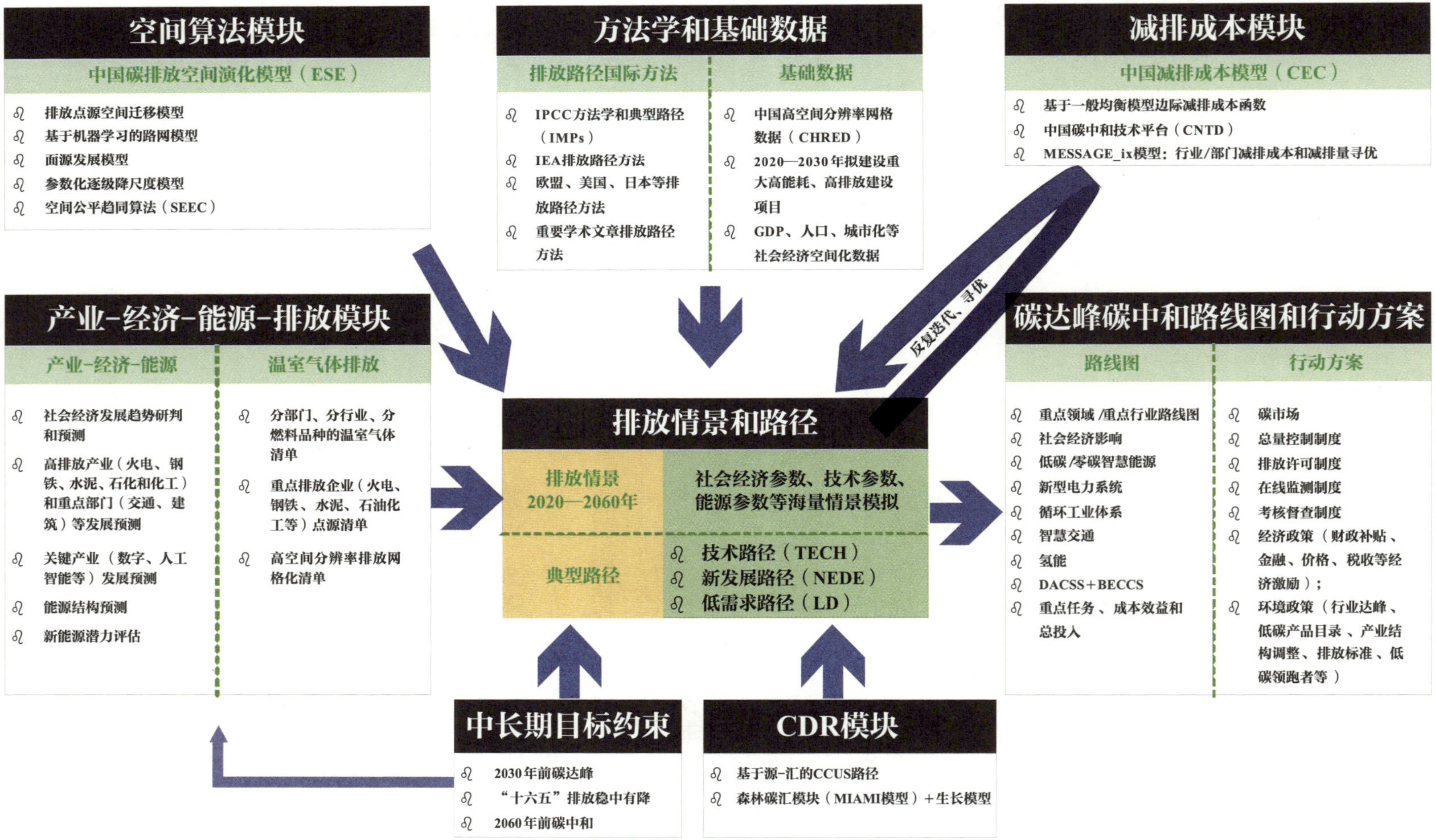

图 5-1 CAEP-CP2.0 模型框架

信息通信技术（Information and Communication Technology，ICT）对产业发展的贡献作用；利用机器学习和人工智能算法，综合判断；新兴产业和主导产业对工业增加值贡献程度（图 5-2）。

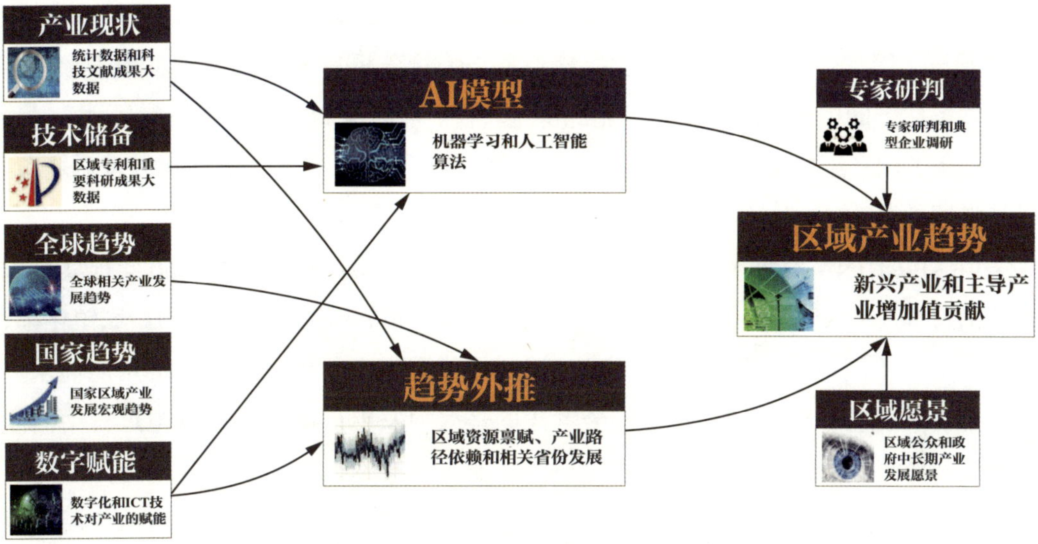

图 5-2　关键产业发展趋势分析模块

注：本模块由生态环境部环境规划院碳达峰碳中和研究中心联合中国信息通信研究院泰尔实验室、上海交通大学环境科学与工程学院共同开发。

数字经济包括数字产业化和产业数字化两大部分，在区域层面将两者的增加值叠加即该区域的数字经济增加值。其中，数字产业化部分即信息通信产业，主要包括电子信息设备制造、电子信息设备销售和租赁、电子信息传输服务、计算机服务和软件业、其他信息相关服务，以及由数字技术的广泛融合渗透带来的新兴产业，如云计算、物联网、大数据、互联网金融等。其增加值计算方法按照国民经济统计体系中各个行业的增加值进行直接加总。对于传统产业中数字经济部分（产业数字化）的计算思路就是要把不同传统产业产出中数字技术的贡献部分剥离出来，对各个传统行业的此部分加总得到传统产业中的数字经济总量。此部分计算采用增长核算账户框架（KLEMS）。根据投入产出表中国民经济行业分类分别计算 ICT 资本存量、非 ICT 资本存量、劳动及中间投入。定义每个行业的总产出可以用于最终需求和中间需求，GDP 是所有行业最终需求的总和。该模块的核心在于增长核算账户模型（计算各要素对增长的贡献）和分行业 ICT 资本存量测算。

5.3 中长期能源模块

中长期能源模块（LEAP-CHINA）是基于 LEAP（Long-range Energy Alternatives Planning System）模型构建的中国 2020—2060 年中长期能源情景分析模型。LEAP 模型是一个基于情景分析的“自下而上”的能源 - 环境核算工具，由斯德哥尔摩环境研究所与美国波士顿大学共同开发。该模型与情景分析法紧密结合，可用于预测不同发展条件下的中长期能源供应、能源供应转换、能源终端需求及污染气体排放（温室气体等），综合考虑人口、经济发展、交通运输周转量、技术、价格等因素对能源 - 环境发展的影响。

LEAP-CHINA 模块（图 5-3）基于国家 2030 年前实现碳达峰、2060 年前实现碳中和的目标（“双碳”目标），结合中国各省（区、市）不同阶段的人口、城镇化率、经济发展、不同行业和领域的新技术应用开展能源需求分析，包括终端用能需求、能源加工转化等。能源加工转化部分考虑的是火力发电、供热量和发电过程中的能源损失；终端用能需求部分通过采取提升行业工艺技术、原材料替代、提升节能水平、车辆电气化替代率及提高城镇居民、农村居民和商业的清洁能源电力使用比例等，得到不同时间段的分部门分行业总用能需求和用能结构，其中用能需求主要由产品产量和单位产品能耗确定。

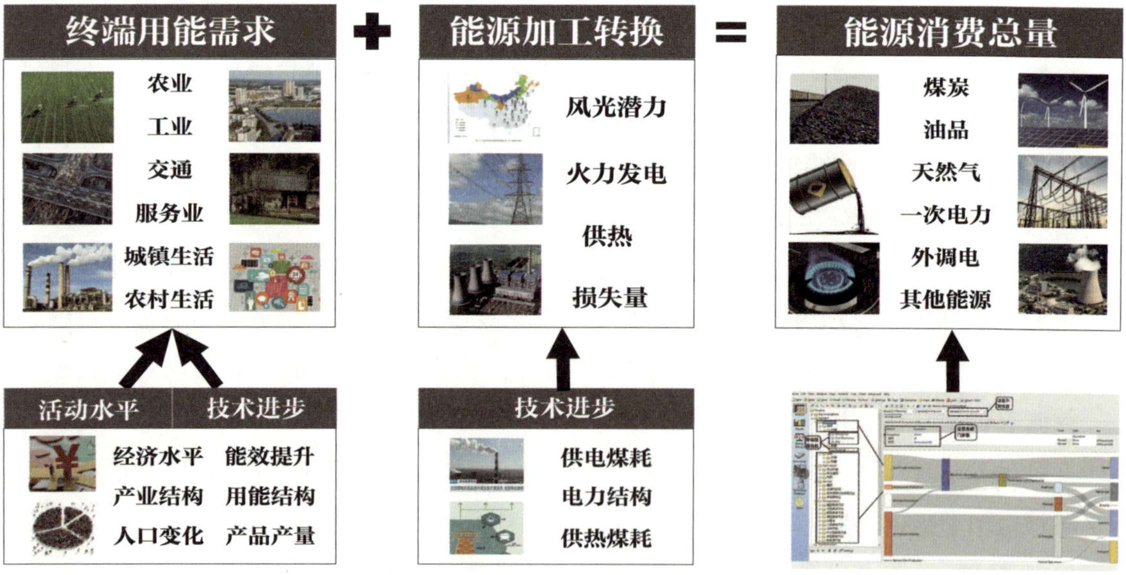

图 5-3　LEAP-CHINA 模块

工业领域重点考虑钢铁、水泥、有色、石化等高耗能行业，综合考虑未来的经济水平变化、产业结构变化，运用结构趋势外推、蓄积量折算、消费系数法等方法预测主要工业产品的产量变化。重点行业的产品产量主要基于结构趋势外推、蓄积量折算、消费系数法等方法预测，其中，钢铁行业基于房产、基建、机械、汽车等下游钢材消费需求，并结合进出口预测粗钢产量；水泥行业根据全社会房屋竣工面积、城镇化建设刚性需求和单位面积房屋建设水泥消费量预测未来水泥熟料和水泥的消耗量；石化行业结合未来经济发展水平预测典型石化产品的消耗量，同时结合交通成品油消耗量预测未来的炼油量；煤化工行业通过下游部门需求综合预测合成氨、焦炭、煤制甲醇等传统煤化工产品产量；铝冶炼行业基于部门需求法、矿产资源需求生命周期模型和弹性系数预测铝需求总量。单位产品能耗基于《高耗能行业重点领域能效标杆水平和基准水平（2021 年版）》《高耗能行业重点领域节能降碳改造升级实施指南（2022 年版）》等文件，要求各行业单位产品能耗从已有能效水平逐渐下降到标杆水平。

交通领域包括货运和客运两部分。交通货运周转量通过分析货运需求变化的影响因素，采用多元回归法、增长率法和弹性系数模型定量比选确定交通货运周转量。在需求预测时全面考虑宏观经济发展、重点行业预测结果和发展需求，将大宗商品的货运需求作为重要外部变量驱动交通货运变化。交通客运周转量通过梳理现有研究，考虑人口、经济、产业结构、交通基础设施发展水平等指标，结合现有保有量预测未来乘用车的保有量。

建筑领域包括城镇居住建筑、城镇公共建筑（服务业）、农村建筑三种类型，考虑公众不断提升的居住舒适度需求，采用类比分析法预测未来中国城镇人均居住建筑面积、城镇人均公共建筑面积和农村人均建筑面积。单位建筑用能强度预测综合考虑新建建筑节能标准提升、既有建筑节能改造等政策要求。建筑领域用能结构分析综合考虑取暖用能低碳化、居民生活和公共建筑用能电气化及加大可再生能源利用等用能结构优化措施，再结合南北地区用能结构差异来确定未来的用能结构。

同时，考虑不同时间段发电结构（包括煤电、气电、生物质发电、风电和光伏等）及其他省份调入电力，基于能源供给端不同年份的最大允许发电量和发电成本等约束条件，反复迭代得到每个时间段能源供给最优的电力结构组合，即煤电、气电、风电、光伏、生物质发电、外调电的贡献值，再结合工业、交通、建筑和农业用能需求确定地区中长期能源结构，即煤炭消费量、油品消费量、天然气消费量、一次电力消费量、其他能源消费量和外调电力。通过对比分析选出合适的情景，根据此情景对应的分领域发展路径制定相应的措施和任务。

5.4 高空间分辨率排放网格化清单模块

5.4.1 排放核算

该模块参考 IPCC 发布的《2006 年 IPCC 国家温室气体清单指南》和《IPCC 2006 年国家温室气体清单指南 2019 修订版》，同时以《中国 2005 年温室气体清单研究》（2014）、《中国 2008 年温室气体清单研究》（2014）、《省级温室气体清单编制指南（试行）》和《省级二氧化碳排放达峰行动方案编制指南》为基础，充分借鉴国家发展改革委发布的 24 个行业企业温室气体排放核算方法和报告指南、国家标准化管理委员会通过的 12 个行业企业温室气体排放核算方法和报告指南、生态环境部发布的《企业温室气体排放核算方法与报告指南 发电设施（2021 年修订版）》，进行重点行业 / 领域排放核算，核算边界充分考虑重点行业 / 领域特点，包括能源燃烧排放、工业过程排放和净购入电力导致的间接排放（图 5-4）。

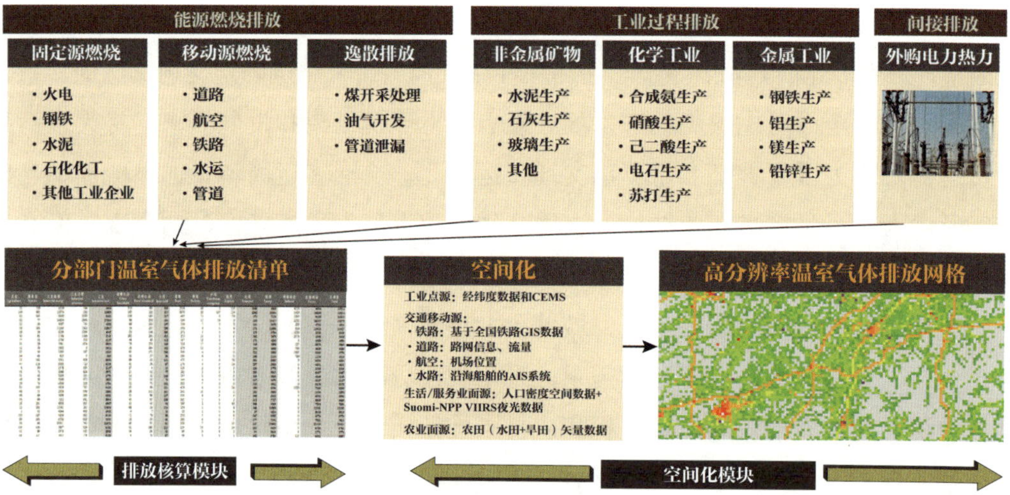

图 5-4 高空间分辨率排放网格化清单模块

总排放量基于分部门 / 行业、分燃料品种的燃料消费量等活动水平数据，结合相应的排放因子参数综合计算得到。首先，确定清单采用的技术分类，基于能源平衡表、实际调研等方法，确定分部门 / 行业煤、煤矸石、油、天然气、焦炭、液化石油气等不同类型化石燃料的消耗量；其次，确定各类化石燃料相应的二氧化碳排放因子，或实测不同类型燃料的低位发热量、含碳量、碳氧化率；最后，用分部门 / 行业、分燃料品种的化石燃料消耗量乘以排放因子，核算各部门 / 行业能源活动二氧化碳排放量，编制排放清单。

工业过程排放是工业生产中其他化学反应过程或物理变化过程的温室气体排放。工业过程温室气体排放清单核算的范围主要包括水泥、石灰、钢铁和电石生产过程的二氧化碳排放。水泥生产过程中的二氧化碳排放来自熟料的生产过程，熟料是水泥生产的中间产品，是由水泥生料经高温煅烧发生物理、化学变化后形成的，在煅烧过程中，生料中的碳酸钙和碳酸镁会分解排放出二氧化碳；石灰生产过程中的二氧化碳排放来源于石灰石中的碳酸钙和碳酸镁的热分解；钢铁生产过程中的二氧化碳排放主要来自炼铁熔剂高温分解和炼钢降碳过程，石灰石和白云石等熔剂中的碳酸钙和碳酸镁在高温下会发生分解反应，并排放出二氧化碳。炼钢降碳是指在高温下用氧化剂把生铁里过多的碳和其他杂质氧化成二氧化碳或炉渣后排放或除去。

数据质控采用蒙特卡洛法（Monte Carlo simulation）分析核算过程中每个环节的不确定性导致最终结果的累积不确定性，将分部门 / 重点行业的排放量计算结果的不确定性控制在 10% 以内。

5.4.2 空间化

空间化方法参考《碳监测评估试点城市高空间分辨率温室气体排放清单编制技术指南（试行）》（2022），借鉴国际主流“自下而上”的空间化方法，利用研究团队自身建立的空间化模型（研究方法和成果已经在 *Environmental Science & Technology*、*Applied Energy*、*Global Environmental Change*、*Energy Policy* 等 TOP 期刊上发表），结合实际情况和数据特点，建立高空间分辨率排放网格清单（1 km），见图 5-4。

工业点源（“自下而上”空间化）：整理、核对和分析工业企业基本数据（主要产品、原辅材料及各类能源消费量）和排放源 CO_2 排放数据（包括能源燃烧和工业过程排放），根据其经纬度数据和地址建立企业排放点源地理信息系统（Geographic Information System，GIS）数据，结合企业填报的市和县等行政区域归属信息，空间分析、对比和验证其空间数据的精确度和准确度。点源 GIS 数据的空间位置精度采用双重控制：排放源经纬度数据和基于 API Geocoding 技术的空间坐标及地址匹配验证。

交通线源（“自下而上”和“自上而下”相结合空间化）：道路交通基于分等级道路路网、逐日城市道路车速和拥堵指数等建立 Greenshields 空间化模型；铁路排放利用周转量、化石能源消费量及排放信息，基于全国铁路 GIS 数据完成空间化；航空基于每日每个机场航班和排放进行空间化；沿海水运和内河水运基于沿海船舶的 AIS 系统（Automatic Identification System）数据逐一计算每只船舶的二氧化碳排放。AIS 系统是船舶自动识别系统，实时获取船舶的船速、航行时间、地理位置、船舶主机功率、辅机功率等数据。

城镇生活、农村生活和服务业面源（“自下而上”和“自上而下”相结合空间化）：基于城镇建设用地、农村居民点高空间分辨率矢量数据（30 m），利用人口密度空间化数据和 Suomi-NPP VIIRS 夜光数据（逐日、500 m 分辨率）建立空间化模型进行空间化分析。

农业面源（“自下而上”和“自上而下”相结合空间化）：基于农田（水田＋旱田）高空间分辨率矢量数据（30 m），结合农业能源和排放数据开展空间化分析。

5.5　排放驱动力和脱钩分析模块

区域碳排放的变动往往受经济增长、产业结构、能源消费、人口规模等多种因素影响，为了全面、深入、系统地从各个层面了解区域碳排放现状及其影响因素，排放驱动力和脱钩分析模块（图 5-5）基于 LMDI 模型将区域碳排放量分解为多个效应，并进一步探讨不同行业的能源消费占比对碳排放的影响，以及不同城市的碳排放驱动因素。此外，该模块结合脱钩指数，判断区域碳排放量与经济增长的脱钩状态，衡量区域经济增长与碳排放或能源消费之间的关系。该模块能够从多维度定量分析区域能源消费、经济增长等因素对碳排放量变化的影响，从而深入了解区域碳排放的演变机制，筛选出影响区域碳排放变化的重要因素；同时，根据区域未来能源、经济等要素，分析碳排放量的变化趋势，为合理预判区域减排路径提供支撑。该研究对区域层面分析碳排放的未来发展趋势、制定科学政策、实现区域碳达峰碳中和目标具有理论和现实意义。

图 5-5　排放驱动力和脱钩分析模块

5.5.1 驱动力分析

采用 LMDI 分析区域长时间序列碳排放的主要驱动力。LMDI 是对一段时期内影响碳排放变化的因素进行分解的办法。通过分析碳排放的现状和特点，运用 LMDI 对区域碳排放的主要影响因素进行分解，公式如下：

$$\begin{aligned} C &= \sum_{i=1}^{m}\sum_{j=1}^{n} P\times \frac{\mathrm{GDP}}{P}\times\frac{\mathrm{GDP}_i}{\mathrm{GDP}}\times\frac{E_i}{\mathrm{GDP}_i}\times\frac{E_{ij}}{E_i}\times\frac{C_{ij}}{E_{ij}} \\ &= \sum_{i=1}^{m}\sum_{j=1}^{n} P\times \mathrm{PG}\times \mathrm{IS}_i\times \mathrm{EI}_i\times \mathrm{ES}_{ij}\times \mathrm{CI}_{ij} \end{aligned} \tag{5-1}$$

式中，各变量说明见表 5-1。

表 5-1　碳排放驱动 LMDI 分解变量说明

变量	含义	变量	含义
C	碳排放量 / 万 t	C_{ij}	i 部门中 j 能源消耗产生的碳排放量 / 万 t
P	总人口数量 / 万人	PG	人均 GDP/ 亿元
GDP	国内生产总值 / 亿元	IS_i	产业结构（GDP 中 i 产业所占的比例）/%
GDP_i	i 部门国内生产总值 / 亿元	EI_i	i 部门能源消费强度 /（tce/ 万元）
E_i	i 行业能源消费量 / 万 tce	ES_{ij}	综合能源结构（i 部门中 j 能源所占的比例）/%
E_{ij}	i 部门中 j 能源消费量 / 万 tce	CI_{ij}	i 部门中 j 能源的碳排放系数 /（t/tce）

由于部门中能源的碳排放系数基本不会发生变化，因此碳排放系数效应 $\Delta\mathrm{CI}=0$，碳排放综合效应 ΔC 可表示为人口效应（ΔP）、人均 GDP 效应（ΔPG）、产业结构效应（ΔIS）、能源消费强度效应（ΔEI）和综合能源结构效应（ΔES）这 5 个角度效应之和，公式如下：

$$\Delta C=\Delta P+\Delta\mathrm{PG}+\Delta\mathrm{IS}+\Delta\mathrm{EI}+\Delta\mathrm{ES} \tag{5-2}$$

5.5.2 脱钩分析

根据 IPCC 最新报告（AR6）提出的构建排放 - 经济脱钩方法（IPCC，2022）开展脱钩状态分析。脱钩指数根据 GDP 和二氧化碳排放量的变化来计算，见下式：

$$\mathrm{DI}=\frac{\Delta G\%-\Delta E\%}{\Delta G\%}=\left(\frac{G_1-G_0}{G_0}-\frac{E_1-E_0}{E_0}\right)/\frac{G_1-G_0}{G_0} \tag{5-3}$$

式中，DI——脱钩指数；

G_1——该年度 GDP，亿元；

G_0——基准年 GDP，亿元；

E_1——该年度二氧化碳排放量，万 t；

E_0——基准年二氧化碳排放量，万 t。

DI ＝ 1 是绝对挂钩与相对脱钩的转折点；DI 值越大，表明碳排放与经济增长的依赖程度越小。绝对脱钩（DI ＞ 1）指的是在 GDP 增长时二氧化碳排放量下降；相对脱钩（0 ＜ DI ＜ 1）是指二氧化碳排放量增长率低于 GDP 增长率；未脱钩（DI ＜ 0），即二氧化碳排放量与 GDP 增长率相同或更大。

5.6　碳调节经济模块

碳调节经济模块（CARBON-CGE）主要基于可计算的一般均衡模型（Computable General Equilibrium，CGE）构建（图 5-6）。CGE 模型是能够同时考虑不同经济主体及不同市场之间联系的多部门、多区域动态模型，可以运用大量数学方程刻画不同经济主体（企业、居民、政府、投资者、进出口商等）的生产、消费、投资、进出口等行为，在居民效用最大化、企业利润最大化、成本最小化、资源与预算约束的情况下，得出市场均衡时生产要素或其他商品的供给与需求，从而得到均衡价格。该模型能够描述经济系统中生产、分配、供给和需求等活动，基于市场价格变化和经济各主体之间的相互影响，全面刻画经济发展、能源需求、产业结构和温室气体

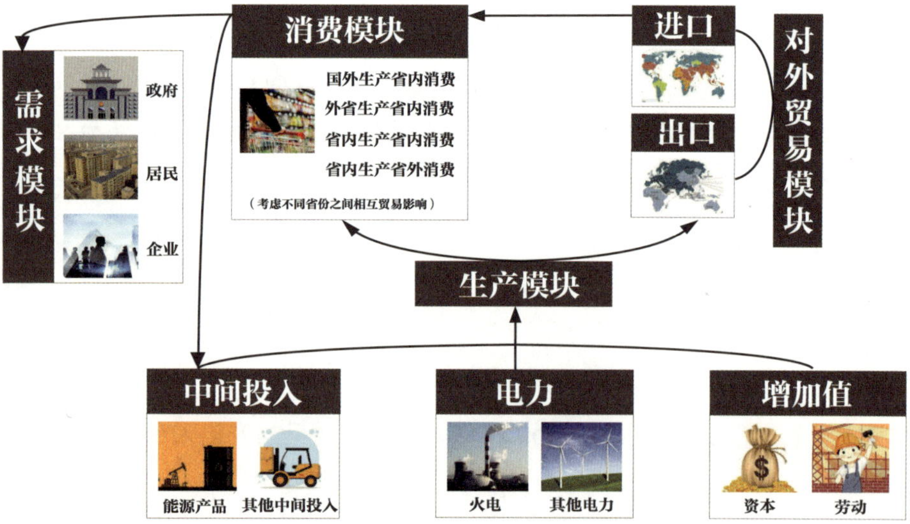

图 5-6　碳调节经济模块（CARBON-CGE）

注：本模块由生态环境部环境规划院碳达峰碳中和研究中心联合中国科学院预测科学研究中心和中国科学院大学经济与管理学院共同开发。

排放之间的关系。CGE 模型不仅能紧密联系国民经济中各个组成部分，还能在市场机制及政策约束下引导各个经济主体的活动，因此被广泛地应用于政策效果评价和经济影响分析中。生态环境部环境规划院联合中国科学院预测科学研究中心和中国科学院大学经济与管理学院，基于 CGE 模型，综合考虑环境、经济、社会多个系统之间的相互联系，涵盖环境、能源类账户，共同构建了 CARBON-CGE 模块，分析不同区域不同经济主体之间的交互与反馈，从而得到“双碳”目标背景下，不同减排情景对区域经济、社会、环境等方面的影响。

该模块以2020年区域投入产出表为社会经济基础数据，结合2020年能源平衡表、区域统计年鉴、区域碳排放等数据形成基准年数据，涵盖 40 个部门，包括生产模块、需求模块、对外贸易模块及宏观闭合模块，以 1 年为步长，动态地模拟了不同碳排放约束情景下，2020—2060 年区域产业经济态势、产业结构变化、能源消费及其碳排放量的变化，从而探索“双碳”减排政策下的最优达标路径。

5.7 新能源潜力评估模块

风电、光伏等低碳可再生能源替代煤炭、石油、天然气等化石能源是实现碳达峰碳中和目标最主要且最可行的途径。由于风、光资源本身的复杂性和风电、光伏项目开发的工程技术要求，资源理论储量与主流技术条件下的开发潜力之间有较大差异。准确科学地评估区域风光资源开发潜力对有序推进“双碳”实现路径具有重要价值。

该模块基于 GIS 空间分析平台，结合“风匠”风光资源开发平台，基于高分辨率风光资源图谱［风资源图谱（100 m 高度）、地表总辐射、光伏发电潜力等效小时数据（等效小时数）］，结合限制因素数据库（生态红线、水域、居民区、机场跑道等）、地形参数库（高程数据 SRTM、坡度、坡向）、地貌、设备数据库、区域特性参数等，通过 GIS 空间分析、最优设备选型、运营期发电量评估等算法，评估区域风电、光伏可开发区域，并结合区域内地形、资源特性选取适配的设备，最终得到区域内的风电、光伏发电理论可开发容量及发电小时数。最优发电设备根据潜在可供可再生资源开发的区域内的资源特征进行匹配，特别是对于风电开发，因风电机组叶轮扫风面积、发电机功率、塔筒高度等均可决定风能转化效率。该模块结合了 80 ～ 140 m 高度的风资源禀赋情况，以实现度电成本最低。风资源数据来自风电行业长期以来的历史实测数据订正的高分辨率风资源图谱，机组信息来自行业主流机型技术参数数据库及对未来技术发展的预估。

根据评估范围内的地表特征预估可再生能源工程可开发容量。其中，对于风电开发项目，因地形地貌的差异而导致开发难度不同，需对平原、丘陵、山地、复杂山地分别评估单位面积内可开发容量。此外，由于风机尾流效应，风机之间的排布需要间隔 4 ～ 6 倍叶轮直径。对于光伏项目，根据《光伏发电站工程项目用地控制指标》，可用地形分为地面自然坡度角小于或等于 3° 的平原地区，坡度角大于 3° 但小于或等于 20°、相对高差在 200 m 以内的微丘地区，坡度角大于 20°、相对高差在 200 m 以上的重丘或山岭地区。地形地貌数据来自数字高程模型分析结果。

新能源潜力评估模块通过覆盖全面的空间数据集和行业成熟的评估算法，综合考虑了每个空间位置上进行风电或光伏项目开发的经济性、适应性，最终以可量化的可再生资源发电潜力的空间分布形式呈现（图 5-7）。

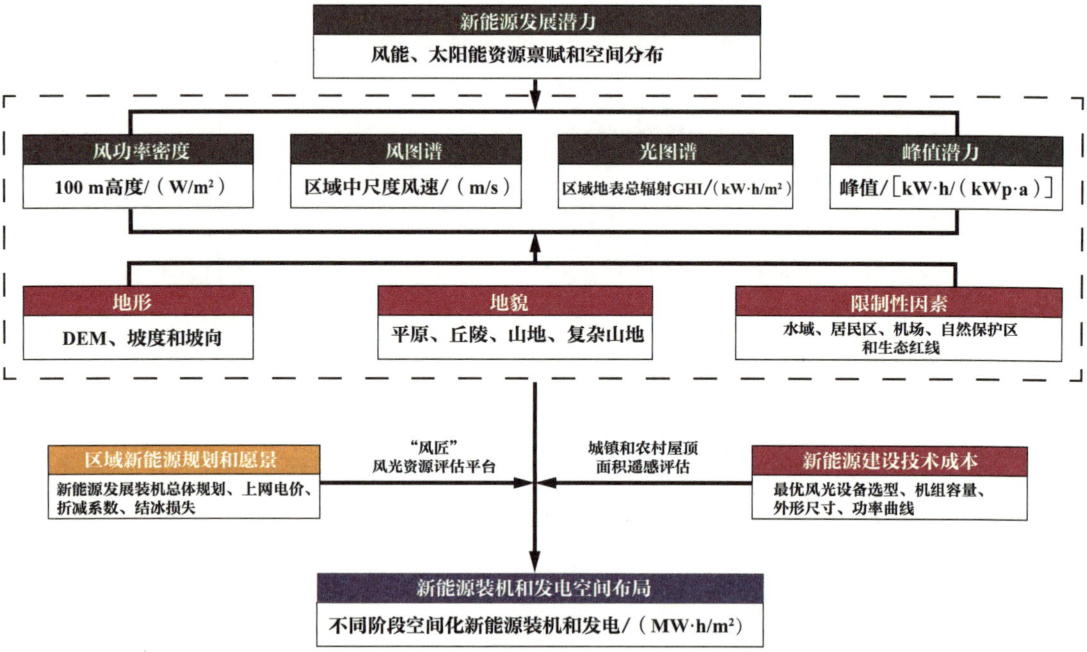

图 5-7　新能源潜力评估模块

注：本模块由金风科技风能研究院和生态环境部环境规划院碳达峰碳中和研究中心联合开发。

为了精准评估城镇建筑的和农村建筑的太阳能利用潜力，该模块基于遥感数据和面向对象遥感解译分类技术，分析了城镇建筑和农村建筑的屋顶面积（图 5-8）。面向对象遥感解释分类技术是一种新的遥感影像分类技术，与传统的分类方法相比，其分类针对影像对象而不是基于单个像素。遥感影像包含许多可用于分类的特征，如光谱、形状、大小、结构、纹理、空间关系等信息，以往单纯基于光谱特征分类算法，如支持向量机、随机森林、神经网络等算法，难以利用影像的纹理、空间关系、大小、形状结构等信息。面向对象遥感解释分类技术集合邻近像元作为对象，用来识别感兴趣的光谱要素，充分利用高分辨率的全色和多光谱数据的空间、纹理，以及光谱信息的分割和分类特点，以高精度的分类结果或者矢量输出。因此，该技术方法对具有明确形态信息物体的识别存在优势，可显著提高识别精度。本项目研究中使用 ENVI FX 进行分类操作，具体可分为 2 个部分：发现对象（find object）和特征提取（extract features），即影像对象构建和对象的分类。

图 5-8　建筑屋顶遥感解译和评估

5.8　减排技术评估模块

减排技术的成本和潜力主要基于 MESSAGE-SX 边际减排成本分析模型，利用研究团队开发的中国碳中和技术平台（http://cntd.cityghg.com/）开展综合分析（图 5-9）。

MESSAGE 模型是由 IIASA 开发建立的基于过程的能源 - 环境 - 经济综合分析模型。该模型以 ixmp 框架为依据，在详细展示能源和土地利用系统中各类技术工程、社会经济和生物物理过程等环节详细信息的基础上，通过线性整数优化模型，在成本最低目标函数的约束下，实现在特定节点（如国家、地区）和商品能源需求条件下对相应技术装机水平、活动水平和成本等方面的分析。该模型以强大的数学编程和大规模数值计算软件系统——GAMS 模型为支撑，为大规模数值计算求解提

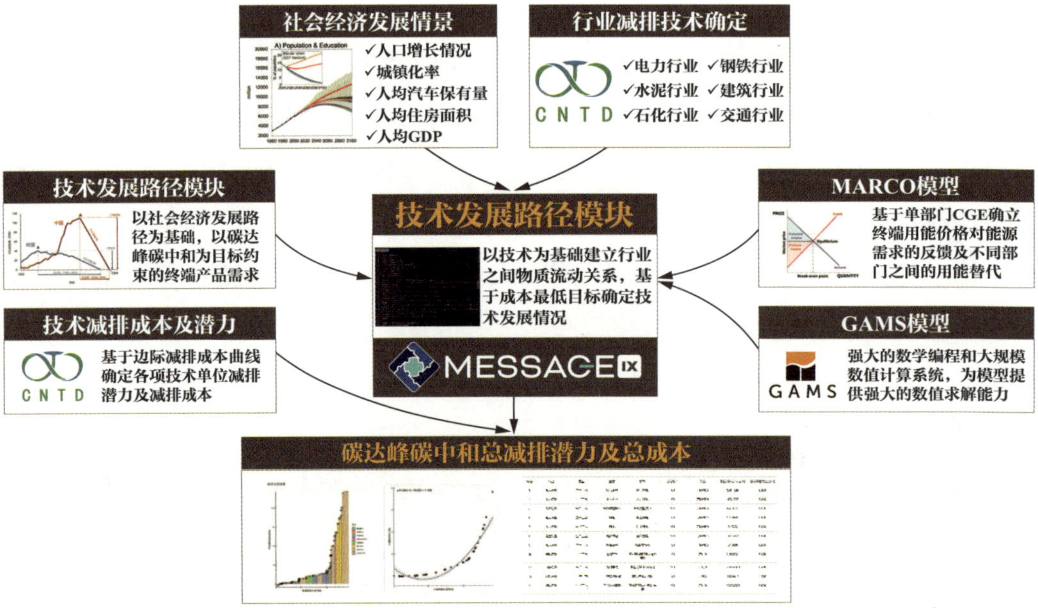

图 5-9　减排技术评估模块

注：本模块由生态环境部环境规划院碳达峰碳中和研究中心联合北京航空航天大学经济管理学院共同开发。

供保障。同时，通过耦合单部门 CGE 模型——MACRO 模型，进一步分析终端用能价格对能源需求的反馈及不同部门之间的用能替代，并估计能源或气候政策的整体经济后果。经过近 40 年的发展和完善，MESSAGE 模型已广泛应用于各类能源供应需求分析中，并已成为全球能源 - 环境 - 经济系统分析中的重要工具之一。边际减排成本（Marginal Abatement Cost，MAC）是指每额外减少一个单位的碳排放量所产生的投入增加，由此建立的碳减排与成本之间的函数关系曲线即为边际减排成本曲线（Marginal Abatement Cost Curve，MACC）。其中，基于经济 - 能源型的 MACC 以部分或一般均衡模型为基础，通过模型分析明确减排潜力与减排成本之间的函数关系，并通过积分的方式进一步确定减排潜力与减排总成本之间的关系。目前，MACC 已成为评估气候变化政策效果、确定最优减排路径的标准性工具。基于 MESSAGE 和 MAC 函数，由生态环境部环境规划院碳达峰碳中和研究中心联合清华大学、北京师范大学、北京航空航天大学、山西大学、郑州大学、IIASA 等多家单位、高校共同组织建设了中国碳中和技术平台，构建了涉及各个行业 / 部门的低碳减排数据库及成本核算平台，为各行业 / 部门推进低碳减排措施、促进低碳减排领域研究提供支撑。该平台主要包括技术数据库和成本分析 2 个模块，其中数据库模块包含了各行业 / 部门的低碳减排技术及其成本、减排参数，成本分析模块则基于数据库中的各类技术参数实现了对特定减排路径下的成本分析。

5.9 森林碳汇评估模块

森林是重要的陆地生态系统碳库，全球森林在未来一段时间还将有着巨大的碳汇增长潜力，能抵消大量的人为碳排放，森林固碳被视为减缓气候变化影响和实现碳中和的重要途径。准确量化森林碳汇、实施区域碳汇管理已成为地球系统科学领域的研究热点。准确评估区域森林生物量、碳储量现状及变化，并预测其固碳潜力，已成为当前国际上科学界的热点问题，也是实现中国碳达峰碳中和目标的重要基础性工作。

森林生物量是估测森林植被碳储量的关键因素。关于生物量的估算研究主要包括三类：第一类是在测定胸径和树高的参数并解析材积 - 生物量关系的基础上（材积源 - 生物量法）进行估算，可以应用于不同尺度，包括样地、林分、区域尺度；第二类是先利用国家温室气体清单报告中的森林植被碳储量，该数据基于土地利用变化，再转化至材积源 - 生物量法以估算森林生态系统的碳储量，主要应用于区域或更大的尺度，有利于通过土地利用变化估算碳储量变化，但会受到面积统计数据的影响；第三类基于遥感和雷达技术的应用，也是近年来将激光雷达扫描三维图技术应用于地上生物量估测的常用方法。欧洲采用激光雷达获得世界上森林地上生物量的三维结构图，中国专家采用地面激光扫描数据和解析树重构点云数据估算地上生物量。这种方法获得的数据需要与野外样地调查的数据相结合并进行校正。此外，对森林土壤的碳估算存在很大的不确定性，但是由于一般森林管理活动对土壤的扰动性不大，所以在此前提下，在估算土壤碳汇且数据不足的情况下可以保守忽略不计，但在出现土地利用变化时是需要考虑的。考虑到中国的森林资源数据情况，第一种方法要求获取森林植被的胸径和树高数据，目前国内省、市、县等都有相关调查数据，结合模型即可估算，因此更利于推广应用。所以在开发模型方面，可以基于各区域的优势树种立木胸径（D）和树高（H）等测树因子构建生长模型，然后利用生物量扩展因子估算生物量，利用现成的树种含碳量数据可以得到碳储量，更能应用于不同尺度森林植被的碳储量估算。现在模型普遍采用 $W = a(D^2H)^b$ 模型，可以考虑整理汇编模型及其参数。

本研究基于 IPCC《2006 年 IPCC 国家温室气体清单指南》和《IPCC 2006 年国家温室气体清单指南　2019 修订版》的方法和规则，以《中国 2005 年温室气体清单研究》（2014）、《中国 2008 年温室气体清单研究》（2014）和《省级温室气体清单编制指南（试行）》方法学为基础，充分考虑中国森林管理情况，基于 GIS 空间分析平台，建立了经验模型和生长模型耦合的综合模型——森林碳汇评估模块

（ForestC）（图 5-10），充分结合 Miami 经验模型和生长模型。Miami 经验模型考虑未来气象变化等，通过气候要素与净初级生产力（NPP）建立关系来对 NPP 进行估算。以 IPCC 建立的未来不同排放路径下的空间化气候情景数据（CMIP5 气候数据）为基础，重点考虑降水量和温度作为 Miami 经验模型的主要气候因子。生长模型考虑区域森林面积、森林龄组结构、优势树种等因素。ForestC 耦合 Miami 经验模型和生长模型的模拟结果并进行交叉验证，充分考虑国家林草局和权威专家制定的中国 2020—2060 年森林管理的战略规划和管理政策，最终确定 2020—2060 年森林碳汇评估和变化特征。

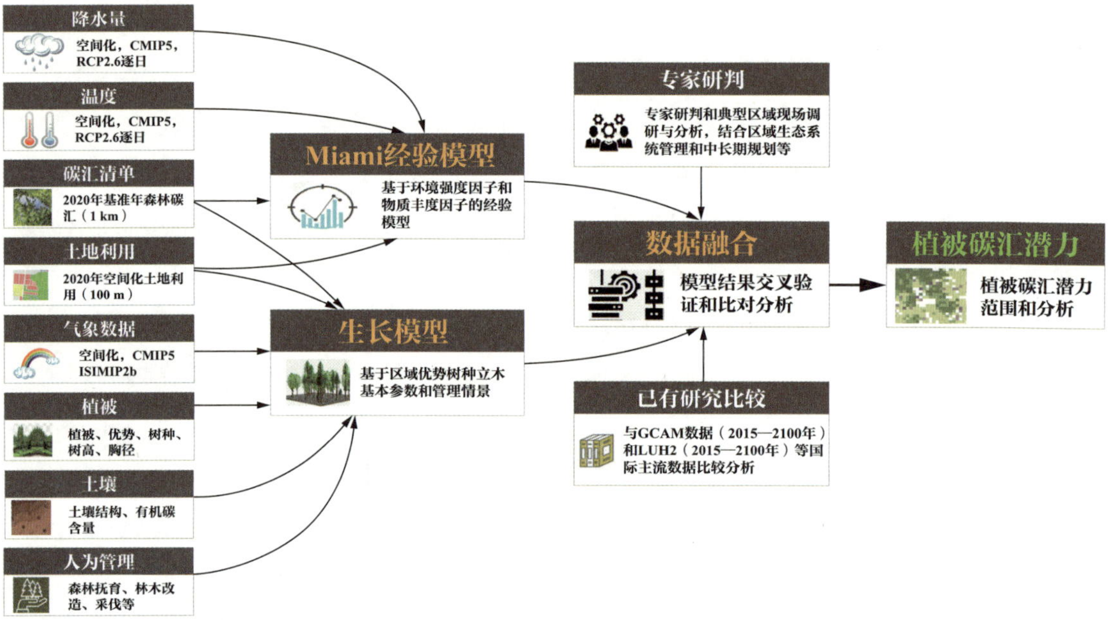

图 5-10　森林碳汇评估模块（ForestC）

注：本模块由生态环境部环境规划院碳达峰碳中和中心和中国林业科学研究院林业研究所共同开发。

6

江西省碳达峰碳中和路径研究意义和技术方法

6.1 研究意义

江西省作为全国生态文明试验区，同时也正在努力建设长江流域生态保护和高质量发展先行区，必须把碳达峰碳中和工作作为立足新发展阶段、贯彻新发展理念、构建新发展格局、深入推进生态文明建设的重要抓手，全方位推动高质量发展。本书结合江西省经济社会发展与能源规划情况，分析了其碳排放峰值目标及达峰路径。

江西省“双碳”目标的提出，既是准确把握中央要求、坚决扛起政治责任的具体体现，也是其作为首批国家生态文明试验区的积极行动、增强推动绿色发展的内在动力。“双碳”目标是党中央统筹国内国际两个大局作出的重大战略决策，是一项艰巨的政治任务、一场深刻的经济社会变革、一个重大的战略机遇。江西省准确把握中央要求，积极响应党中央号召、落实党中央部署，坚决扛起政治责任，把推进碳达峰碳中和作为立足新发展阶段、贯彻新发展理念、构建新发展格局、推动本省高质量跨越式发展的重要内容。作为首批国家生态文明试验区，生态优势是江西省最大的财富和最大的潜力。在过去一段时间，江西省率先开展了净零碳排放示范区、低碳旅游示范景区、低碳县区等试点示范，将林业碳汇与生态价值转换、生态扶贫结合，并初步建立了光伏、风电新能源产业链。未来江西省要在现有低碳发展道路上以“双碳”目标为动力，加快促进全省经济社会发展的全面绿色转型，为全国实现碳达峰碳中和提供“江西方案”、作出“江西贡献”、彰显“江西担当”。

江西省"双碳"目标的实现需要完整、准确、全面贯彻新发展理念，坚持"全国统筹、节约优先、双轮驱动、内外通畅、防范风险"的总方针，有力有序有效做好本省碳达峰碳中和工作。根据中共中央、国务院的总体部署与要求，江西省"双碳"目标的实现需要重点从10个方面开展工作：推进经济社会发展全面绿色转型、深度调整产业结构、加快构建清洁低碳安全高效的能源体系、加快推进低碳交通运输体系建设、提升城乡建设绿色低碳发展质量、加强绿色低碳重大科技攻关和推广应用、持续巩固提升碳汇能力、健全法律法规标准和统计监测体系、完善政策机制和加强组织实施。江西省正处在经济社会快速发展的时期，经济社会发展动力充沛，同时其能源结构偏煤、产业结构偏重，"双碳"目标对于江西省既是挑战更是机遇，从以上10个方面着手开展工作有助于科学制定江西省碳达峰碳中和行动方案，妥善处理地区发展与"双碳"目标之间的关系，促进江西省经济社会发展全面绿色转型。

本书将在全国碳达峰碳中和的整体背景下开展对江西省碳达峰碳中和模式与实现路径的研究，深入了解分析江西省碳排放行业特点，评估碳汇潜力，把江西省强劲的内生发展动力与"双碳"目标的实现紧密结合，模拟江西省碳达峰碳中和实现时间表，在保证发展与满足人民需求的前提下，给出目标情景下的碳达峰碳中和路径，为江西省"双碳"目标的实现提供路径参考。

6.2 国际经验对江西省的借鉴意义

发达国家和地区碳达峰后仍可保持经济增长趋势，部分国家和地区的增速超过10%，江西省实现科学有序达峰将有利于能源、产业转型，促进经济社会发展。从国际经验来看，碳达峰目标实现后，大部分国家和地区都保持了较好的经济社会发展趋势，人均GDP仍有20～30年的高增幅阶段，城市化率也在不断提高。发达国家和地区达峰时人均GDP、城市化率、人均能耗、三产占比要远超中国现在的水平，因此在2030年前实现碳达峰时间紧、任务重，要审慎处理经济社会发展与碳达峰工作之间的关系。江西省应注重能源结构、产业结构调整，降低化石能源尤其是煤炭消费占比，提升第三产业占比，将实现经济社会绿色低碳转型作为碳达峰目标的重要前提，在确保经济发展趋势不受影响的同时，于2030年前实现省内碳达峰。

发达国家或地区碳中和目标年设定在2050年前后，主要通过大力发展可再生能源、提高电气化比例、增加CDR比例、增加碳汇等方式实现，江西省可再生能源和林业碳汇资源丰富，具有实现碳中和的优势。发达国家和地区碳中和战略主要通过减排增汇和CDR实现，通过大力发展风电、光伏、水电、核能和氢能实现能源系统碳中和，在交通、建筑等领域提升电气化比例，增加可再生能源应用场景，无法替换的部门依托 CCUS 等二氧化碳移除措施，实现全社会碳中和目标。江西省具有良好的碳汇资源，可再生资源开发潜力大，因此要准确评估省内碳汇资源储量，进一步增加碳汇能力；科学谋划布局可再生能源发电项目，充分发掘其可再生资源潜力，在碳中和路径上取得先机。

在政策制度方面，发达国家和地区通过分阶段循序渐进扩展控制范围，收紧总量目标，加严分配基准，完善碳排放总量控制制度。对应不同阶段的总量控制需求，逐步调整总量目标和控制对象范围；随着碳排放总量目标的逐渐收紧，企业碳排放配额的核定方法从历史法转变为基准法，形成了有约束力且逐渐加严的配额分配方式，突出重点行业管治力度。欧美通过制定并不断完善监测、报告和核证条例及相关的技术指南，对企业碳排放量采取报告制度和第三方核查，确保碳排放监测、核查、核算的准确性和一致性。基于不同类型排放源特点，通过碳排放交易机制、国家 / 地区减排任务分担机制、碳汇控制机制等多类型机制设计，实现了对温室气体领域的全覆盖总量控制。

但也应该看到，中国及江西省与发达国家和地区存在明显差距，实现江西省碳达峰碳中和目标，要比发达国家和地区付出更大的努力。借鉴欧盟、英国、美国加利福尼亚州等国家和地区的配套政策措施，包括推进立法、约束总量、金融激励政策等，在国家相关立法和总量制度出台之前，省内可以试点开展相关工作，设定省内碳排放总量控制目标，提前设计法律法规和激励政策适用范围。江西省不能照搬照抄发达国家和地区相关方案，需要根据本省的特点和需求，预测未来经济社会发展和碳排放情景，要避免“攀高峰”和“运动式”达峰，科学制定碳达峰碳中和方案，设计谋划相关政策措施，走出有中国特色、有江西特点的碳达峰碳中和路径。

6.3 技术方法

本书借鉴 IPCC 路径情景方法学、排放机制模型、统计学模型和 GIS 空间分析模型等方法，结合文献分析、数据挖掘和专家研讨等多种形式，基于 CAEP-CP 2.0，构建江西省中长期排放综合评估模型（CAEP-CP -JX 2.0），提出江西省碳达峰碳中和政策建议（图 6-1）。

研究团队通过与低碳发展领域、能源领域、生态环境领域、工业领域等数十位专家开展研讨，进一步优化了模型框架；同时在江西省广泛开展政府部门座谈与典型企业调研，与发展改革、工信、生态环境、国电等相关部门领导专家座谈交流，了解了江西省的发展现状与未来方向，针对重点行业典型企业进行实地调查研究，本地化相关参数，进一步完善了 CAEP-CP-JX 2.0 模型内容。在此基础上，将模型的相关结果与其他研究团队的结论进行交叉验证，确保了模型结果的有效性。

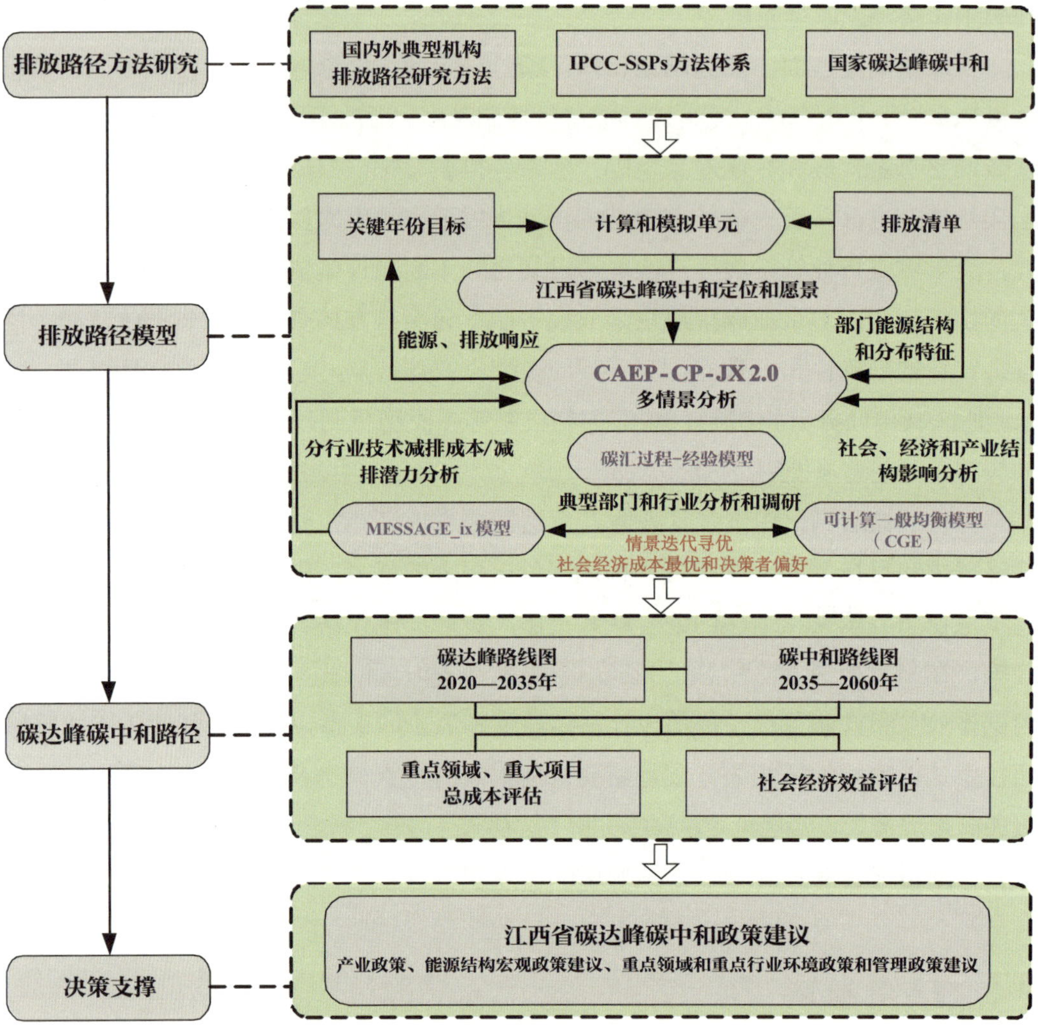

图 6-1　江西省碳达峰碳中和路径研究技术路线

7

江西省能源利用和温室气体排放现状

为准确分析江西省碳排放现状，明确江西省实现碳达峰碳中和目标的主要困难与挑战，本章梳理分析了江西省社会经济能源及碳排放现状，摸清了全省碳汇情况，为“双碳”目标实现路径研究提供了数据支撑。

7.1 社会经济能源现状

7.1.1 经济发展

江西省地区生产总值近 20 年一直保持高速增长趋势，2020 年地区生产总值居全国第 15 名，人均地区生产总值居全国第 17 名，第三产业占比已超过第二产业。根据图 7-1，2005—2010 年，江西省地区生产总值波动式增长，且增长速率稳定在 10% 以上；2010 年以后，地区生产总值的增长率有所下降，“十二五”和“十三五”期间，增速放缓趋于平稳，处在 8% 左右的水平。从 2008 年开始，江西省地区生产总值增速一直高于全国增速，平均要比全国增速高出 1 ～ 3 个百分点。受新冠疫情影响，2020 年江西省实现地区生产总值 25 591.5 亿元，按不变价格计算，比上年增长 3.8%。

江西省产业结构呈波动变化趋势（图 7-2）：第一产业占比保持稳中有降，从 2005 年的 19% 降至 2020 年的 8.7%；第二产业占比先升后降，从 2005 年的 47.2% 升至 2010 年的 55.0%，随后开始下降，到 2020 年降至 43.2%；第三产业占比持续上升，从 2005 年的 33.8% 升至 2020 年的 48.1%，从 2019 年开始江西省第三产业占比超过第二产业。三次产业占比由 2001 年的 23.2 : 36.2 : 40.6 调整为 2020 年的 8.7 : 43.2 : 48.1。

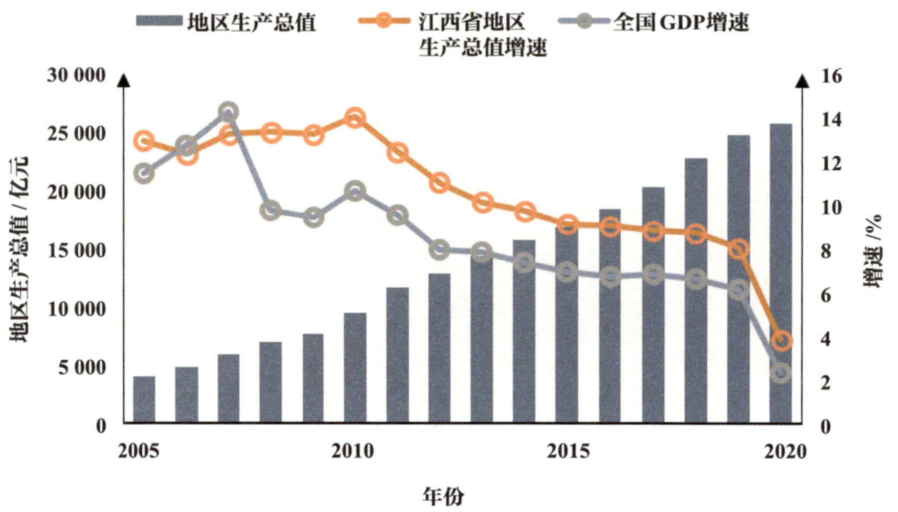

图 7-1　2005—2020 年江西省地区生产总值增长情况

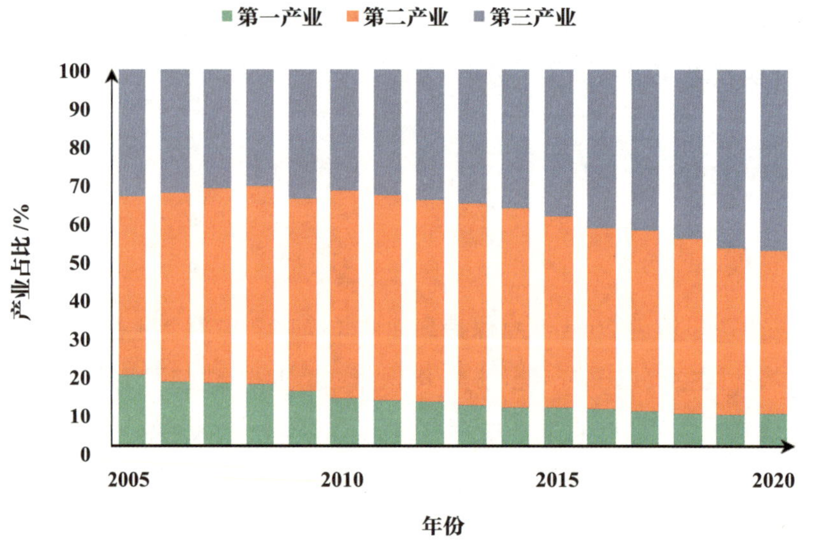

图 7-2　2001—2020 年江西省三次产业占比情况

江西省常住人口保持稳定增长。“十一五”期间，常住人口增至 4 462 万人，增长了 7%；“十二五”和“十三五”期间，常住人口数量基本趋于稳定，没有出现明显增长，维持在 4 500 万人左右。同时，江西省城镇化进程加速推进。常住人口城镇化率从 2001 年的 30.41% 升至 2020 年的 58.6%。根据《江西省国民经济和社会发展第十四个五年规划和 2035 年远景目标纲要》，2025 年江西省城镇化率将达到 64%。随着农村人口转移到城镇，省内的生产生活模式和消费模式都将有所改变，预计将对电力行业及交通、建筑领域的碳排放产生一定影响。

7.1.2 能源消费

2020 年江西省能源消费总量约为 9 800 万 tce，其中煤炭约为 6 164 万 tce，油品约为 1 656 万 tce，天然气约为 373 亿 tce。煤炭消费占江西省能源消费总量的 62.9%，高于全国煤炭消费占比（56.5%）；油品占 16.9%，天然气仅占 3.8% 左右，非化石能源占 16.4%，高于全国占比水平 1 个百分点（15.4%）。可见，江西省能源结构仍是以煤炭为主的偏重结构。江西省能源流通情况见图 7-3。

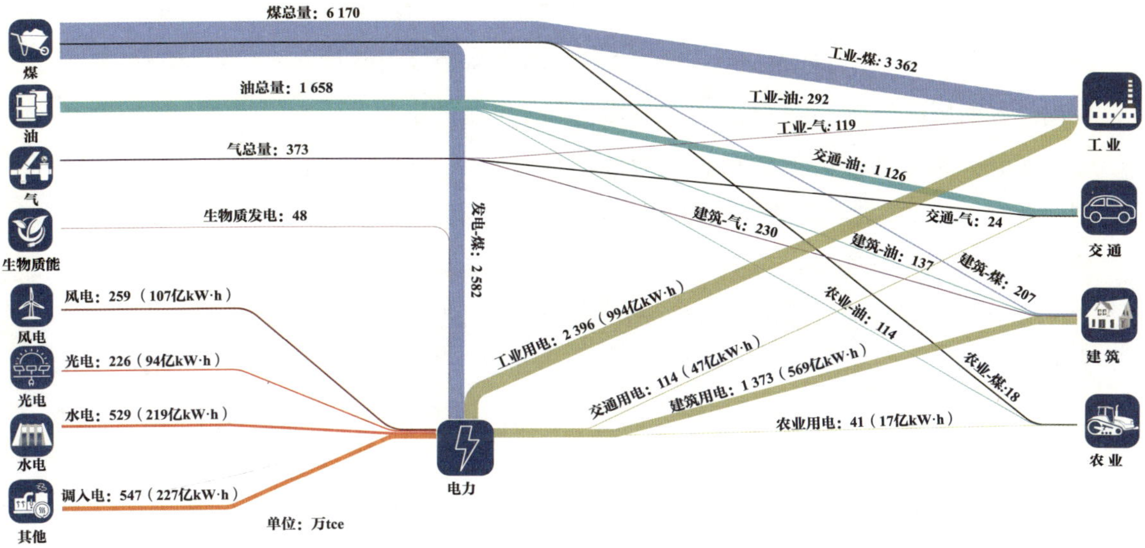

图 7-3　2020 年江西省能源流通情况

从分能源情况来看，煤炭消费中工业部门居首，约为 3 362 万 tce，占全省煤炭消费总量的 54%；电力用煤为 2 582 万 tce，占全省煤炭消费总量的 42%；交通部门、建筑领域（农业、生活和服务业）的煤炭消费量占比均较低，介于 0.5% ～ 3%。油品消费量最大的部门是交通部门，占全省的 68%，其次是工业部门，占 18%，其他几个部门的油品消费占比介于 3% ～ 7%。江西省天然气消费量整体偏低，主要分布在建筑领域（生活和服务业）与工业部门，占比分别为 61% 和 32%，交通部门仅占 7%。

从分部门情况来看，工业部门是居首位的用能大户，以煤炭为主，其次是油品和天然气；交通部门的主要消费能源为油品，其次是天然气；建筑领域均是天然气的主要消费部门，总量占天然气消费总量的61%，油品消费和煤炭消费占比均较低，油品消费均不足5%，煤炭消费均低于3%；农业部门以油品消费为主，仅占全省油品消费总量的7%，煤炭和天然气的消费占比均不足1%，其能源消费总量在各部门中最低。

电力消费方面，江西省的电力结构仍以煤电为主，2020年总发电量为1 400亿kW·h，其中火力发电约为980亿kW·h，占比81%，可再生能源发电有水电、风电和光电，总量为420亿kW·h，占比28%。2020年全社会用电量为1 627亿kW·h，从分部门来看，电力消费主要在工业部门、建筑领域（生活和服务业），占比分别为61%和35%。

江西省能源消费总量、煤炭消费量和油品消费量的增速均略高于全国平均水平，但增速呈放缓趋势。“十三五”期间，江西省煤炭消费量和油品消费量的增速分别为1.76%和4.48%，比全国高1个百分点左右；“十一五”和“十二五”期间，江西省天然气消费量和非化石能源消费量的增速均高于全国平均水平，但“十三五”期间二者的增速分别比全国低2.6个百分点和1.5个百分点。

2005—2020年，江西省煤炭占能源消费的比重一直在不断下降，从74%降至63.9%；非化石能源占比在逐渐上升，从6.6%增至13.6%（图7-4）。江西能源消费总量呈不断增长态势，尤其是在“十一五”期间，增速一直在10%左右；进入“十二五”，能源消费总量增速有所放缓，基本控制在5%左右（图7-5）。2005—2020年，江西省能源消费量增长了5 522万tce，其中“十三五”期间的增量占25%；非化石能源消费在此期间的增长更为突出，增长了948万tce，其中“十三五”期间的增量占23%。

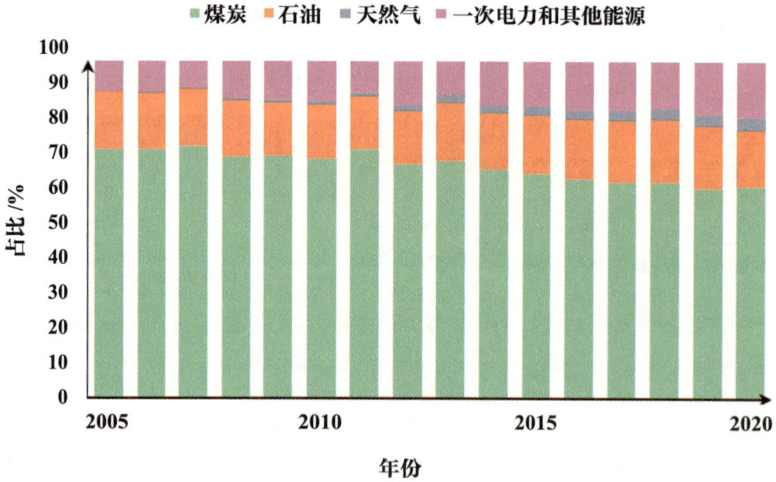

图7-4　2005—2020年江西省能源消费结构

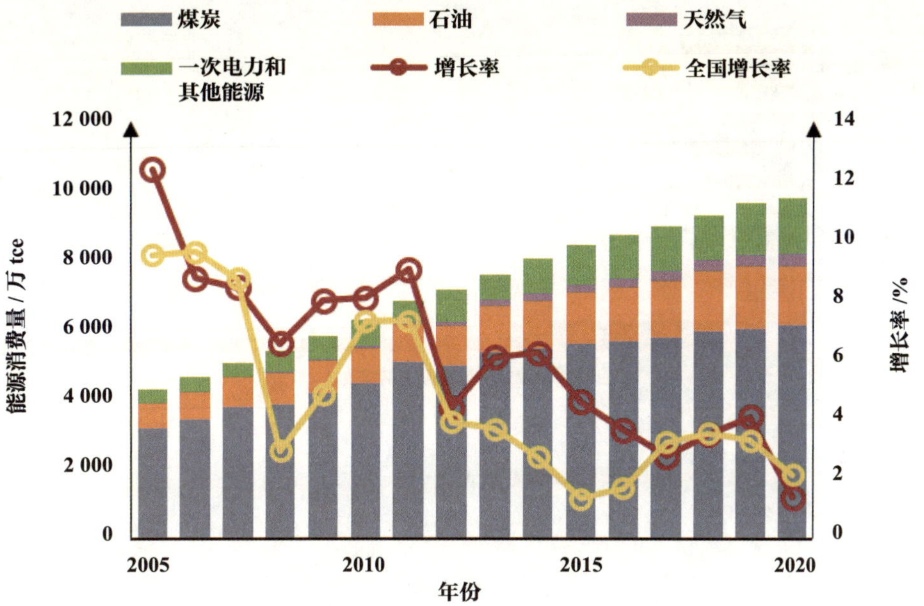

图 7-5　2005—2020 年江西省能源消费量和增长率

由图 7-6 可知，从“十一五”到“十三五”，江西省能源消费总量每五年的平均增长率分别为 7.9%、6.1% 和 3.1%，全国平均水平分别为 6.7%、3.8% 和 2.8%，江西省的增速一直高于全国水平，尤其是“十二五”期间差距增大，“十三五”期间涨幅下落接近全国平均水平，“十三五”期间增速超过全国水平 0.3 个百分点。煤炭消费量也有相似的趋势，从“十一五”到“十三五”，江西省煤炭消费量每五年的平均增长率分别为 7.1%、4.8% 和 1.8%，全国平均水平分别为 5.7%、2.1% 和 1.8%，江西省自“十一五”开始超过全国水平，随后差距缩小，“十三五”期间增速超过全国水平 1.34 个百分点。非化石能源消费量的增速在“十一五”和“十二五”期间基本超过全国水平，“十三五”期间大幅下降，从“十一五”到“十三五”，江西省非化石能源消费量每五年的平均增长率分别为 2.2%、20.4% 和 7.2%，全国平均增速分别为 12.0%、9.3% 和 8.7%，“十三五”期间江西省的增速超过全国水平 1.44 个百分点。石油消费量增速虽有所下降，但一直远超全国水平，从“十一五”到“十三五”，江西省石油消费量每五年的平均增长率分别为 7.1%、7.7% 和 4.5%，全国平均水平分别为 6.3%、5.0% 和 3.3%，“十三五”期间增速高于全国水平 7.15 个百分点。天然气消费量增速自“十一五”后一直呈下降趋势，从高于全国平均水平到“十三五”低于全国平均水平，从“十一五”到“十三五”，江西省天然气消费量每五年的平均增长率分别为 56.4%、30.7% 和 8.2%，全国平均增速分别为 18.1%、11.8% 和 10.7%，“十三五”期间增速低于全国水平 2.53 个百分点。

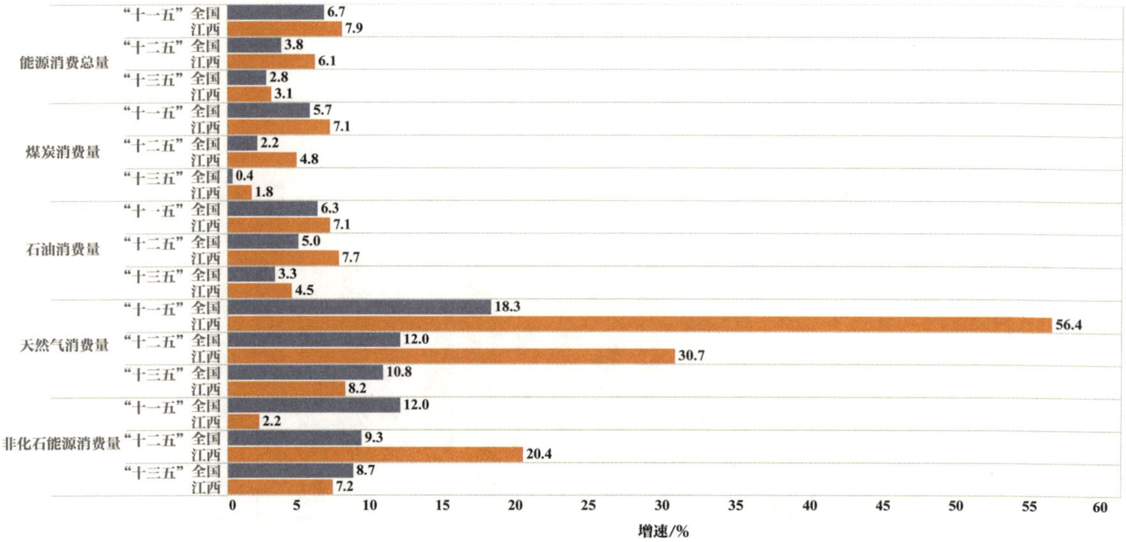

图 7-6　江西省和全国能源消费量增速比较

2020 年，江西省能耗强度（折算成 2005 年不变价为 0.56 tce/ 万元）稳定下降，略低于全国能耗强度（0.81 tce/ 万元）。人均能耗一直在稳定上升（2020 年为 2.2 tce），低于全国人均能耗（3.5 tce），但其增速高于全国（图 7-7）。

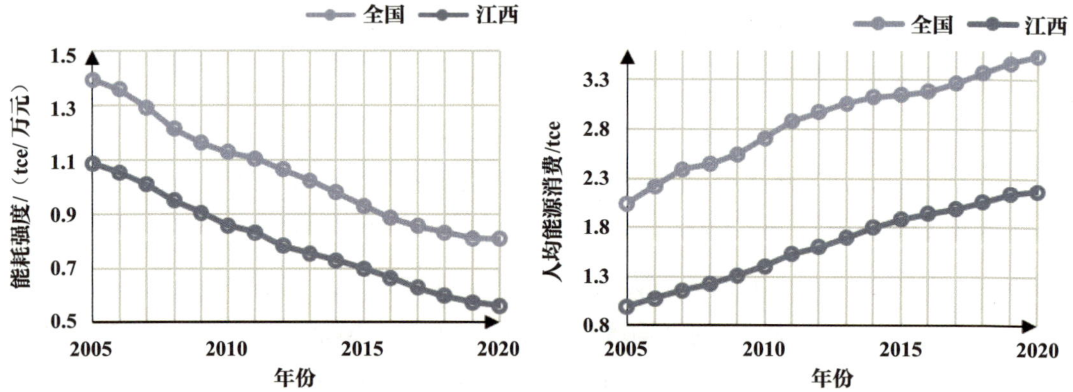

图 7-7　2005—2020 年江西省能耗强度与人均能源消费变化

“十一五”期间，江西省能耗强度下降了 21%，“十二五”和“十三五”期间，能耗强度的下降速度分别为 18% 和 19%，均高于全国碳排放强度的下降幅度（全国“十一五”、“十二五”和“十三五”期间分别下降了 19%、18% 和 13%）。整体来看，江西省能耗强度下降幅度变化不大，年均降幅约为 4.2%，而全国年均降幅约为 3.6%。

由于近年来江西省的人口数量没有大幅变动，人均能耗与能源消费总量变化趋势基本一致，一直在持续上升，上升幅度略高于全国平均上升幅度。“十一五”和“十二五”期间，江西省人均能耗在高速增长，分别累计增长了 42% 和 33%，但全国人均能耗仅分别增长了 33% 和 16%。“十三五”期间，江西省人均能耗继续稳定上升，但年均增幅有所下降，基本维持在 3% 左右，5 年累计增长 15%。

7.1.3 发电和用电

近年来，江西省工业用电占比稳定下降。江西省缺煤少电，全省年发电量低于用电量，火力发电在发电中的占比基本维持在 80% 左右（图 7-8）。2020 年，江西省总发电量为 1 444.71 亿 kW·h，用电量为 1 626.82 亿 kW·h，高于发电量约 13%，用电量比 2011 年增长了 94%，发电量比 2011 年增长了 97%，省内电力保供压力较大。江西省发电以火电为主，非化石能源发电占比从 11% 上升到 20%。2020 年，水力发电量为 144.9 亿 kW·h，占全省非化石能源发电量的一半左右；风电发电量为 70.7 亿 kW·h，占全省非化石能源发电量的 24.5%；光伏发电量为 61.7 亿 kW·h，占全省非化石能源发电量的 21.4%。

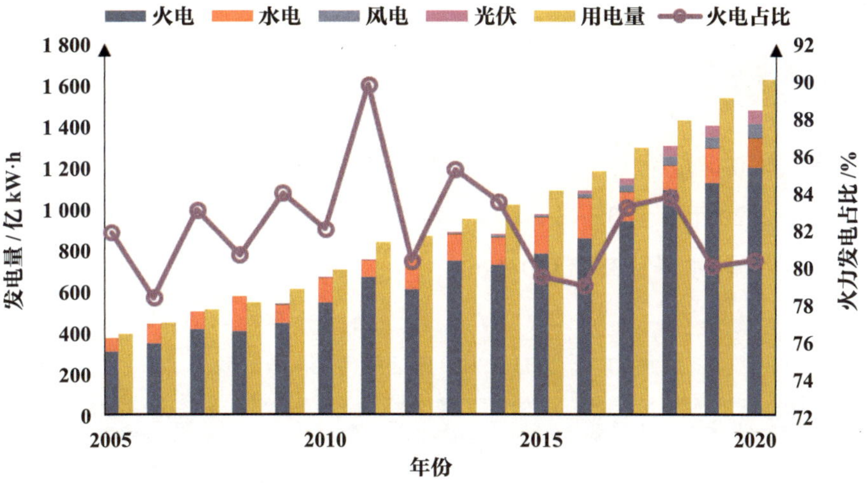

图 7-8　2005—2020 年江西省电力统计

虽然江西省总用电量和工业用电量整体均呈逐年增加的趋势，但工业用电量占总用电量的比例已经从 2005 年的 74% 降至 2020 年的 64%，且近五年稳定在 65% 左右（图 7-9）。2015—2020 年，江西省总用电量增加了 539 亿 kW·h，其中工业用电量增加了 313.6 亿 kW·h，占总增加量的 58%，为全社会用电量主要增加领域。从分行业来看，与“十二五”末相比，除有色金属冶炼和压延加工业用电量出现下降外，其余行业的用电量均不同程度提高，增幅最高的为电力、热力供应行业，用电量增加了 124.67 亿 kW·h，占工业用电总增加量的 56.7%；其次为非金属矿物制品工业，其用电量增加了 61.46 万 kW·h，占比为 27%；其余行业的增幅在 20% 以下。

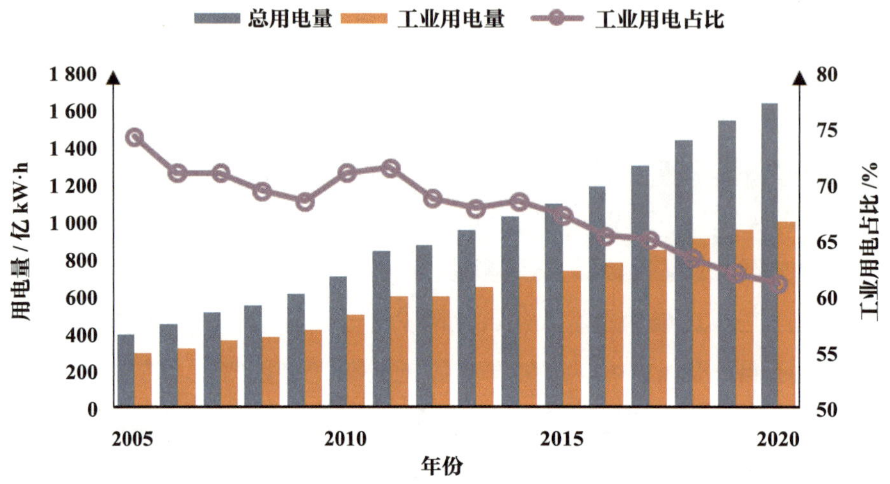

图 7-9　2005—2020 年江西省工业用电情况

7.2　森林碳汇现状

江西省森林碳储量呈上升趋势，碳汇量从 2006 年的 0.22 亿 tCO_2 增至 2016 年的 0.28 亿 tCO_2，2020 年增至 0.34 亿 tCO_2（表 7-1）。单位林地面积碳汇量为 327 t CO_2/km^2，低于全国平均水平（386 t CO_2/km^2）。

表 7-1　2005—2020 年江西省森林碳汇量

年份	碳汇量 / 亿 tCO_2
2006	0.22
2011	0.24
2016	0.28
2020	0.34

注：森林碳汇包括生物质碳库、死有机质碳库、土壤有机质碳库。

江西省森林资源和生物多样性丰富，森林覆盖率稳定在 63.1%，位居全国第二（仅次于福建），活立木蓄积量达到 6.85 亿 m^3。全省森林多属天然次生林，针叶林面积比重大，杉木、马尾松、樟树为该省主要乡土树种，油茶、板栗、柑橘为该省主要经济林树种。基于第六次（2001 年）、第七次（2006 年）、第八次（2011 年）、第九次（2016 年）全国森林资源清查结果，江西省森林碳储量呈上升趋势，2016 年为 192.22 Tg[1]C，比 2011 年增加了 37.28 TgC，增长率为 24.1%。2016 年，江西省森林碳储量为 5.63 TgC。

“十三五”期间江西省在全国率先启动森林质量提升工程，完成退化林修复（低产低效林改造）921.9 万亩[2]、封山育林 550.9 万亩、森林抚育 2 964.7 万亩、国家储备林 105.8 万亩。省级以上生态公益林面积为 5 137 万亩，天然商品林保护面积为 3 215 万亩，补偿标准统一提高到 21.5 元/（年·亩），位居全国前列。

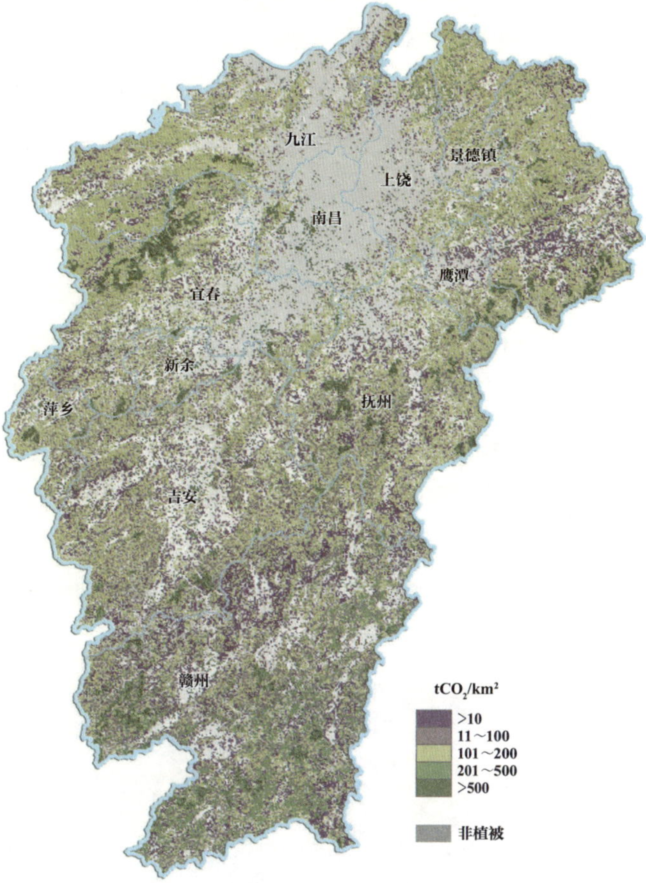

图 7-10　江西省 2020 年森林碳汇空间格局

江西省森林碳储量的地理分布由大到小依次为赣州、吉安、上饶、抚州、宜春、九江、景德镇、萍乡、新余、鹰潭和南昌，南部和中西部各市的碳储量要高于中东部和北部各市。江西省森林碳密度（单位面积碳储量）的地理分布呈现由南向北、由东向西逐渐递减的趋势（图 7-10）。江西省森林植被属亚热带常绿阔叶林，包括杉木林、硬阔林、马尾松林、国外松林、针阔混交林、软阔林、毛竹林、经济林和灌木林 9 个类型。江西省不同森林类型的碳密度为硬阔林＞针阔混交林＞毛竹林＞国外松林＞杉木林＞软阔林＞灌木林＞马尾松林＞经济林。江西省森林植被碳密度低于全国平均水平，森林的固碳能力处于持续增长的状态。

---

[1] Tg ＝ 10^{12} g。

[2] 1 亩＝ 1/15 hm^2。

7.3 2020 年温室气体排放现状

7.3.1 碳排放总量和结构

江西省 2020 年温室气体排放总量约为 3.10 亿 tCO_2eq（图 7-11），其中二氧化碳排放约为 2.75 亿 t（89%），非二氧化碳排放约为 0.36 亿 t（11%）。二氧化碳排放中，能源活动的排放量最高，约为 2.13 亿 t，占温室气体总排放量的 69%，工业过程排放占比为 17%，另外有 3% 的二氧化碳排放来自净调入电力带来的间接排放。本研究使用的碳排放因子参见附表 1 和附表 2。能源活动中，电力和工业部门是最主要的能源消费和碳排放领域，其 2020 年的排放量分别为 8 618 万 t（28%）和 8 587 万 t（28%）。工业部门中钢铁和水泥行业的碳排放量分别为 3 796 万 t 和 2 077 万 t，分别占温室气体总排放量的 12% 和 7%；交通部门的碳排放量为 2 698 万 t，占温室气体总排放量的 8%；农业、生活和服务业这 3 个部门的碳排放较低，分别为 805 万 t、301 万 t 和 292 万 t，合计占温室气体总排放量的 5% 左右。2020 年，工业过程排放量为 5 202 万 t，占温室气体总排放量的 17%。其他温室气体排放主要为甲烷排放，约为 2 662 万 tCO_2eq，占温室气体总排放量的 9%，其中水稻种植占一半左右；氧化亚氮和含氟温室气体的排放量分别为 557 万 tCO_2eq 和 340 万 tCO_2eq。

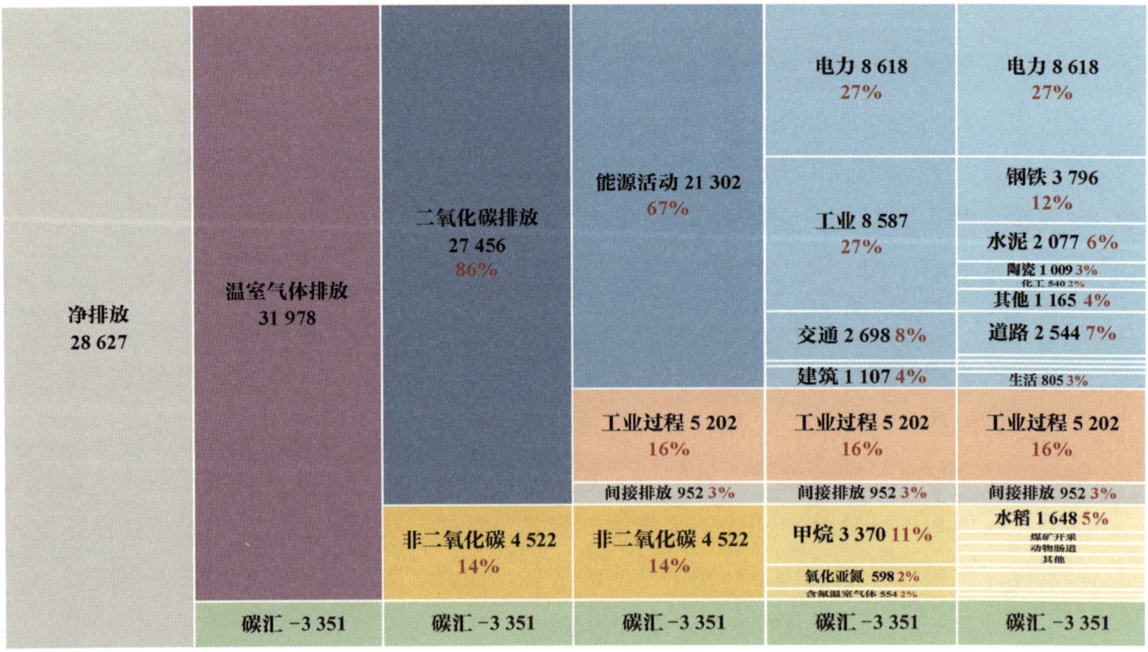

图 7-11 2020 年江西省温室气体排放构成

注：图中黑色数字为排放量（万 tCO_2eq），红色数字为排放占比。

7.3.2 碳排放绩效评估

2020 年，江西省碳排放总量（直接排放＋间接排放，包括工业过程）为 2.75 亿 t，位于全国中等偏下水平（第 19 名），与黑龙江省和广西壮族自治区的排放水平相当；江西省人均碳排放量为 6.08 t，与北京市、重庆市和广东省的水平相似，在全国范围同样处于中等偏下水平（第 22 名），约为全国平均水平的 74%；碳强度为 1.07 t/ 万元（2020 年价格），处于中等水平，与云南省、山东省和海南省的水平相似，与全国平均水平非常接近（第 17 名），仅比全国平均水平低 6%（图 7-12）。

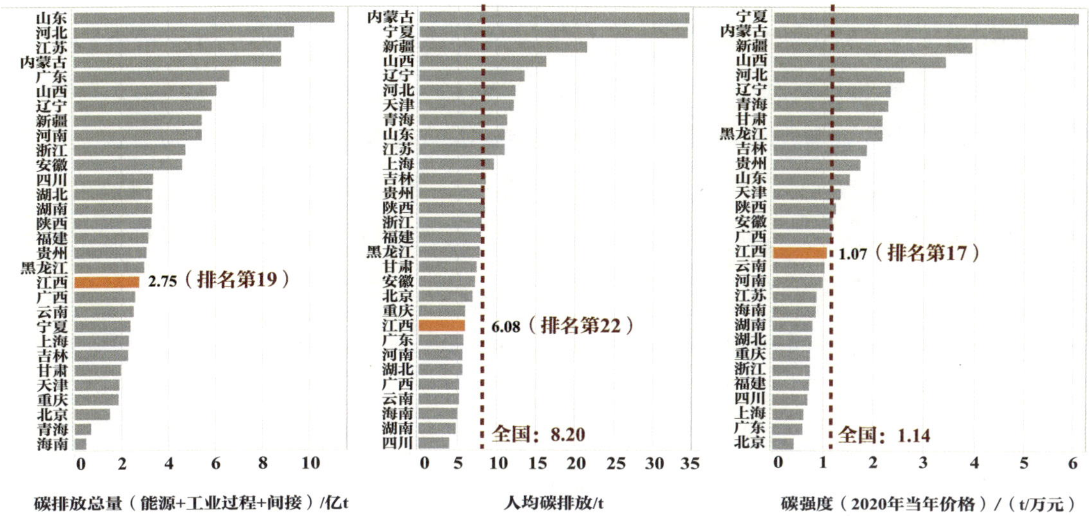

图 7-12　2020 年江西省与全国各省（区、市）的排放绩效比较

从经济效益和碳排放来看，江西省服务业和生活部门增加值占省内地区生产总值的 39%，但其碳排放较少（占全省总排放量的 5.5%），单位增加值碳排放仅为 0.10 t/ 万元；电力和工业部门的增加值合计占省内地区生产总值的 52%，其碳排放较多（占全省总排放量的 85%），单位增加值碳排放高达 2.03 t/ 万元；农业部门的增加值占比为 5%，单位增加值碳排放量为 0.13 t/ 万元；交通部门的增加值占比为 4%，单位增加值碳排放量为 2.23 t/ 万元（表 7-2）。

表 7-2　2020 年江西省部门碳排放、增加值比重及单位增加值碳排放

部门	碳排放占比 /%	增加值比重 /%	单位增加值碳排放 /（t/ 万元）
电力	29	52	2.03
工业	56		

部门	碳排放占比 /%	增加值比重 /%	单位增加值碳排放 /（t/ 万元）
交通	9	4	2.23
生活	4	39	0.10
服务业	1		
农业	1	5	0.13
平均			0.86

7.3.3 地级城市排放特征

由表 7-3 可知，九江和宜春是江西省碳排放最高的两个地级市，其排放量分别为 3 661 万 t 和 3 306 万 t，分别占全省总排放的 15% 和 13%；南昌、新余和赣州 3 个城市的碳排放量在 2 500 万 t 以上，分别占全省碳排放总量的 12%、11% 和 10%；上饶、吉安、景德镇、萍乡和抚州 5 个城市的碳排放水平基本类似，占全省碳排放总量的 6% ～ 8%；鹰潭市的碳排放最低，不到 1 000 万 t。新余市的排放总量虽然不是全省最高，但其碳强度和人均碳排放均为全省第一，且远高于其他城市。九江和宜春 2 个城市的碳排放水平、人均碳排放水平和碳强度较为接近，虽然碳排放总量属于全省前列，但人均碳排放和碳强度在全省范围内属于中等水平。图 7-13、图 7-14 分别展示了江西省 2020 年各地级城市的碳排放情况及排放绩效空间格局。

表 7-3 2020 年江西省地级城市二氧化碳排放

城市	碳排放占比 /%	人均碳排放 /t	碳强度 /（t/ 万元）
南昌	12	4.7	0.51
景德镇	7	10.6	1.79
萍乡	7	9.4	1.76
九江	15	8.0	1.13
新余	11	22.3	2.68
鹰潭	4	7.6	0.90
赣州	10	2.8	0.69
吉安	8	4.6	0.95
宜春	13	6.6	1.19
抚州	6	3.8	0.87
上饶	8	3.1	0.77

注：各市二氧化碳排放量包括了直接排放和间接排放，有重复计算，所以各市碳排放量加和超过全区碳排放量。

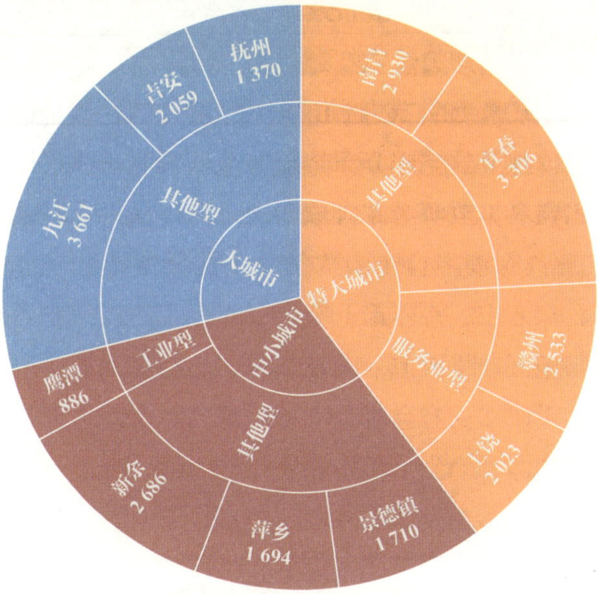

图 7-13　江西省 2020 年地级城市碳排放（按城市类型）

注：第二产业占比大于或等于 50% 的为工业型城市，第三产业占比大于或等于 50% 的为服务业型城市，其他情况为其他类型城市。常住人口大于 500 万人的为特大城市，常住人口大于或等于 250 万人、小于或等于 500 万人的为大城市，常住人口小于 250 万人的为中小城市。

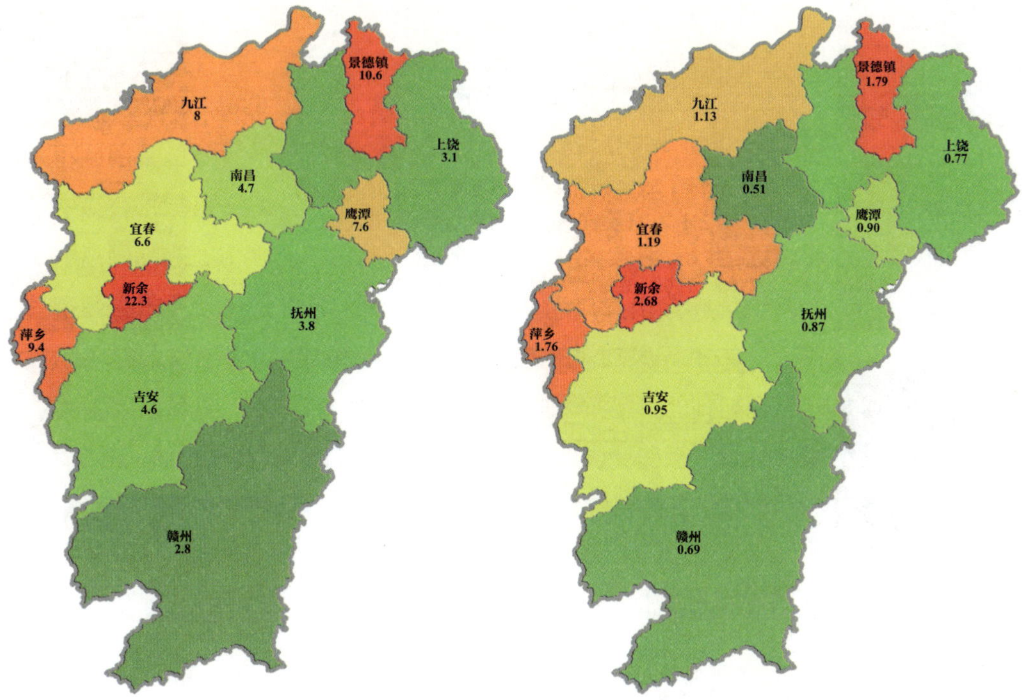

（a）人均二氧化碳排放/t　　（b）单位地区生产总值二氧化碳排放/（t/万元）

图 7-14　江西省 2020 年城市二氧化碳排放绩效空间格局

7.3.4 排放空间格局

基于 CHRED 数据源建立的江西省 1 km×1 km 二氧化碳排放网格（图 7-15）直观展示了全省二氧化碳排放的空间分布特征与地域关联，通过地理识别高排放网格结合遥感影像精准识别高排放源为碳排放精细化管理提供了基础数据需求。江西省二氧化碳排放的空间分布差异明显，排放量最高的网格超过 1 000 万 t。高排放区域集中位于以南昌市、萍乡市、宜春市、新余市为代表的江西省西北部地区，以及以赣州市为代表的南部地区，排放源以工业点源、道路移动源、居民面源为主。遥感地图地理识别结果显示，江西省高排放点源以电力、水泥生产、有色金属冶炼、陶瓷生产和石化化工为主。

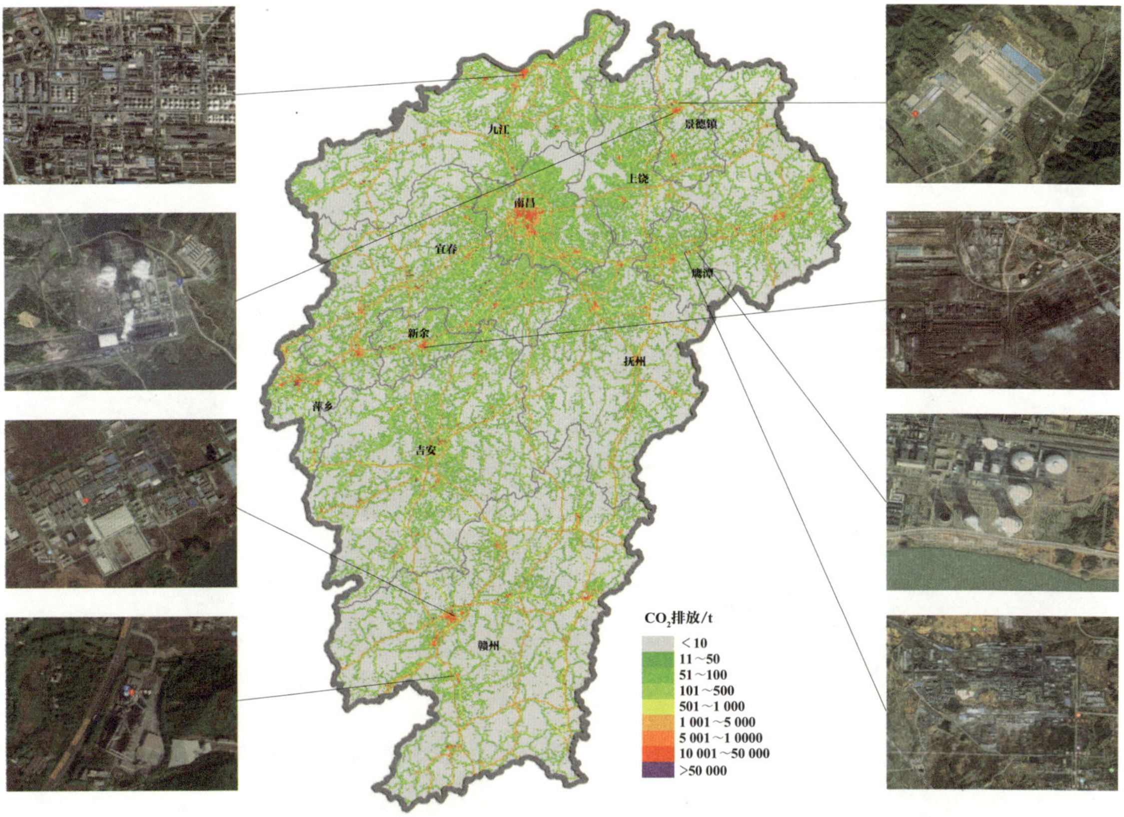

图 7-15　江西省 1 km×1 km 二氧化碳排放网格

江西省的工业企业共计 9 220 家，建材和化工行业的企业个数最多。2020 年重点用能企业主要集中在钢铁、电力和建材领域。其中，江西某钢铁厂是全省范围内排放体量最大的企业，碳排放量超过 2 000 万 t，约等于江西省吉安市的碳排放总量。江西省共有 10 家电力企业的碳排放量在 500 万 t 以上。江西某水泥厂是江西省碳排放量最大的建材企业，其 2020 年的排放量超过 300 万 t。

8

江西省碳排放趋势特征分析

8.1 碳排放变化趋势

8.1.1 排放总量变化

江西省2010—2020年各领域能源消费碳排放中，相对2010年排放量增幅较大的领域主要为交通运输，其增幅达104.7%；其次为能源生产与加工转换，增幅达75.8%（表8-1）。

表8-1 江西省各领域碳排放量历年增幅

单位：%

年份	2011	2012	2013	2014	2015	2016	2017	2018	2019	2020
总碳排放相对2010年的增幅	11.8	12.3	21.9	25.6	30.2	33.4	37.5	42.8	46.7	48.7
农业	−0.5	−10.2	−7.0	−5.2	−4.3	0.3	0.2	6.4	4.7	3.5
工业和建筑业	9.6	20.3	22.3	29.0	34.8	30.3	28.5	21.2	21.2	18.8
交通运输	12.9	18.7	47.1	52.8	66.6	75.8	87.8	103.4	116.5	104.7
服务业及其他	7.9	−9.6	−3.0	19.2	12.6	23.4	50.8	61.4	52.0	47.0
居民生活	−9.0	−18.3	−3.2	6.1	8.4	35.8	49.0	53.2	44.2	46.1
能源生产与加工转换	16.9	3.5	20.8	16.3	19.9	28.9	39.4	61.4	65.3	75.8

8.1.2　分领域排放变化

1. 能源生产与加工转换

2020年，江西省能源生产与加工转换领域的二氧化碳排放相对于2010年增幅达75.8%，其中燃煤发电排放占比99.6%（图8-1）。随着工业、建筑等部门电气化率及交通部门电动化率的提高，未来能源生产与加工转换领域的二氧化碳排放会进一步增长。

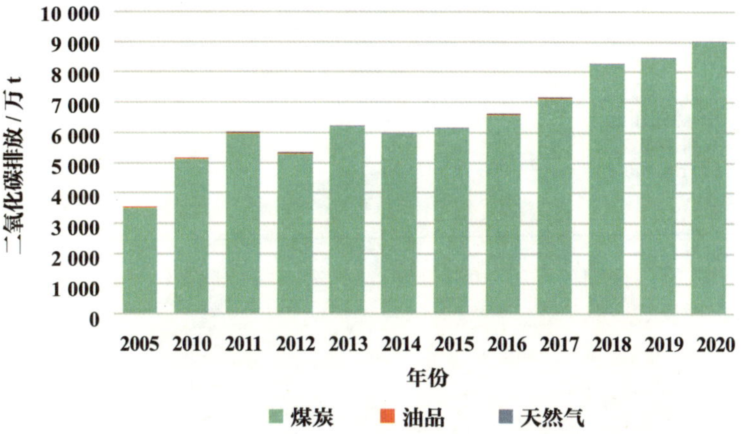

图8-1　能源生产与加工转换领域二氧化碳排放

2. 工业和建筑业

2020年，江西省工业和建筑业领域的化石能源消费二氧化碳排放相对于2010年增幅为18.8%，排放总量大、占比高，但增速较慢。近5年，工业和建筑业领域的化石能源消费二氧化碳排放进入平台期，并呈缓慢下降趋势，排放结构以燃煤为主，煤炭排放占92.36%，油品排放占3.98%，天然气排放占3.66%（图8-2）。未来，工业和建筑业的二氧化碳排放将会趋缓。

图8-2　工业和建筑业领域化石能源消费二氧化碳排放

工业领域（不含电力间接排放）的化石能源消费二氧化碳排放主要来源于钢铁、水泥、其他制造业及化工行业。2020 年，黑色金属冶炼和压延加工业占比 51.76%，非金属矿物制品业占比 36.98%，石油、煤炭及其他燃料加工业占比 3.04%，化学原料和化学制品制造业占比 1.41%，有色金属冶炼和压延加工行业占比 1.88%，其他工业制造业占比 4.93%（图 8-3）。钢铁、水泥和建筑陶瓷行业是工业部门最主要的排放源。

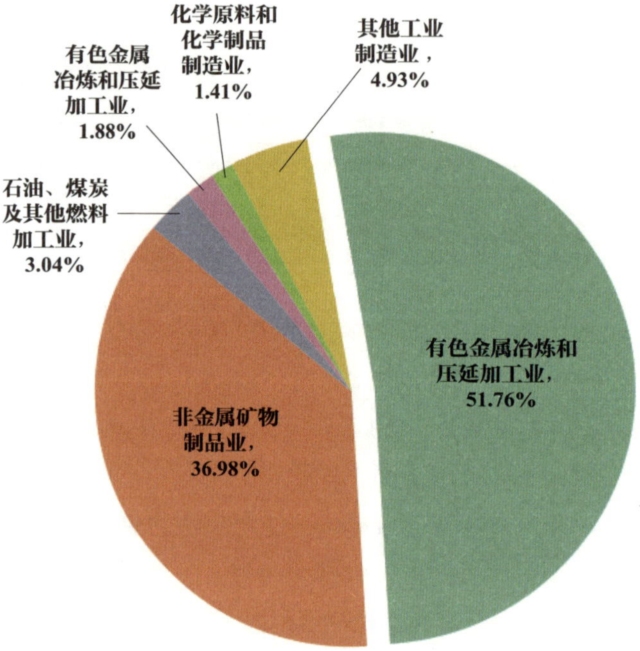

图 8-3　2020 年工业和建筑业分行业化石能源消费碳排放占比

3. 交通运输

2020 年，江西省交通运输领域化石能源二氧化碳排放比 2010 年增长 104.7%，年均增速为 4.56%。由于交通运输结构的优化，近 10 年来交通运输领域碳排放的增速略低于能源消费量的增速。2020 年，交通运输领域的排放结构以油品燃烧排放为主，占比 97.48%，天然气燃烧排放占比较低，仅为 2.05%。交通运输领域排放增长较快，排放增速较为稳定，主要排放源为营运公路运输和非营运交通（含私家车等民用汽车），2020 年两者排放占比分别为 55.49% 和 30.68%（图 8-4）。未来交通运输领域排放会有较大的增长潜力，随着交通电动化的实施，一部分二氧化碳排放量将会转移至能源生产与加工转换领域，从而会加重后者的减排压力。

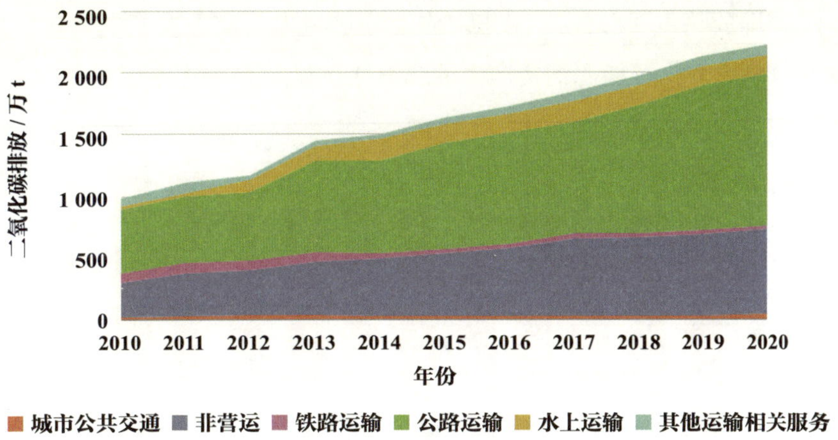

图 8-4　交通运输领域化石能源消费二氧化碳排放

4. 服务业及其他

2020 年，江西省服务业及其他领域的化石能源消费二氧化碳排放相对于 2010 年增幅为 47.0%，排放不高、占比小，但增速较快。近 5 年该领域化石能源消费二氧化碳排放出现明显峰值，排放量呈明显下降趋势，排放结构以油品为主，天然气消费排放呈现明显增长（图 8-5）。2020 年，油品排放占 47.99%，煤炭排放占 27.14%，天然气排放占 24.87%。未来，服务业及其他领域的终端用能设备将持续增大电气化比例，化石能源消费二氧化碳排放预计将出现持续下降的趋势。

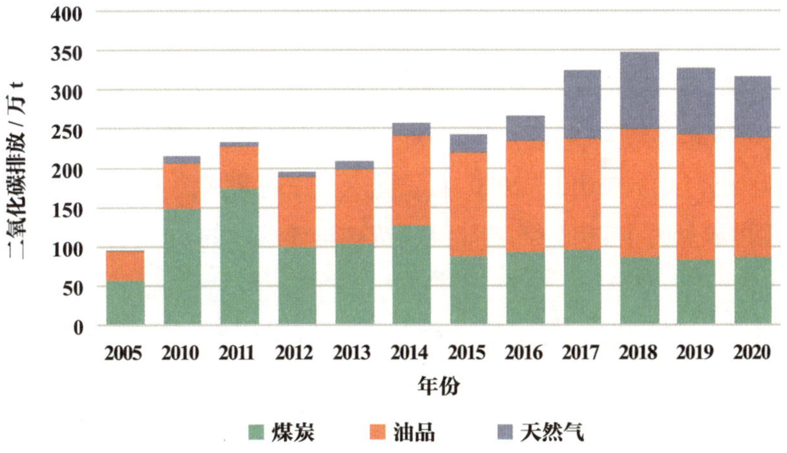

图 8-5　服务业及其他部门化石能源消费二氧化碳排放

5. 农业

2020 年，江西省农业领域化石能源消费二氧化碳排放相对于 2010 年增幅为 3.5%，排放占比小，增长缓慢。近年来，农业领域的化石能源消费二氧化碳排放几乎持平，没有太大变化，排放结构以油品为主（图 8-6）。2020 年，油品排放占

77.78%，煤炭排放约占 22.22%。未来，农业领域将大力实现农机电气化，化石燃料排放将被电力替代，化石能源消费产生的二氧化碳排放将会逐渐变少。

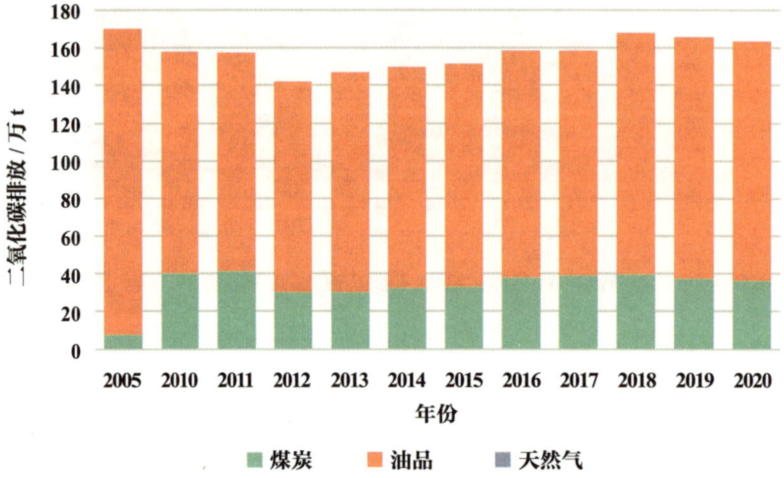

图 8-6　农业领域化石能源消费二氧化碳排放

8.2　工业领域碳排放变化特征

8.2.1　总体情况

1. 碳排放总量变化

2010—2020 年，工业领域能源消费碳排放量持续上升，2015 年之后排放增速趋缓。工业领域能源消费碳排放占能源消费总碳排放的比例由 2010 年的 76.5% 降至 2020 年的 68.3%，下降近 10 个百分点；占比出现先上升后下降的趋势，2010—2012 年小幅升至 77.4%，2013—2020 年呈整体下降趋势（图 8-7）。2020 年工业领域能源消费碳排放量为 1.47 亿 t，占能源消费碳排放总量的 68.3%。

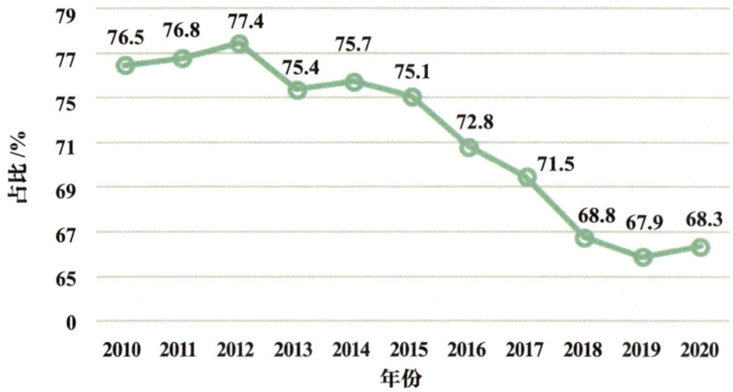

图 8-7　工业领域能源消费碳排放占比（含电力间接排放）

2. 碳排放结构变化

2010—2020 年，工业领域碳排放中，煤炭燃烧排放呈先升后降的趋势，2015 年达到排放峰值，2016 年之后呈稳定下降趋势；油品燃烧排放有所波动，总体也是呈先升后降的趋势，2013 年达到排放峰值 582 万 t，之后整体呈下降趋势，2017 年有波动上升，2020 年降至 259 万 t；天然气燃烧排放呈整体上升趋势，由 2010 年的 55 万 t 升至 321 万 t；电力消费排放也呈整体上升趋势，由 2010 年的 3 423 万 t 升至 5 405 万 t。

2010—2020 年，工业领域分能源品种排放占比也出现明显变化（图 8-8）：煤炭燃烧排放占比同样呈先升后降的趋势，2012 年排放占比最高，达到 66%，随后出现波动，至 2015 年达 65.5%，之后呈稳步下降趋势，2020 年为 55%；油品燃烧排放占比在波动中持续下降，由 2010 年的 4.83% 降至 2020 年的 1.76%；天然气燃烧排放占比由 2010 年的 0.49% 升至 2020 年的 2.18%；电力消费排放占比由 2010 年的 30.94% 波动升至 2020 年的 36.71%。这 10 年，工业领域能源消费结构逐渐向清洁化、低碳化转变，成效显著。

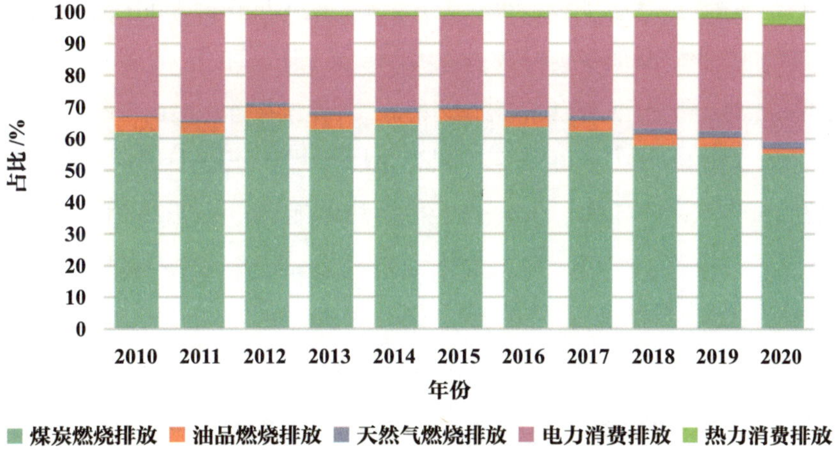

图 8-8　工业领域分能源品种排放占比

3. 万元增加值碳排放变化

2010—2020 年，工业领域万元增加值碳排放除 2015 年有微小波动外，整体呈下降趋势，由 2010 年的 2.56 tCO_2/ 万元降至 2020 年的 1.64 tCO_2/ 万元，下降了 35.94%，年均下降 4.3%（图 8-9）。

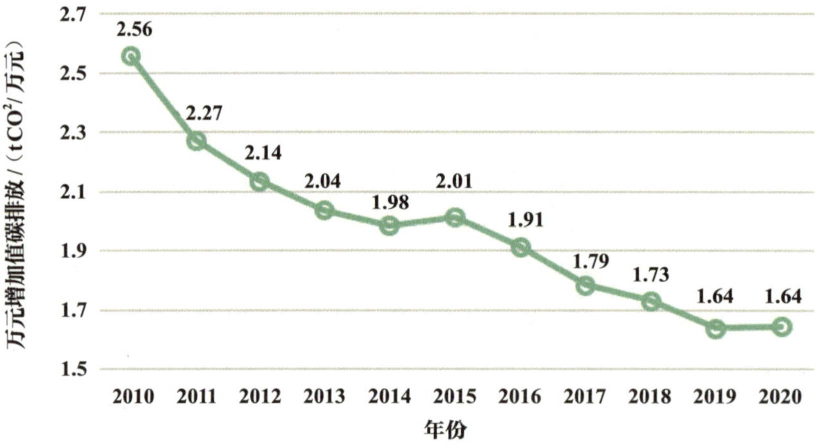

图 8-9 工业领域万元增加值碳排放

8.2.2 黑色金属冶炼和压延加工业

1. 碳排放总量变化

2010—2020 年，黑色金属冶炼和压延加工业能源消费碳排放量呈先升后降再上升的趋势，2012 年达到排放峰值 5 215 万 t CO_2，之后逐渐降至 2016 年的 4 687 万 tCO_2，2017 年之后排放量再次上升，到 2020 年升至 5 001 万 tCO_2。黑色金属冶炼和压延加工业能源消费碳排放占能源消费总碳排放的比例呈先升后降的趋势，由 2010 年的 25.5% 先升至 2012 年的 32.10%，再逐渐降至 2020 年的 23.21%，下降近 10 个百分点（图 8-10）。2020 年，黑色金属冶炼和压延加工业能源消费碳排放量（含电力间接排放）为 5 001 万 t，占能源消费碳排放总量的 23.21%。

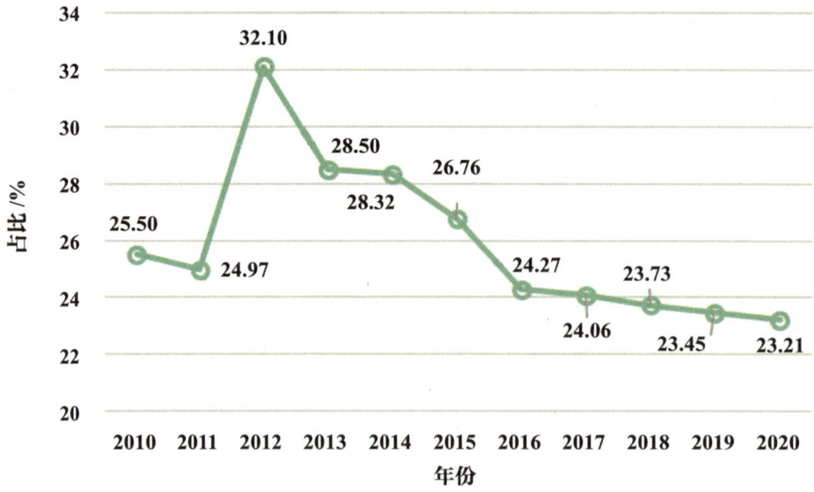

图 8-10 黑色金属冶炼与压延加工业能源消费碳排放占比（含电力间接排放）

2. 碳排放结构变化

2010—2020 年，黑色金属冶炼与压延加工业能源消费碳排放中，煤炭燃烧排放呈先升后降的趋势，2012 年达到排放峰值 4 842 万 t，2013 年之后呈波动下降趋势，2020 年降至 4 473 万 t；油品燃烧排放在 2010 年和 2020 年波动较大，2011—2019 年排放量为 2 万 t 左右，2020 年排放量为 15 万 t；天然气燃烧排放整体在 1 万 t 及以下波动，2020 年排放量为 1 万 t；电力消费排放在 350 万～ 500 万 t 之间波动，由 2010 年的 452 万 t 升至 2020 年的 505 万 t。

2010—2020 年，黑色金属冶炼与压延加工业分能源品种排放占比也出现明显变化（图 8-11）：煤炭燃烧排放占比同样呈先升后降的趋势，2015 年排放占比最高，达到 93.02%，2016 年之后呈稳步下降的趋势，2020 年为 89.43%；油品燃烧排放占比在 2010 年和 2020 年波动较大，2011—2019 年占比为 0.04% ～ 0.05%，2020 年占比为 0.3%；天然气燃烧排放占比始终小于 0.03%；电力消费排放占比在 2010 年和 2020 年波动较大，2011—2019 年占比为 7% ～ 8%，2020 年占比为 10.09%。10 年间，钢铁行业能源消费结构变化不大，仍然以煤炭燃烧排放为主，亟须氢能炼钢技术的突破才能有效减少煤炭燃烧排放。

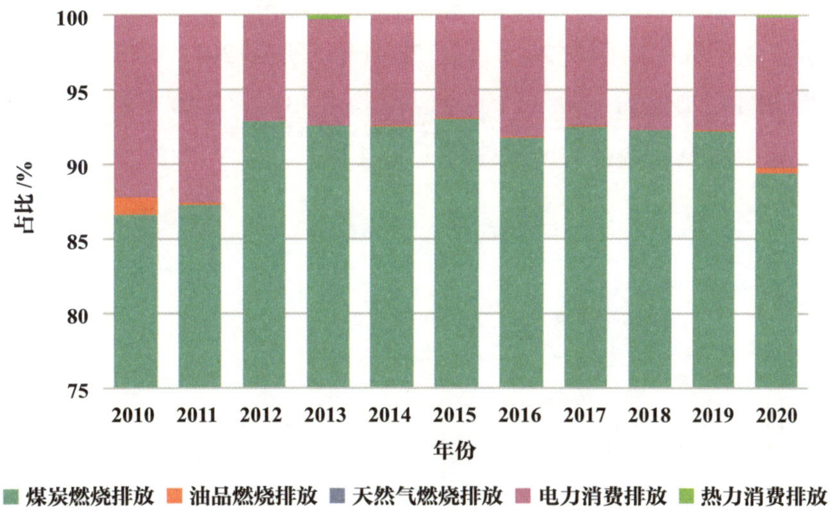

图 8-11　黑色金属冶炼与压延加工业分能源品种排放占比

3. 万元增加值碳排放变化

2010—2020 年，黑色金属冶炼与压延加工业万元增加值碳排放整体呈波动下降的趋势，由 2010 年的 23.17 tCO_2/ 万元先升至 2012 年的 29.28 tCO_2/ 万元，再波动降至 2020 年的 21.96 tCO_2/ 万元，整体下降 5%，年均下降 0.54%（图 8-12）。

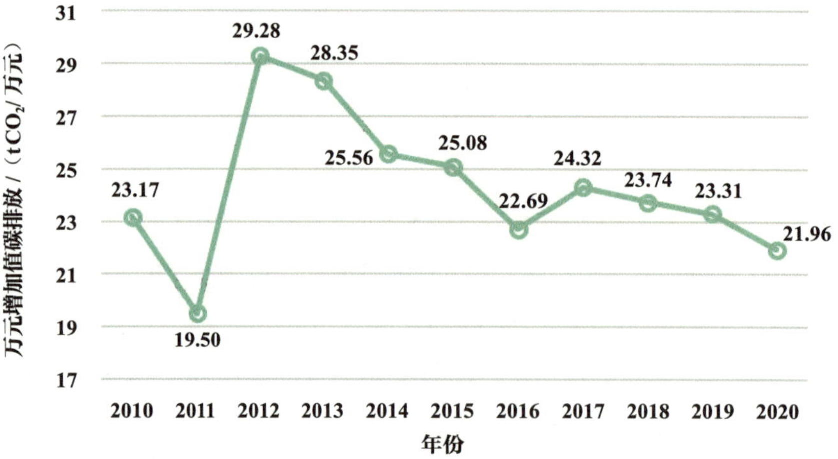

图 8-12　黑色金属冶炼与压延加工业万元增加值碳排放

8.2.3　非金属矿物制品业

1. 碳排放总量变化

2010—2020 年，非金属矿物制品业能源消费碳排放量呈多次起伏的趋势，2011 年达到排放峰值 4 070 万 t，2012 年降至 3 193 万 t，之后再升至 2015 年的 3 978 万 t，2016 年之后开始波动，2020 年达到 4 153 万 t。非金属矿物制品业能源消费碳排放占能源消费总碳排放的比例由 2010 年的 23.41% 先升至 2011 年的 25.16%，再波动降至 2020 年的 19.28%，下降近 6 个百分点（图 8-13）。2020 年，非金属矿物制品业能源消费碳排放量（含电力间接排放）为 4 153 万 t，占能源消费碳排放总量的 19.28%。

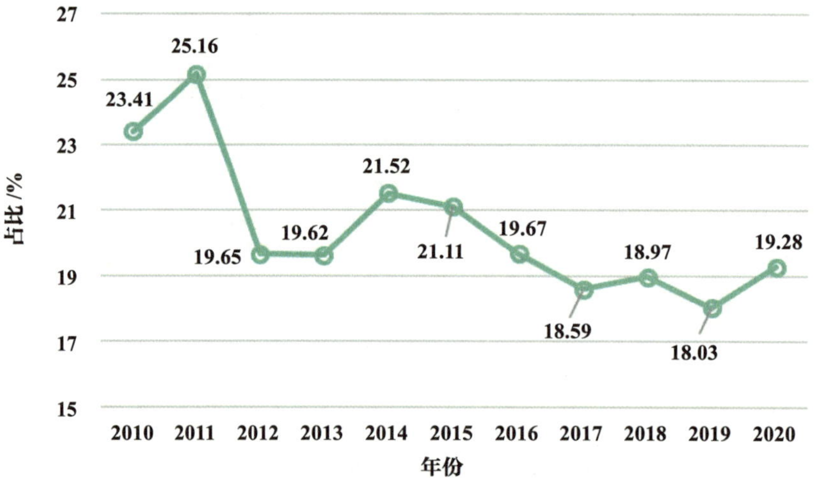

图 8-13　非金属矿物制品业能源消费碳排放占比（含电力间接排放）

2. 碳排放结构变化

2010—2020 年，非金属矿物制品业能源消费碳排放中，煤炭燃烧排放呈先升后降的趋势，2011 年达到排放峰值 3 253 万 t，2012 年之后呈波动趋势，2015 年达到小波峰 3 210 万 t，再波动下降，2020 年再次升至 3 048 万 t；油品燃烧排放在 2016 年和 2018 年出现两次波峰，2020 年排放量下降为 27 万 t；天然气燃烧排放在 2016 年出现一次峰值，排放量达 179 万 t，之后波动降至 2020 年的 132 万 t；电力消费排放在波动中上升，由 2010 年的 445 万 t 升至 2020 年的 944 万 t，涨幅超 100%。

2010—2020 年，非金属矿物制品业分能源品种排放占比也出现明显变化（图 8-14）：煤炭燃烧排放占比在波动中呈整体下降趋势，由 2010 年的 84.45% 逐渐波动降至 2020 年的 73.41%，下降约 11 个百分点；油品燃烧排放占比由 2010 年的 1.04% 逐渐波动降至 2020 年的 0.65%；天然气燃烧排放占比由 2010 年的 1.38% 逐渐波动升至 2020 年的 3.19%；电力消费排放占比由 2010 年的 13.12% 波动升至 2020 年的 22.73%。10 年间，建材行业能源消费结构有微小变化，总体仍然以煤炭燃烧排放为主，天然气燃烧排放、电力消费排放有所上升，未来的减排重点仍然是煤炭燃烧排放的削减。

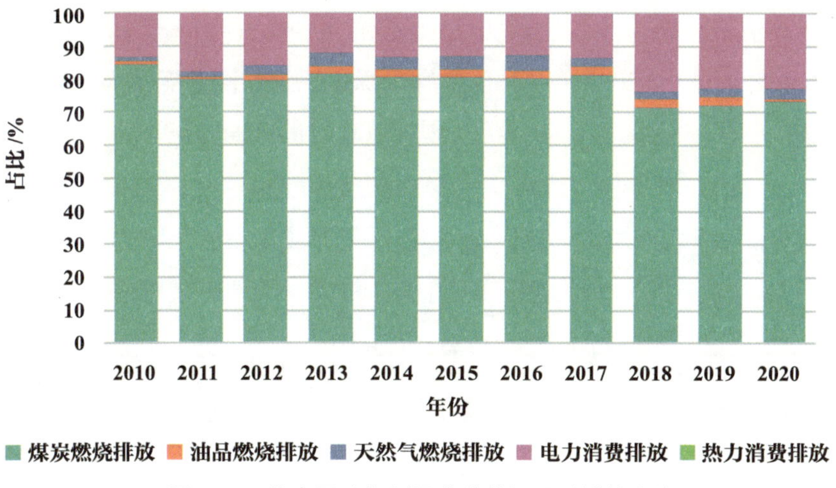

图 8-14　非金属矿物制品业分能源品种排放占比

3. 万元增加值碳排放变化

2010—2020 年，非金属矿物制品业万元增加值碳排放整体呈波动下降的趋势，由 2010 年的 12.75 tCO_2/ 万元波动降至 2020 年的 4.62 tCO_2/ 万元，整体下降 64%，年均下降 9.66%（图 8-15）。

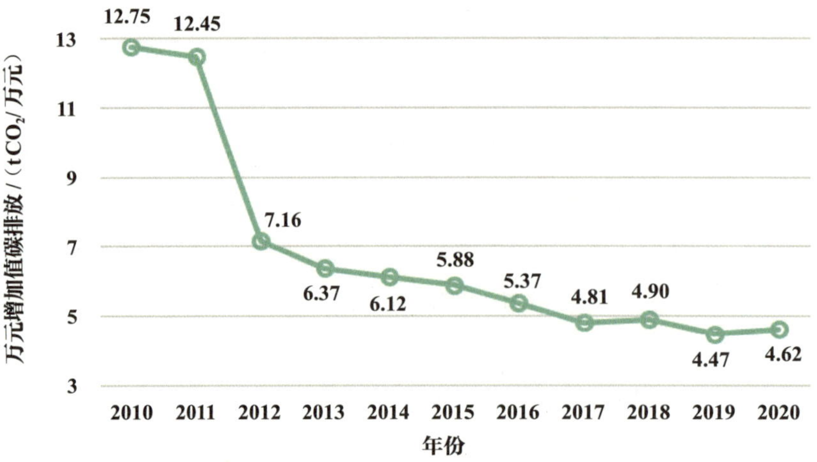

图 8-15　非金属矿物制品业万元增加值碳排放

8.2.4　有色金属冶炼和压延加工业

1. 碳排放总量变化

2010—2020 年，有色金属冶炼和压延加工业能源消费碳排放量呈先稳定下降再略有上升的趋势，由 2010 年的 621 万 tCO_2 升至 2017 年的排放峰值 958 万 tCO_2，之后排放量快速降至 2020 年的 482 万 tCO_2。有色金属冶炼和压延加工业能源消费碳排放占能源消费总碳排放的比例由 2010 年的 4.29% 波动降至 2020 年的 2.24%，降幅达 48%（图 8-16）。2020 年，有色金属冶炼和压延加工业能源消费碳排放量（含电力间接排放）为 482 万 t，占能源消费碳排放总量的 2.24%。

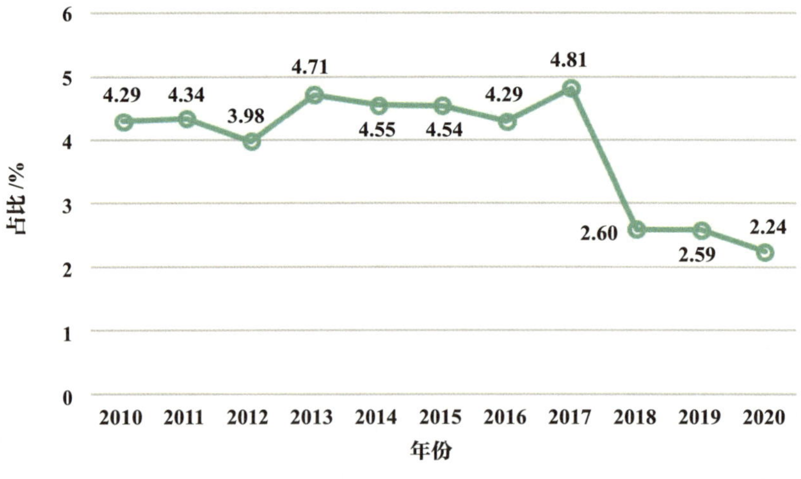

图 8-16　有色金属冶炼和压延加工业能源消费碳排放占比（含电力间接排放）

2. 碳排放结构变化

2010—2020 年，有色金属冶炼和压延加工业能源消费碳排放中，煤炭燃烧排放呈先升后降的趋势，2015 年达到排放峰值 321 万 t，2015 年之后排放量呈稳定下降趋势，2018—2020 年迅速降至 83 万 t；油品燃烧排放在 2010—2020 年呈整体下降趋势，由 2010 年的 128 万 t 降至 2020 年的 13 万 t，其中 2020 年下降最为迅速；天然气燃烧排放在呈稳定增长趋势，由 2010 年的 0.8 万 t 升至 2020 年的 66 万 t；电力消费排放总体呈先升后降的趋势，2013 年达到 558 万 t，再波动降至 2020 年的 307 万 t。有色金属冶炼和压延加工业通过持续的煤改气、油改气实现了非常显著的减排效果。

2010—2020 年，有色金属冶炼和压延加工业分能源品种排放占比也出现明显变化（图 8-17）：煤炭燃烧排放占比同样出现先升后降的趋势，2016 年排放占比最高，达到 38.13%，之后呈稳步下降趋势，2020 年为 17.28%；油品燃烧排放占比由 2010 年的 20.66% 波动降至 2020 年的 2.78%；天然气燃烧排放占比则持续上升，2020 年达到 13.77%；电力消费排放占比波动较大，由 2010 年的 57.10% 波动至 2020 年的 63.64%。10 年间，有色行业能源消费结构发生了较大变化，清洁能源利用比例持续提升。

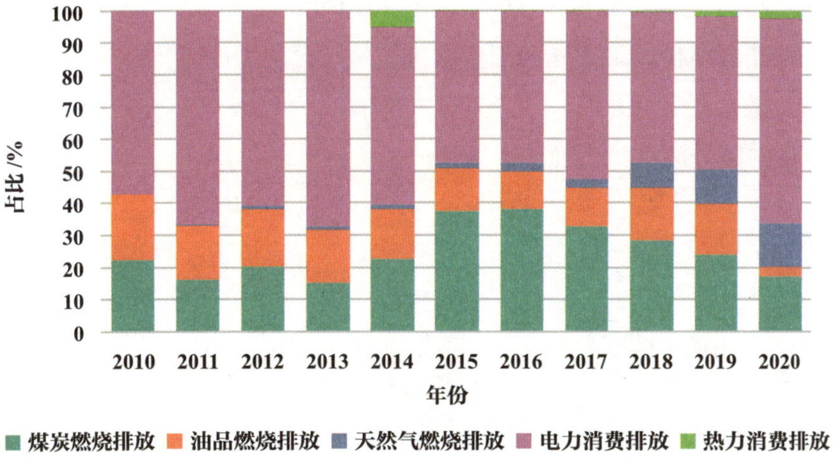

图 8-17　有色金属冶炼和压延加工业分能源品种排放占比

3. 万元增加值碳排放变化

2010—2020 年，有色金属冶炼和压延加工业万元增加值碳排放整体呈波动中稳定下降的趋势，由 2010 年的 1.69 tCO_2/ 万元降至 2020 年的 0.44 tCO_2/ 万元，整体下降 74%，年均下降 12.54%（图 8-18）。

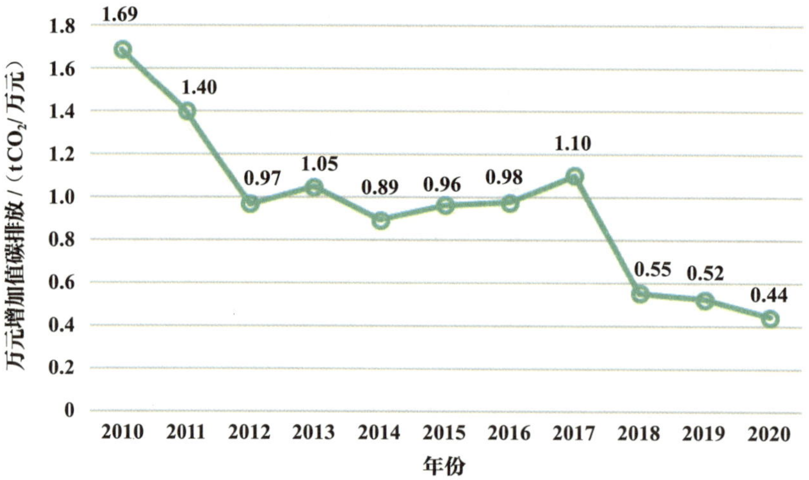

图 8-18　有色金属冶炼和压延加工业万元增加值碳排放

8.2.5　石油、煤炭及其他燃料加工业

1. 碳排放总量变化

2010—2020 年，石油、煤炭及其他燃料加工业能源消费碳排放量呈先升后降的趋势，2016 年达排放峰值 487 万 tCO_2，之后排放量降至 2020 年的 405 万 tCO_2。石油、煤炭及其他燃料加工业能源消费碳排放占能源消费总碳排放的比例由 2010 年的 1.97% 先升至 2016 年的 2.52%，再波动降至 2020 年的 1.88%（图 8-19）。2020 年，石油、煤炭及其他燃料加工业能源消费碳排放量（含电力间接排放）为 405 万 t，占能源消费碳排放总量的 1.88%。“十四五”期间，九江石化将投产建设二期项目，预计石化行业的碳排放量将出现较大增长。

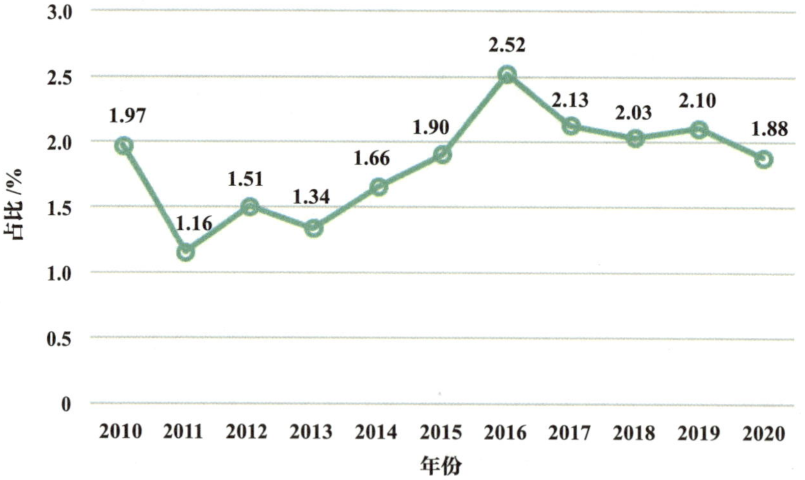

图 8-19　石油、煤炭及其他燃料加工业能源消费碳排放占比（含电力间接排放）

2. 碳排放结构变化

2010—2020 年，石油、煤炭及其他燃料加工业能源消费碳排放中，煤炭燃烧排放呈先升后降的趋势，2016 年达到排放峰值 170 万 t，2017 年之后排放量在 110 万～130 万 t 波动，2020 年为 119 万 t；油品燃烧排放持续波动，2020 年排放量为 144 万 t；天然气燃烧排放先波动上升再下降，2015 年才开始使用天然气，之后排放量逐渐升至 2018 年的 9.75 万 t，随后又降到 2020 年的 1.57 万 t；电力消费排放先由 2010 年的 46 万 t 升至 2016 年的 80 万 t，再降至 2020 年的 49 万 t。

2010—2020 年，石油、煤炭及其他燃料加工业分能源品种排放占比也出现明显变化（图 8-20）：煤炭燃烧排放占比呈先降后升再下降的趋势，由 2010 年的 16.06% 降至 2013 年的 2.48%，再升至 2016 年的 35.00%，之后波动降至 2020 年的 29.35%；油品燃烧排放占比在 2010 年和 2020 年波动较大，整体呈先升后降的趋势，2020 年占比为 35.42%；天然气燃烧排放占比由 2015 年的 0.44% 先升至 2018 年的 2.3%，再降至 2020 年的 0.39%；电力消费排放在波动中下降，由 2010 年的 16.05% 降为 2020 年的 12.19%。

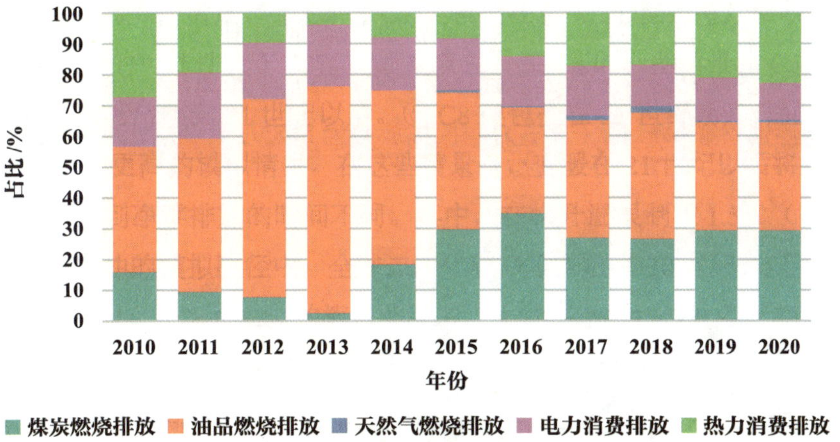

图 8-20 石油、煤炭及其他燃料加工业分能源品种排放占比

3. 万元增加值碳排放变化

2010—2020 年，石油、煤炭及其他燃料加工业万元增加值碳排放整体呈波动下降的趋势，由 2010 年的 3.65 tCO_2/ 万元先升至 2015 年的 4.30 tCO_2/ 万元，再波动降至 2020 年的 3.04 tCO_2/ 万元，整体下降 17%，年均下降 1.81%（图 8-21）。

图 8-21　石油、煤炭及其他燃料加工业万元增加值碳排放

8.2.6　化学原料和化学制品制造业

1. 碳排放总量变化

2010—2020 年，化学原料和化学制品制造业能源消费排放量呈先升后降的趋势，2017 年达到排放峰值 894 万 tCO_2，之后波动降至 2020 年的 508 万 tCO_2。化学原料和化学制品制造业能源消费碳排放占能源消费总碳排放的比例由 2010 年的 4.58% 持续降至 2020 年的 2.36%，下降 2 个百分点（图 8-22）。2020 年，化学原料和化学制品制造业能源消费碳排放量（含电力间接排放）为 508 万 t，占能源消费碳排放总量的 2.36%。

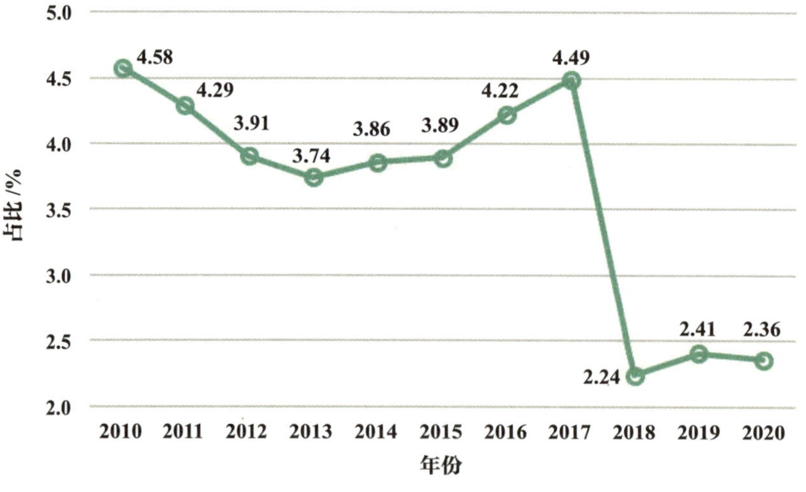

图 8-22　化学原料和化学制品制造业能源消费碳排放占比（含电力间接排放）

2. 碳排放结构变化

2010—2020 年，化学原料和化学制品制造业能源消费碳排放中，煤炭燃烧排放呈先升后降的趋势，2017 年达到排放峰值 391 万 t，之后呈波动下降的趋势，2020 年降至 86 万 t；油品燃烧排放先由 2010 年的 5 万 t 波动升至 2013 年的 20 万 t，再稳步降至 2020 年的 1 万 t；天然气燃烧排放整体在波动中上升，由 2010 年的 5 万 t 升至 2020 年的 35 万 t；电力消费排放在波动中由 2010 年的 383 万 t 降至 2020 年的 262 万 t；热力消费排放在波动中由 2010 年的 51 万 t 升至 2020 年的 124 万 t。

2010—2020 年，化学原料和化学制品制造业分能源品种排放占比也出现明显变化（图 8-23）：煤炭燃烧排放占比同样呈先升后降趋势，2016 年排放占比最高，达到 45.47%，之后呈迅速下降趋势，2020 年为 16.89%；油品燃烧排放占比由 2010 年的 2.13% 先升至 2013 年的 3.07%，再波动降至 2020 年的 0.26%；天然气燃烧排放占比由 2010 年的 0.72% 持续升至 2020 年的 6.93%；电力消费排放占比在 2016 年达到峰值 61.11%，后在 41% ～ 52% 之间波动，2020 年达到 51.57%；热力消费排放占比由 2010 年的 7.63% 波动升至 2020 年的 24.36%。

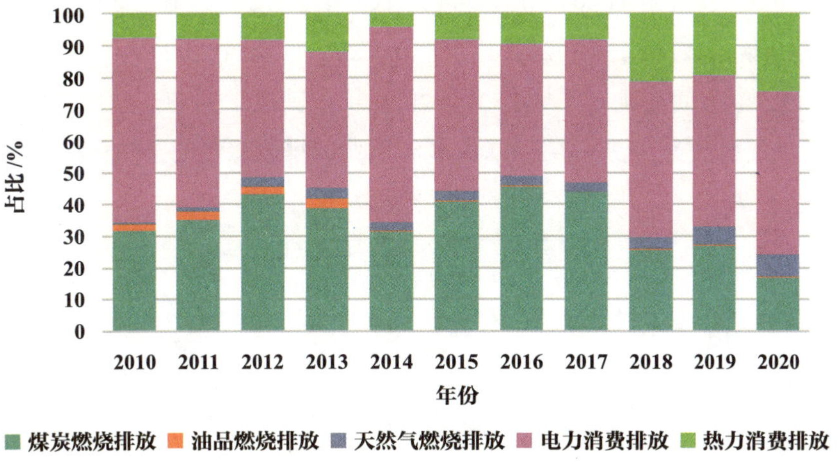

图 8-23　化学原料和化学制品制造业分能源品种排放占比

3. 万元增加值碳排放变化

2010—2020 年，化学原料和化学制品制造业万元增加值碳排放整体呈波动下降的趋势，由 2010 年的 2.48 tCO_2/ 万元持续降至 2020 年的 0.54 tCO_2/ 万元，整体下降 78%，年均下降 14.12%（图 8-24）。

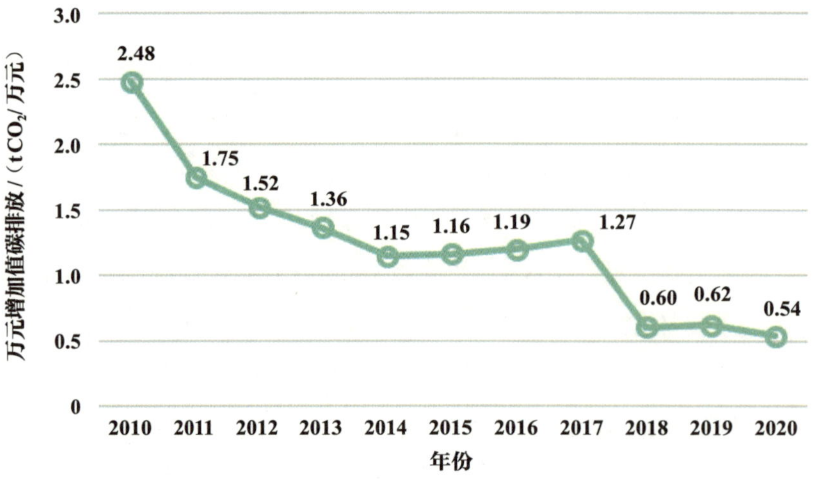

图 8-24　化学原料和化学制品制造业万元增加值碳排放

8.2.7　其他工业制造业

1. 碳排放总量变化

2010—2020 年，其他工业制造业[1]能源消费排放量呈整体波动上升的趋势，由 2010 年的 1 505 万 t 升至 2020 年的 2 544 万 tCO_2。其他工业制造业能源消费碳排放占能源消费总碳排放的比例由 2010 年的 10.40% 波动升至 2020 年的 11.81%，基本在 10% ～ 12.5% 之间波动（图 8-25）。2020 年，其他工业制造业能源消费碳排放量（含电力间接排放）为 2 544 万 t，占能源消费碳排放总量的 11.81%。

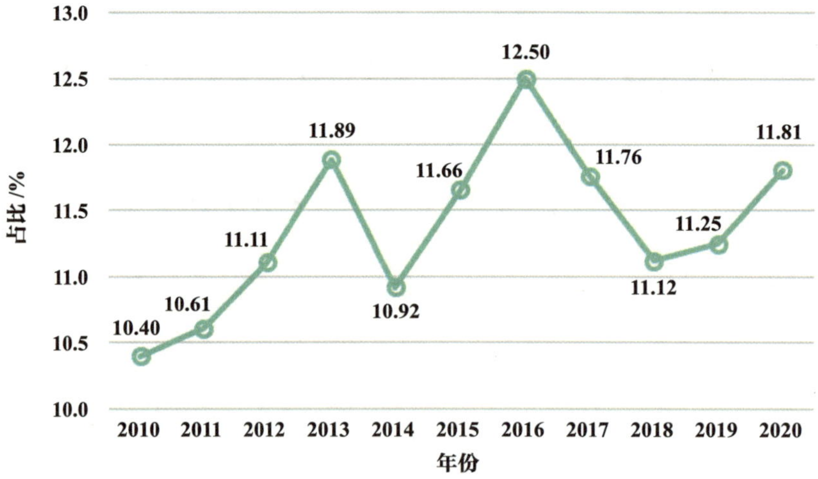

图 8-25　其他工业制造业能源消费碳排放占比（含电力间接排放）

[1] 其他工业制造业即黑色金属冶炼和压延加工业，非金属矿物制品业，有色金属冶炼和压延加工业，石油、煤炭及其他燃料加工业，化学原料和化学制品制造业 5 个行业之外的工业制造业。

2. 碳排放结构变化

2010—2020 年，其他工业制造业能源消费碳排放中，煤炭燃烧排放呈先升后降的趋势，2016 年达到排放峰值 566 万 t，之后迅速降至 2020 年的 199 万 t；油品燃烧排放由 2010 的 97 万 t 升至 2017 年的 161 万 t，再迅速降至 2020 年的 47 万 t；天然气燃烧排放整体由 2010 年的 2.13 万 t 稳步升至 2020 年的 81 万 t；电力消费排放由 2010 年的 1 036 万 t 稳步升至 2020 年的 1 840 万 t；热力消费排放由 2010 年的 45 万 t 波动升至 2020 年的 377 万 t。

2010—2020 年，其他工业制造业分能源品种排放占比也出现明显变化（图 8-26）：煤炭燃烧排放占比同样呈先升后降趋势，先波动升至 2016 年的 23.47%，之后再迅速降至 2020 年的 7.8%；油品燃烧排放占比 2010—2019 年始终在 5% ～ 6% 之间波动，2020 年降至 1.84%；天然气燃烧排放占比由 2010 年 0.14% 稳步升至 2020 年的 3.19%；电力消费排放占比则由 2010 年的 68.84% 波动升至 2020 年的 72.33%；热力消费排放 2010—2019 年在 5% 以下波动，2020 年突然增至 14.83%。其他工业制造业能源消费排放以电力消费排放为主，10 年间，江西省努力优化产业结构，重点发展战略性新兴产业，使其他工业制造业清洁能源利用比例持续提升。

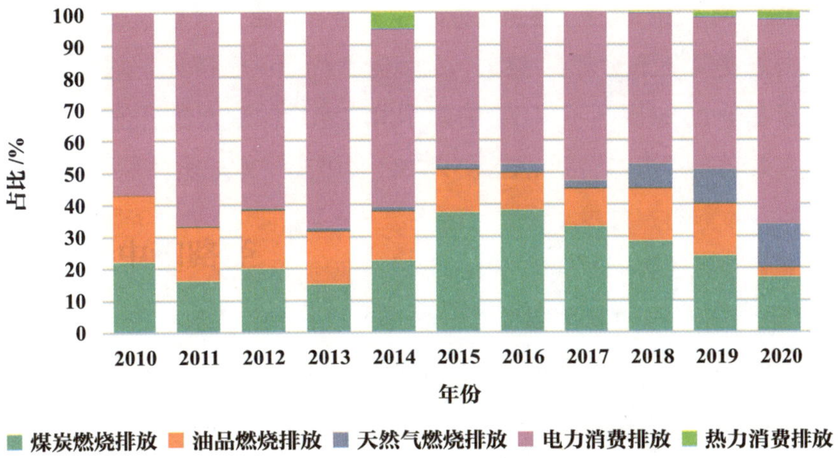

图 8-26　其他工业制造业分能源品种排放占比

3. 万元增加值碳排放变化

2010—2020 年，其他工业制造业万元增加值碳排放呈稳定下降趋势，由 2010 年的 0.77 tCO_2/ 万元降至 2020 年的 0.35 tCO_2/ 万元，整体下降 55%，年均下降 7.49%（图 8-27）。

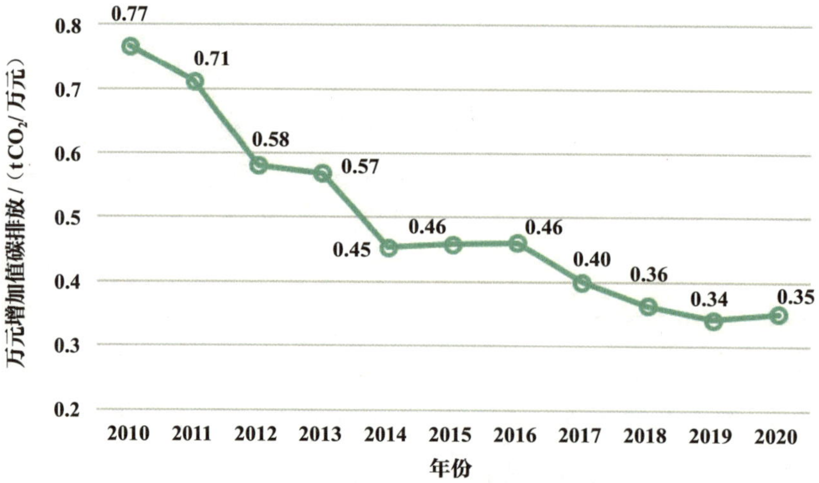

图 8-27　其他工业制造业万元增加值碳排放

9

江西省碳排放达峰状态和驱动力分析

9.1 达峰状态判断

经过二氧化碳排放达峰状态判断模块分析，江西省仍旧处于未达峰阶段。对江西省内各城市二氧化碳排放状态的判断见图 9-1。从模型判断结果来看，就历史碳排放而言，江西省各城市中仅新余市处于碳排放平台期，其余城市均处于未达峰阶段。新余市的直接排放和总排放均在 2011 年达到峰值（分别为 2 603 万 t 和 2 704 万 t），随后进入波动下降过程，在 2019—2020 年出现上升的情况。江西省的其他城市，如南昌、景德镇、鹰潭、赣州等，其碳排放在 2005—2020 年呈快速上升态势，峰值出现在 2019 年或者 2020 年，无法满足统计学检验的条件，因此处于未达峰阶段。萍乡市在 2011 年出现了一个排放高点，随后在 2011—2015 年出现下降，但在 2015—2017 年又出现上升，历史峰值出现在 2017 年，随后呈波动下降，由于其峰值出现在 2017 年，随后的数据点过少，无法满足统计学检验的条件，判断仍处于未达峰阶段。

9.2 排放驱动力分析

9.2.1 全省排放驱动力分析

对江西省 2005—2020 年能源活动碳排放变化进行定量分解，按照 2005—2010 年、2011—2015 年和 2016—2020 年这 3 个阶段展开分析，具体结果见表 9-1，其中橙黄色代表正效应，绿色代表负效应，且颜色越深效应越大。图 9-2 展示了江西省 2005—2020 年的碳排放变化情况及 LMDI 分解结果。

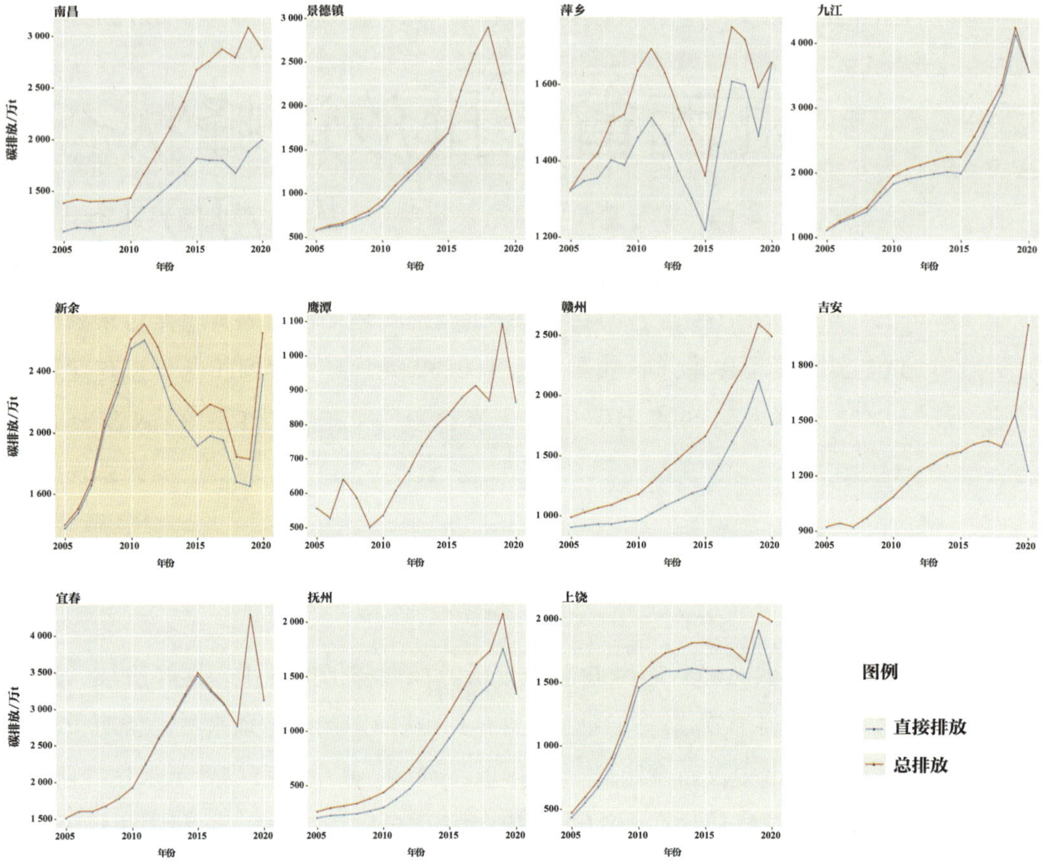

图 9-1 江西省各城市二氧化碳排放达峰状态判断

表 9-1 2005—2020 年江西省碳排放驱动 LMDI 分解结果

单位：万 t

LMDI 分解	江西省总体		
	2005—2010 年	2011—2015 年	2016—2020 年
碳排放变化量	5 096	4 078	3 035
人口效应	393	82	145
人均地区生产总值效应	6 687	7 994	7 085
产业结构效应	925	−1 199	−1 840
能源强度效应	−2 831	−2 679	−2 334
能源结构效应	−78	−120	−21

注：橙黄色为碳排放增长促进因素，绿色为碳排放增长抑制因素。

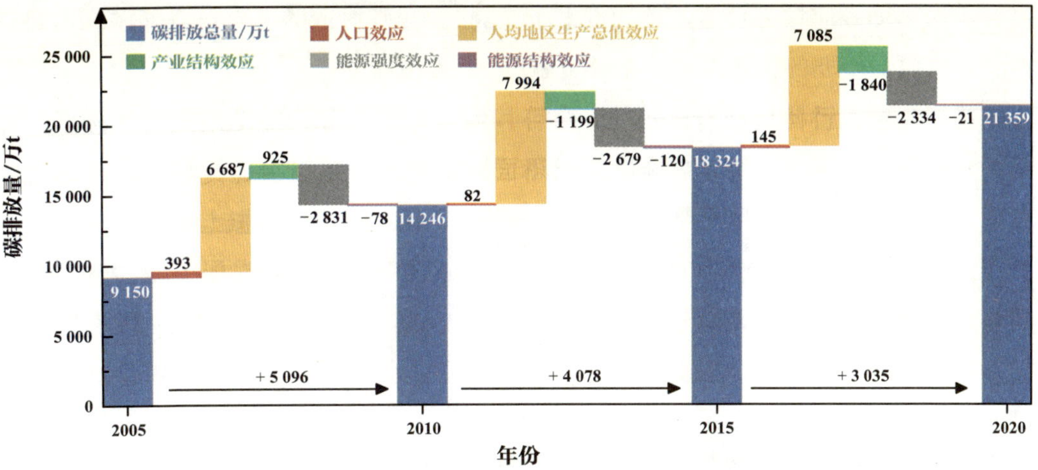

图 9-2 江西省 2005—2020 年碳排放驱动因素分解

首先，经济发展是碳排放增长的决定因素，人均地区生产总值效应带动碳排放增量为 21 766 万 t。2005—2020 年，江西省内生产总值从 3 941 亿元增至 25 691 亿元，实际地区生产总值增至 17 404 亿元。而人口数量则相对稳定，由 4 311 万人增至 4 519 万人，人均地区生产总值从 2005 年的 0.91 万元升至 3.85 万元。经济发展是碳排放增加最主要的拉动因素，人均地区生产总值效应合计带动碳排放增长 21 766 万 t，占碳排放总量变化的 178%，而由于人口数量相对稳定，人口效应贡献相对较小，仅贡献增长 620 万 t，占比 5.1%。

其次，产业结构调整对碳排放降低的成效较为显著，总计贡献了 2 114 万 t 减排量。2005—2020 年，江西省产业结构中第三产业占比逐步增加，工业内部建材、有色等高耗能行业的占比下降，工业内部行业结构有一定优化。其中，虽然 2005—2010 年的产业结构优化不足以导致碳排放量上升 925 万 t，但是随着时间变化，产业结构不断地进行调整优化，其促降效应逐渐增强。2011—2020 年，碳排放总量下降了 3 039 万 t，其中 2014—2018 年最为显著，带来了 2 409 万 t 的碳排放下降量，这也证明了江西省的产业结构调整成效较为显著。总体而言，产业结构是江西省碳排放的重要促降因素，合计带动碳排放量减少了 2 114 万 t，累计贡献度为 -17.3%。未来，江西省应进一步优化产业结构，加大淘汰落后产能和节能减排的力度，以提高产业结构优化对碳排放的抑制性贡献。

再次，能源强度是江西省碳排放主要的促降因素，累计带来了 7 844 万 t 减排量。由于技术进步，江西省 2005—2020 年所有部门（除交通部门）的能耗强度均不断下降。对能源消费强度变化导致碳排放变化而言，除 2009—2010 年和 2014—2015 年外，其余年份变动效应均为负值，累计带来了 7 844 万 t 碳排放的下降量。能源强度是江西省碳排放最主要的促降因素，累计贡献度为 −64.3%。

最后，能源结构优化对碳排放下降作用明显，但实际由能源结构调整降低的碳排放量较低，仅有 219 万 t 减排量。能源结构调整因素单指由部门行业内部用能结构的变化带来的碳排放量变化。对于江西省而言，部分行业用能结构相对比较固定，能源结构调整带来碳排放量的变化相对较小，2005—2020 年累计仅带来 219 万 t 的碳排放下降量，占比 1.8%。这主要是因为江西省的能源结构一直没有得到有效改善，没有发挥出应有的作用，因此未来必须进一步调整能源占比，优化能源结构，以降低江西省人均碳排放。

2005—2020 年，江西省碳排放量上升的主要影响因素为经济发展，即人均 GDP 对碳排放的拉动作用，而抑制碳排放的主要因素是产业结构与能源强度的优化调整。人口效应和能源结构效应对于碳排放的影响不大，相对意义较小。随着经济的不断发展，生态压力将进一步加大，江西省应进一步由注重经济发展速度向高质量经济发展模式转变，调整优化产业结构与能源强度，同时进一步挖掘能源结构对碳减排的潜力，大力开发新能源，使环境和经济能够协调发展。

9.2.2 城市排放驱动力分析

江西省各城市排放情况与影响排放的各大因素的基础情况存在较大差异。图 9-3 是对江西省各城市碳排放情况的分析。2020 年，江西省的总排放量为 26 423 万 t（不包括间接排放）。其中，九江市约排放 4 865 万 t，占比高达 18.4%，为排放最高的城市；宜春市与赣州市的碳排放量分别为 3 652 万 t 和 2 941 万 t，分别排在江西省城市碳排放的第二位与第三位，占比分别为 13.8% 和 11.1%；碳排放最少的城市为鹰潭市，其碳排放量为 866 万 t，排放占比仅 3.3%。

江西省城市碳排放量与人均碳排放高低关联性不强，即碳排放总量高的城市人均碳排放不一定高。南昌市的碳排放量为 1 997 万 t，占比为 7.6%，在江西省排名第七，而其人均碳排放仅为 3.2 t，为江西省人均碳排放量最少的城市。赣州市、吉安市、抚州市、上饶市的人均碳排放低于江西省的人均碳排放。新余市、景德镇市、萍乡市和九江市的人均碳排放较高，应加强碳排放管控，特别是新余市，其 2020 年的人均碳排放为 21.3 t，高于江西省其他城市。

江西省各城市 2005—2020 年 Kaya 分解因素年变化率存在差异。各城市碳排放量年均增长率均为正值，即 2005—2020 年各城市碳排放量均不断上升，其中上饶市、九江市和景德镇市的碳排放年均增长率较高。就人口而言，南昌市和新余市 2005—

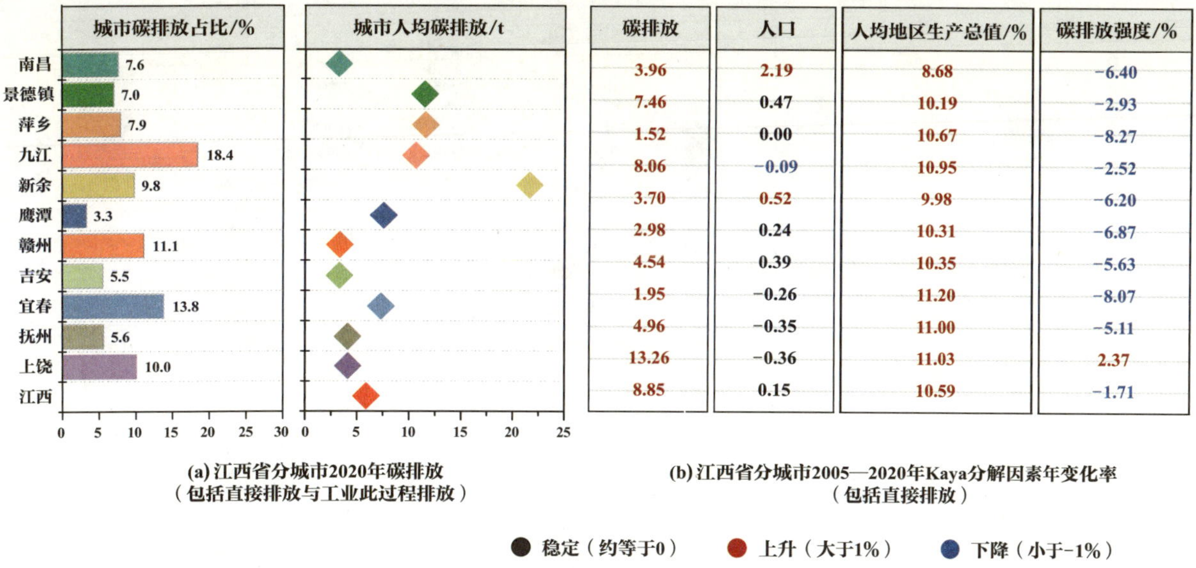

图 9-3　江西省城市碳排放特征

2020 年的年均人口增长率较大，九江市人口整体呈下降状态，其余城市的人口数量基本维持稳定。就人均地区生产总值而言，江西省各城市人均地区生产总值年均增长率均大于 8%，这说明江西省各城市 2005—2020 年的年人均地区生产总值出现了较大增长，各城市经济增长均较快。对于碳排放强度，除上饶市 2005—2020 年的年均增长率为正值，其他城市均为负值，这说明除了上饶市，其他城市的碳排放强度均出现下降，其中萍乡市和宜春市的下降比例最大，碳排放管理效果较好。

本研究采用 LMDI 分析江西省各城市 2005—2020 年碳排放的主要驱动力。通过分析各城市碳排放的现状和特点，运用 LMDI 法对各城市碳排放的主要影响因素进行分解，公式如下：

$$C = P \times \frac{\mathrm{GDP}}{P} \times \frac{C}{\mathrm{GDP}} \tag{9-1}$$

式中，C——二氧化碳排放量，万 t；

P——人口，万人；

GDP——地区生产总值，亿元。

碳排放综合效应（ΔC）可表示为人口效应（ΔP）、人均地区生产总值效应（ΔPG）和碳排放强度效应（ΔEI）3 个角度效应之和：

$$\Delta C = \Delta P + \Delta \mathrm{PG} + \Delta \mathrm{EI} \tag{9-2}$$

运用以上模型对江西省各城市 2005—2020 年碳排放量变化进行定量分解，具体结果见图 9-4。

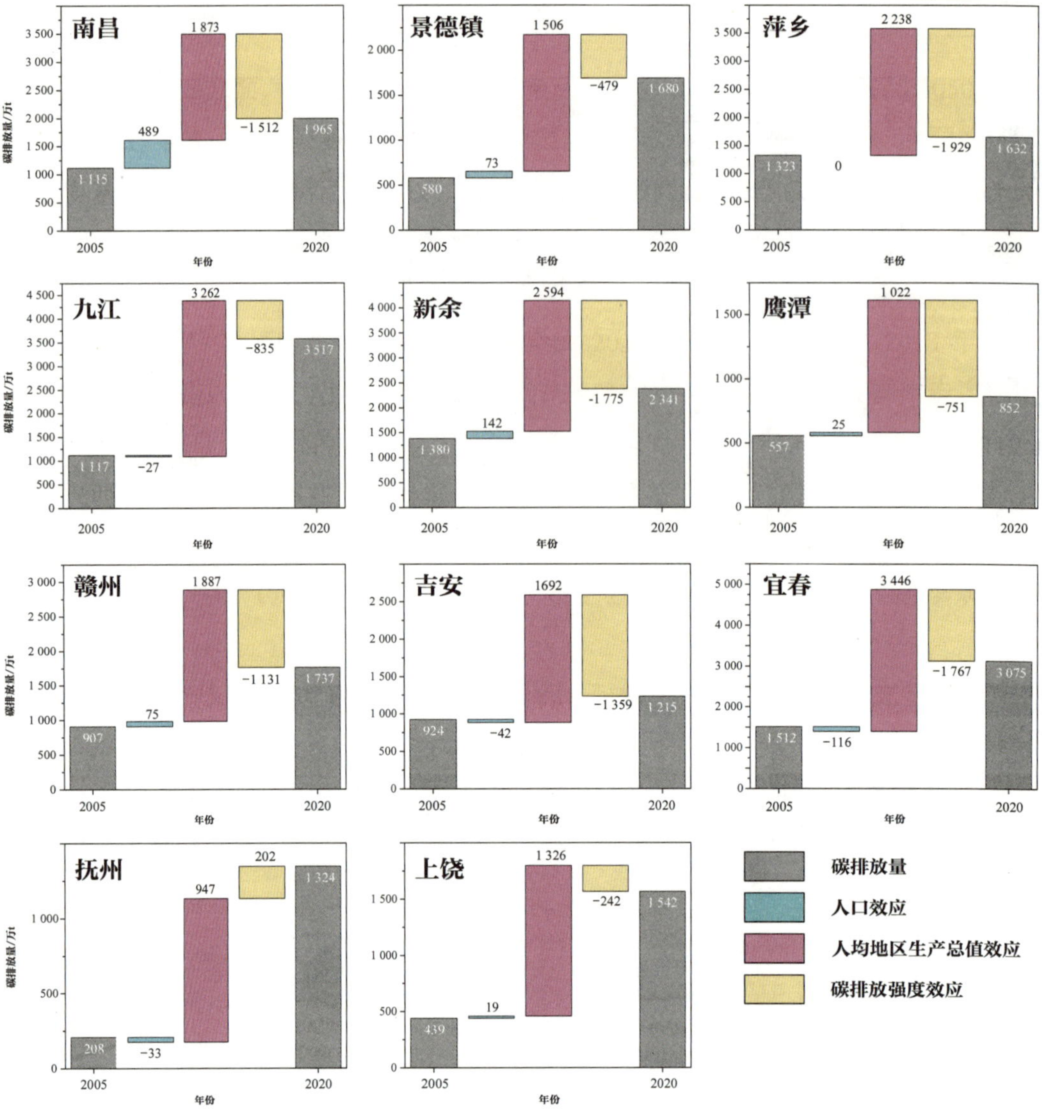

图 9-4　江西省各城市驱动力分析

就碳排放驱动因素而言，各城市人均地区生产总值效应均为正值，且在碳排放总效应中的占比为 85% ～ 724%，经济发展是碳排放量增长的决定因素。2005—2020 年，江西省各城市人均地区生产总值效应均为碳排放增长的最主要影响因素，均带来较高的碳排放。其中，萍乡市、吉安市和鹰潭市人均地区生产总值拉动碳排放量的增长最多，分别在各城市总效应中占比 724%、581% 和 346%；抚州市、上饶市、九江市和景德镇市人均地区生产总值拉动碳排放量的增长最少，分别在各城市总效应中占比 85%、120%、136% 和 137%。就江西省各城市而言，人口数量比较固定，人口变化也比较稳定，带来的人口效应较低，特别是南昌市 2005—2020 年的人口增长较大，人口效应带来的碳排放占比为 57%。除南昌市外，其他城市人口效应带来的碳排放均小于 15%。这说明主要影响因素为经济增长拉动了碳排放量的增长，而人口效应降低碳排放的效果有限。

碳排放强度效应是江西省各城市碳排放主要的促降因素。由于技术进步，江西省各城市在 2005—2020 年，除了抚州市碳排放强度效应为正值，其他均为负值，这说明除了抚州市，其他城市碳排放强度效应均造成了碳排放量的下降。从碳排放强度变化导致的碳排放下降来看，各城市也存在差异。其中，萍乡市、吉安市碳排强度效应带来的碳排放下降最多，分别占总效应的 -624% 和 -435%；九江市和上饶市碳排强度效应带来的碳排放下降最小，分别占总效应的 -35% 和 -22%。

基于城市角度进行分析，江西省各城市中，南昌市、萍乡市、吉安市和鹰潭市的碳排放管控较好。2005—2020 年，南昌市的碳排放上升了 850 万 t，萍乡市的碳排放上升了 309 万 t，吉安市的碳排放上升了 291 万 t，鹰潭市的碳排放上升了 295 万 t。其中，南昌市 2005—2020 年人均地区生产总值效应占总效应的 220%，而碳排强度效应占总效应的 -178%；萍乡市 2005—2020 年人均地区生产总值效应占总效应的 724%，而碳排强度效应占总效应的 -624%；吉安市 2005—2020 年人均地区生产总值效应占总效应的 581%，而碳排强度效应占总效应的 -467%；鹰潭市 2005—2020 年人均地区生产总值效应占总效应的 346%，而碳排强度效应占总效应的 -255%。这说明这 4 个城市在经济发展较好的同时，通过降低碳排强度实现了碳排放的较好管控。

相反，景德镇市、九江市、抚州市和上饶市 2005—2020 年的碳排放分别增加了 1 100 万 t、2 400 万 t、1 116 万 t 和 1 103 万 t。其中，景德镇市 2005—2020 年的人均地区生产总值效应占总效应的 137%，而碳排强度效应占总效应的 -44%；九江市 2005—2020 年的人均地区生产总值效应占总效应的 136%，而碳排强度效应占总效应的 -35%；抚州市 2005—2020 年的人均地区生产总值效应占总效应的 85%，而碳排强度效应占总效应的 18%；上饶市 2005—2020 年的人均地区生产总值效应占总效应的 120%，而碳排强度效应占总效应的 -22%。这说明这 4 个城市人均地区生产总值效应带来的碳排放较大，而碳排强度效应并没有很好地解决经济增长带来的碳排放增长的问题，在日后需要加大碳排放管控力度，进一步降低碳排放强度。

9.3 排放 - 经济脱钩分析

2005—2020 年，江西省的经济发展和碳排放整体处于相对脱钩状态，且越来越接近绝对脱钩，宜春市、新余市、萍乡市判断已脱钩，其他城市将在“十四五”至

“十五五”期间实现脱钩。

江西省及其地级市脱钩指数如图 9-5 所示。2005—2010 年，江西省整体处于相对脱钩状态，脱钩指数为 0.33。绝大部分地级市也处于相对脱钩状态，只有鹰潭市完全脱钩，上饶市未脱钩。2011—2015 年，江西省整体处于相对脱钩状态，脱钩指数为 0.55，比“十一五”期间有所增长。同样，大部分地级市也处于相对脱钩状态，但完全脱钩城市变为新余市和萍乡市，脱钩指数接近 1.5；南昌市、景德镇市和抚州市未脱钩。其中，抚州市脱钩指数最低，为 -1.72，说明其在“十二五”期间的碳排放与经济增长的依赖程度非常大。2016—2020 年，江西省整体仍处于相对脱钩状态，且脱钩指数继续增长，为 0.63。同样，绝大部分地级市也处于相对脱钩状态，但完全脱钩城市仅有宜春市，脱钩指数为 1.14；未脱钩城市仅有九江市，脱钩指数为 -0.18。

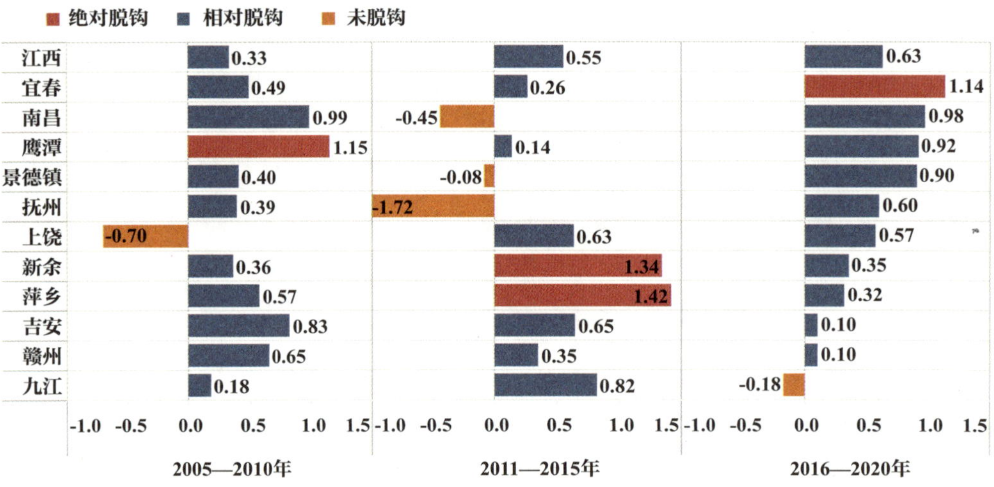

图 9-5　江西和各城市脱钩指数

江西省一直处于相对脱钩状态，且脱钩指数在逐渐增长，说明江西省的二氧化碳排放和 GDP 正在逐渐脱钩，碳排放与经济增长的依赖程度越来越小。但从各城市来看，“十一五”“十二五”和“十三五”期间，脱钩指数变化较大，如上饶市从完全未脱钩逐渐向脱钩过渡，“十三五”期间的脱钩指数已经达到 0.57；宜春市也从相对脱钩过渡到绝对脱钩，“十三五”期间的脱钩指数已经达到 1.14；九江市却从相对脱钩变为未脱钩状态，“十三五”期间的脱钩指数降至 -0.18。

根据各地市的脱钩系数及碳排放、地区生产总值历史变化趋势，对其未来脱钩系数的变化趋势进行预测，见表 9-2。由于城市层面的碳排放和地区生产总值碳排放受重大项目、产业调整的影响较大，因此对脱钩系数的趋势预测存在较高的不确定性，仅作为参考。其中，萍乡市、新余市、宜春市目前已实现脱钩，南昌市、景德镇市等将在“十四五”期间脱钩，其他城市在“十五五”期间脱钩。值得一提的是，九江市“十三五”期间出现负脱钩指数，主要是由于其能源过程碳排放增长较快（2020 年比 2015 年增加了 86%），考虑可能是由钢铁、火电排放增加导致的。

表 9-2　江西省各地市“十三五”脱钩情况及未来趋势

地市	“十三五”脱钩状态	预测脱钩时间
南昌	相对脱钩	“十四五”期间
景德镇	相对脱钩	“十四五”期间
萍乡	相对脱钩	目前已脱钩
九江	未脱钩	“十四五”期间
新余	相对脱钩	目前已脱钩
鹰潭	相对脱钩	“十四五”期间
赣州	相对脱钩	“十四五”期间
吉安	相对脱钩	“十五五”期间
宜春	绝对脱钩	目前已脱钩
抚州	相对脱钩	“十五五”期间
上饶	相对脱钩	“十五五”期间

9.4　碳排放特征综合分析

本研究基于趋势特征、各层面驱动力分析及脱钩分析等，结合江西省碳排放历史、现状及初步预期进行了分析，得出以下几点结论。

一是江西省碳排放总量尚未达峰，各地市碳排放未达峰，新余市曾出现峰值，但存在不确定性。

二是在驱动力方面，江西省及各地市碳排放增长的主要驱动力为经济增长，碳排放下降的主要驱动力为能源强度下降，因此江西省在能源结构优化和产业结构调整方面碳减排的潜力较大。具体来看，基于 2016—2020 年的分析，地区生产总值每增加 1%，碳排放增加 164 万 t；能源消费强度每下降 1%，碳排放下降 219 万 t；碳排放强度每下降 1%，碳排放下降 199 万 t。

三是江西省各地市碳排放特征及影响因素存在明显差异，需科学设置各城市“梯次达峰”目标，各地市将在 10 年内陆续完成排放 - 经济脱钩，从而为碳达峰目标的实现创造了条件。

10

江西省风光发电潜力评估

10.1 风光资源潜力评估方法

10.1.1 风资源潜力评估方法

风资源潜力的具体评估步骤如下：

一是剔除限制性区域。由于客观条件及现行政策的限制，无法用于可再生资源开发的限制性土地区域需要在评估中排除，如生态红线范围内的区域、自然保护区、基本农田、河湖水域、居民区、机场跑道周边的净空区域、已建风光电场范围等，如图 10-1 所示。

二是估计单位面积可开发容量系数。应综合考虑机型、排布方式、土地利用率等因素。风电机组叶轮扫风面积、发电机功率、塔筒高度等决定了风能的转化效率，应根据区域内风资源图谱数据（平均风速、湍流等级），以实现度电成本最低为目标匹配最优机型。由于风机尾流效应，加之地形影响，风机之间通常需要间隔 4 ～ 6 倍叶轮直径排布。平坦地形以行列为原则自动排布机位点，复杂地形则根据微观资源特性优化排布。为表征不同地形地貌导致的开发难度差异，单位面积开发容量系数经机型和机位排布估计后，根据地形类别乘以相应的土地利用系数，见表 10-1。

三是综合汇总评估结果。基于 GIS 空间分析结果综合生成图谱集，根据需要以表格形式汇总至各级行政区域范围。

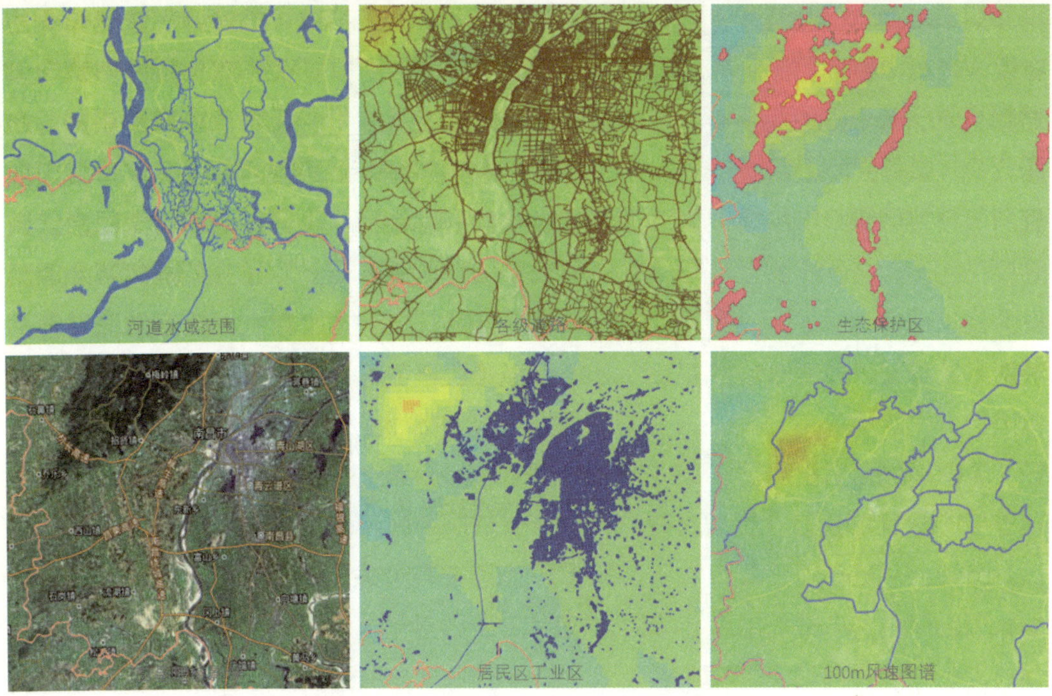

图 10-1　江西省风光发电限制性因素示例

表 10-1　风电项目土地利用系数

地形类别	平坦	起伏	复杂
风电土地可利用系数	1	0.9	0.8

10.1.2　光资源潜力评估方法

光资源潜力评估方法与风资源潜力评估方法类似，具体如下：

一是剔除限制性区域。除常规限制性区域外，集中式光伏需剔除居民区，分布式光伏应保留屋顶面积。

二是估计光伏可开发容量。由于光伏开发主要受制于地形坡度，其可开发容量主要依据地形类别进行换算。根据《光伏发电站工程项目用地控制指标》（国土资规〔2015〕11 号），可用地形分为地面自然坡度角小于或等于 3° 的平原地区，坡度角大于 3° 但小于或等于 20°、相对高差在 200 m 以内的微丘地区，以及坡度角大于 20°、相对高差在 200 m 以上的重丘或山岭地区。光伏项目土地利用系数见表 10-2。

三是综合汇总评估结果。

表 10-2　光伏项目土地利用系数

地形类别	平坦	起伏	复杂
光伏土地可利用系数	1	0.9	0.1

10.1.3　限制性因素分析

风电、光伏发电的开发受政策导向的影响明显，资源理论蕴藏量与实际的技术可开发量存在明显差异，需过滤限制性因素后重新评估其开发潜力。

《江西省光伏发电、风电项目开发工作指南（2022 年）》中明确指出：禁止违反国家和省级有关政策，在明确不得建设光伏发电、风电项目的区域开发项目。具体包括：违反“三线一单”生态环境分区管控制度，涉及生态保护红线、永久基本农田、稳定耕地等明确禁止区域的光伏发电、风电项目；违反国家和省级林业、生态环境部门政策，涉及自然遗产地、国家公园、自然保护区、森林公园、湿地公园、地质公园、风景名胜区、鸟类主要迁徙通道和迁徙地等生态功能重要区域，以及涉及其他明确禁止建设区域的光伏发电、风电项目；违反国家和省级水利部门政策，涉及河道、湖泊、水库等明确禁止水面的光伏发电、风电项目；涉及军事设施、饮用水水源保护区、固定文物等敏感因素且无法避让的光伏发电、风电项目。

江西省风光电光伏开发限制性因素如图 10-2 所示。

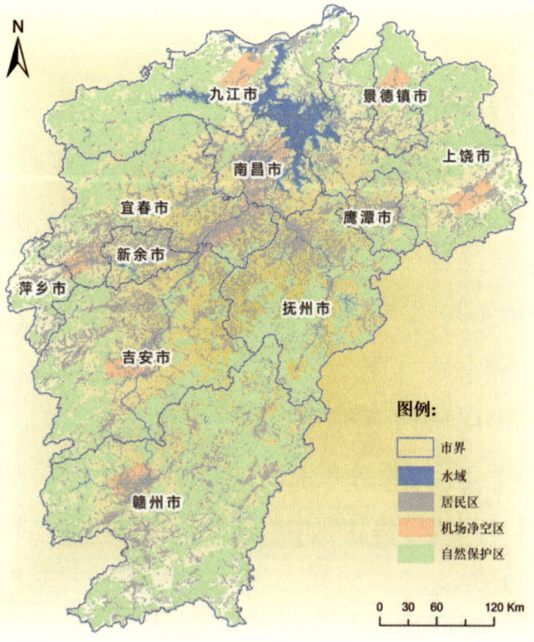

图 10-2　江西省风电光伏开发限制性因素

10.2 风光发电资源潜力

风光资源蕴藏量指不考虑地块可用情况和地形因素的情况下风光资源的理论储量。江西省 100 m 高度年平均风速为 2.8 ～ 7.5 m/s，鄱阳湖滨，赣江、抚河下游和高山顶及峡谷区的风能资源较为丰富。风能发电潜力最佳的区域主要是鄱阳湖北部从湖口到永修的松门山、吉山两侧的湖道和浅滩，以及湖中的一些岛屿，受狭窄湖道地形的作用，风向稳定，风力品质较优。南部大湖体由于水面广阔，摩擦力小，风力也较优。湖道浅滩风力优于附近的陆地，尤其是皂湖风场、老爷庙风场、长岭风场、青山风场、松门山风场、吉山风场和大岭风场附近的浅滩，其风能资源更优。江西省太阳能总辐射为 4 000 ～ 4 800 MJ/m^2，处于太阳能资源丰富带，太阳能发电潜力较大。环鄱阳湖区和赣州东南、东北及上饶东部地区等为太阳能资源最丰富区，太阳能发电潜力最大。江西省风光潜力总体分布如图 10-3 所示。

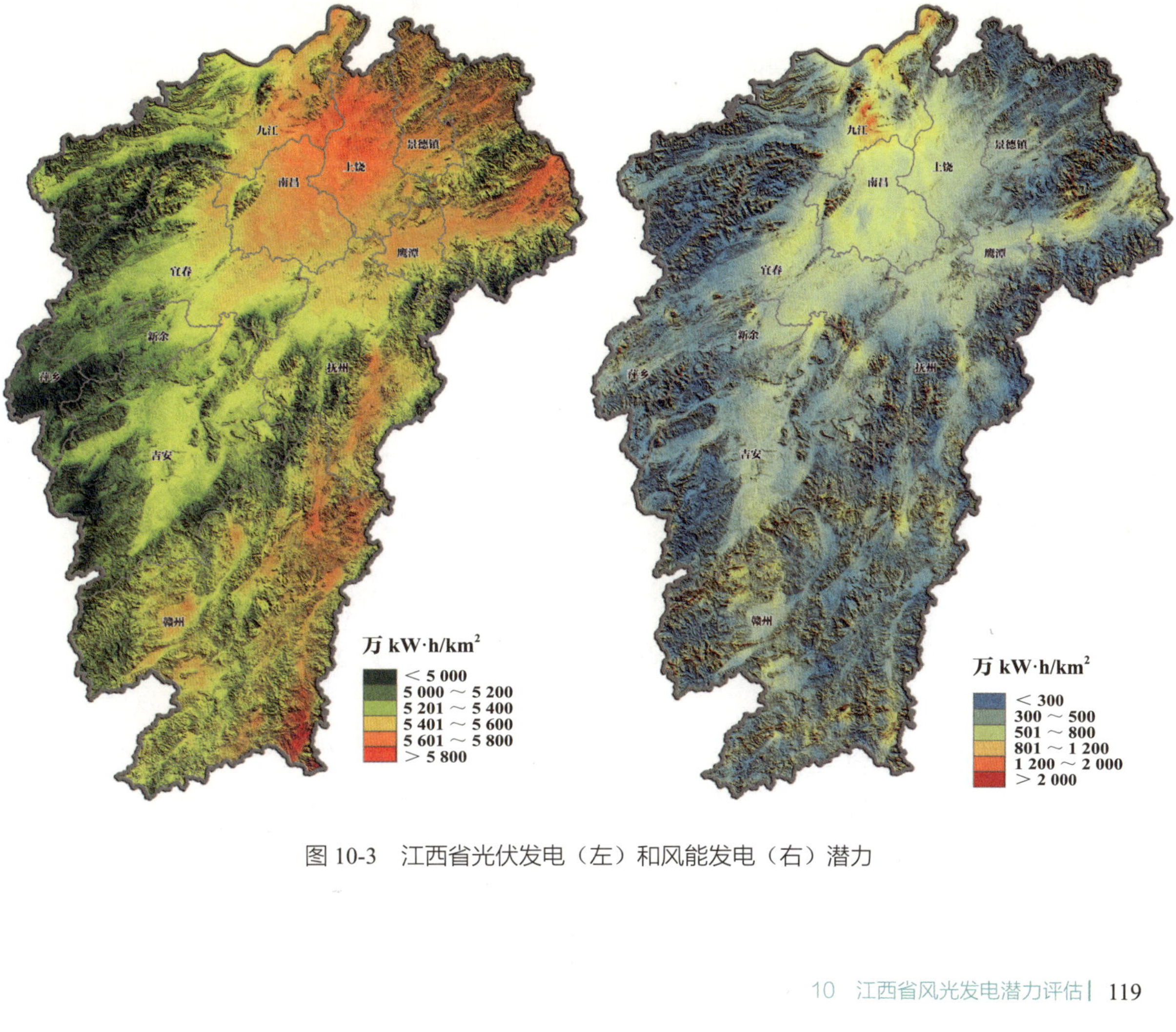

图 10-3　江西省光伏发电（左）和风能发电（右）潜力

10.3 风光发电技术潜力

10.3.1 集中式风电潜力

建设规模化集中式风电场要求风资源相对集中、限制性因素相对较少，具备集中规划、连续开发的资源潜力（图10-4）。根据江西省风资源图谱，剔除部分已知的限制性因素及已建设风电场的区域，具备建设规模化集中式风电场条件的区域主要有赣南资源较好且连贯成片的武夷山、雩山、诸广山和南岭的九连山、大庾岭等山脉及其余脉，环鄱阳湖的丘陵区域，鄱阳湖平原区域。

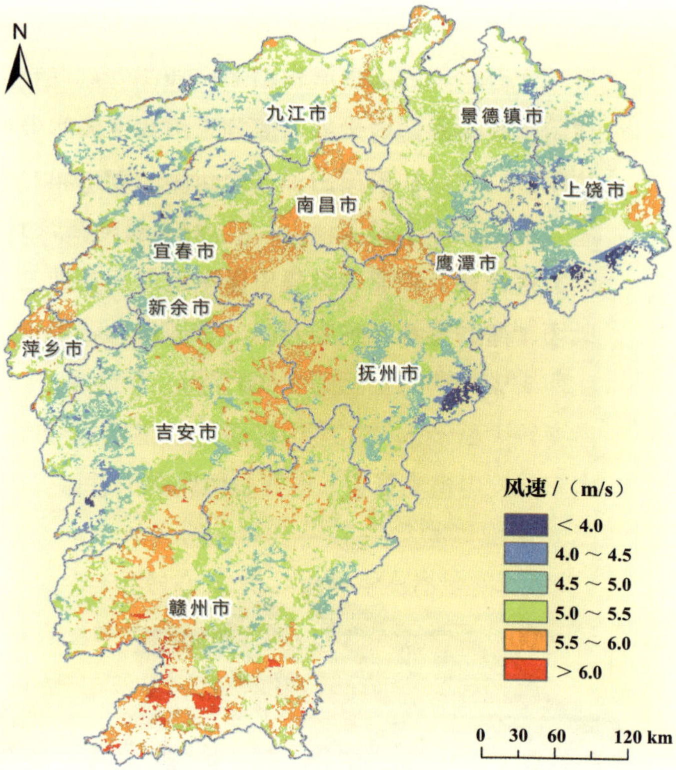

图 10-4 江西省集中式风电开发潜力区域

10.3.2 分散式风电潜力

分散式风电项目是指位于用电负荷中心附近、不以大规模远距离输送电力为目的、所产生的电力就近接入电网并在当地优先进行消纳的风电项目。

当前，国家能源局正组织编制“千乡万村驭风行动”方案，鼓励村集体利用存量集体土地，通过作价入股、收益共享等机制参与分散式风电项目开发。江西省村镇密集，具备实施“千乡万村驭风行动”的良好土壤，可选取具备较好风能开发利用价值的鄱阳湖平原地区等区域评估分散式风电潜力。截至 2019 年，江西省有行政村 1.6 万个，假设 15% 的村落可在田间地头、村前屋后等零散土地上找出 200 m^2 用于安装 2 ～ 3 台 5 MW 风电机组，保守估计江西省具备超过 2 400 万 kW 的分散式风电装机潜力。

相较于陆上和海上的集中式风电项目，分散式风电有其独特优势——单体规模较小，便于利用乡村闲散土地资源提升风资源利用率。“十四五”期间，集中式与分散式并举是我国新能源开发的重要思路。我国海上风电和“三北”地区风电、光伏发电均主要采用集中式开发模式，东、中、南部地区的风电主要采用分散式开发模式，而广大农村地区则是分散式风电开发的主阵地。

江西省分散式风电发展整体推进较慢，推动分散式风电发展需要各方面的支持和保障，政府及有关企事业单位应积极推动相关规划和政策的落实、落地，为分散式风电发展提供更好的政策保障。

10.3.3 集中式光伏潜力

根据江西省“十四五”规划，2025 年光伏发电装机将达到 1 100 万 kW，较 2020 年新增 324 万 kW。预测“十四五”期间，江西省集中式光伏发电主要建设在景德镇一带、赣南北部与赣中南部交界处、赣东北等地，该地区年日照时数大于 6 小时的天数较多，普遍在 160 天以上。江西省光伏技术可开发量的分布如图 10-5 所示。

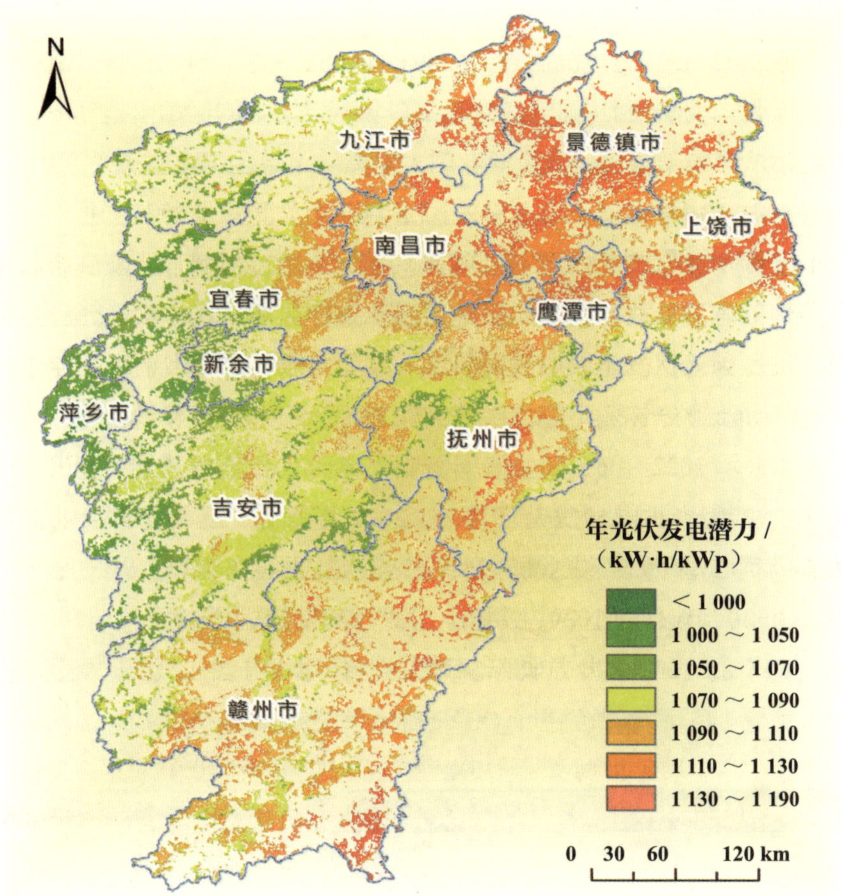

图 10-5 江西省集中式光伏开发潜力区域

10.3.4 分布式光伏潜力

分布式光伏电站通常是指利用分散式资源，装机规模较小、布置在用户附近的发电系统，它一般接入低于 35 kV 或更低电压等级的电网。相比集中式光伏电站，其应用场景更加灵活，也更贴近园区、企业等电力消费的负荷侧。

1. 园区负荷侧分布式光伏

新型电力系统下，用户的能源使用场景变得多样化、动态化、复杂化，参与要素众多，信息层级更加复杂，通过将“源网荷储”整体考虑，形成一整套解决方案，聚合细胞级能源要素，让清洁能源更加灵活易用。

江西省产业层次多样，碳排放多源化，在园区、楼宇屋顶发展分布式光伏等聚合型负荷侧业务将重组能源时间、空间价值，重构未来电力市场商业模式，助力能源用户迈向可持续、更经济的零碳未来。

2. 整县推进光伏

国家能源局在《2022 年能源工作指导意见》中指出：“继续实施整县屋顶分布式光伏开发建设，加强实施情况监管。因地制宜组织开展‘千乡万村驭风行动’和‘千家万户沐光行动’。充分利用油气矿区、工矿场区、工业园区的土地、屋顶资源开发分布式风电、光伏。”

2022 年 1 月 13 日，江西省发展改革委发布了《江西省整体推进开发区屋顶光伏建设三年行动计划（2022—2024 年）》，提出到 2022 年年底，实现全省各开发区具备开发条件的屋顶光伏发电覆盖度达到 30% 以上；到 2023 年年底，各开发区具备开发条件的屋顶光伏发电覆盖度达到 60% 以上；到 2024 年年底，各开发区具备开发条件的屋顶光伏发电覆盖度达到 80% 以上。

江西省已公示 2022 年 6—10 月的开发区三年行动计划及整县开发试点项目竞争性优选结果，总规模达 1 187.195 MW。到 2022 年年底，江西省省级以上开发区分布式光伏装机超过 1 660 MW；到 2023 年年底，江西省省级以上开发区分布式光伏装机将超过 3 320 MW；到 2024 年年底，江西省省级以上开发区分布式光伏装机将超过 4 430 MW。表 10-3 给出了预估的江西省省级以上开发区分布式光伏潜力。

表 10-3　江西省省级以上开发区分布式光伏潜力预估

地市	开发潜力 / 万 kW	省级以上开发区
南昌市	50	青山湖高新技术产业园区、南昌小蓝经济技术开发区、新建经济开发区、安义工业园、进贤产业园、南昌经济技术开发区、南昌高新技术产业开发区
景德镇市	40	景德镇高新技术产业开发区、景德镇陶瓷工业园、乐平工业园、浮梁产业园

地市	开发潜力 / 万 kW	省级以上开发区
萍乡市	40	萍乡经济技术开发区、安源工业园、湘东工业园、莲花工业园、上栗工业园、芦溪工业园
九江市	50	九江沙城工业园、武宁工业园、修水工业园、永修云山经济开发区、德安高新技术产业园区、庐山工业园、都昌工业园、湖口高新技术产业园区、彭泽工业园、瑞昌经济开发区、九江共青城高新技术产业开发区、九江经济技术开发区、濂溪产业园
新余市	15	新余高新技术产业开发区、新余经济开发区、分宜工业园
鹰潭市	15	鹰潭高新技术产业开发区、余江工业园、贵溪经济开发区
赣州市	50	章贡高新技术产业园区、赣州高新技术产业开发区、信丰高新技术产业园区、大余工业园、上犹工业园、崇义产业园、安远工业园、龙南经济技术开发区、定南工业园、全南工业园、宁都工业园、于都工业园、兴国经济开发区、会昌工业园、寻乌产业园、石城产业园、瑞金经济技术开发区、南康经济开发区、赣州经济技术开发区
吉安市	50	井冈山经济技术开发区、吉州工业园、吉安高新技术产业开发区、吉水工业园、峡江工业园、新干工业园、永丰工业园、泰和高新技术产业园区、遂川工业园、万安工业园、安福高新技术产业园区、永新工业园、井冈山产业园
宜春市	40	宜春经济技术开发区、袁州产业园、奉新高新技术产业园区、万载工业园、上高工业园、宜丰工业园、靖安工业园、铜鼓产业园、宜春丰城高新技术产业开发区、樟树工业园、高安高新技术产业园区
抚州市	40	抚州高新技术产业开发区、抚北工业园、南城工业园、黎川工业园、南丰工业园、崇仁高新技术产业园区、乐安产业园、宜黄工业园、金溪工业园、东乡经济开发区、广昌工业园
上饶市	50	上饶经济技术开发区、上饶高新技术产业园区、玉山高新技术产业园区、铅山工业园、横峰经济开发区、弋阳高新技术产业园区、余干高新技术产业园、鄱阳工业园、万年高新技术产业园区、婺源工业园、德兴高新技术产业园区、上饶茶亭经济开发区、上饶信州产业园

10.4 风光发电现状

截至 2022 年，江西省已并网风电项目达到 500 万 kW 以上，主要分布在江西省南部的高山区域，包括全南、定南、龙南等县（市）均已有并网运行的风电项目，开发呈集中连片的规律（表 10-4）。从整体理论风能资源储量来分析，江西省已开发的风能资源仅占较小比例。

表 10-4 江西省已建成的主要风电场

序号	风电场名称
1	天润全南天排山风电场
2	天润崇义龙归风电场
3	华能吉安灵华山风电场
4	国电投寻乌基隆嶂风电场

序号	风电场名称
5	国电投吉安上犹仙鹅塘风电场
6	国电投赣州定南云台山风电场
7	中电投大岭风电场
8	中电投都昌老爷庙风电场
9	中电投长岭风电场
10	中电投矶山湖风电场
11	大唐国际吉山风电场
12	大唐国际松门山风电场
13	中广核彭泽大浩山风电场
14	华润赣州南康清田风电场
15	金富盛龙南杨村风电场

江西省已建成的集中式光伏项目较多，多以“光伏＋”模式与渔业、林业、农业等行业有机结合（表 10-5）。截至 2022 年，已并网集中式光伏项目的容量为 6.088 GW。

表 10-5　江西省已建成的主要集中式光伏电站

序号	光伏电站名称
1	大唐江西渝水区王年 100 MW 光储一体化项目
2	华能南丰市山农（林）光互补光伏发电项目
3	贵溪市佳阳新能源有限公司 100 MW 渔光互补光伏发电项目
4	中广核黎川 150 MW 农（林）光互补发电项目
5	大唐东乡 100 MWp 渔光互补光伏电站项目
6	大唐江西万年二期 60 MWp 光伏发电项目
7	鹰潭市贵溪市贵溪铜阳 60 MW 光伏电站项目
8	吉安市吉安县华能吉安县大冲乡光伏发电项目
9	吉安市永新县华能永新县莲洲乡农光互补光伏项目
10	大唐江西临川区渔光互补光伏项目（北区）
11	会昌县汉仙 75 MW 农光互补光伏发电项目
12	赣州市宁都县绿晶生态 50 MW 光伏发电项目
13	赣州市宁都县翠阳光伏发电一期项目
14	华能高安市蓝坊渔光互补光伏发电项目
15	中国电建抚州南城县里塔镇一期 200 MWp 光伏发电项目
16	大唐江西上饶弋阳 100 MW 光伏项目

序号	光伏电站名称
17	乐平市名口镇戴村 200 MW 光伏发电项目
18	九江市永修县大唐江西永修三角光伏电站项目
19	国家电投景德镇市乐平市店上 30 MWp 光伏电站项目
20	分宜海螺新能源有限公司 8 MW 光伏发电项目
21	龙源上饶铅山下四农光互补光伏发电项目
22	中节能永新县芦溪乡 100 MW 林光互补光伏电站项目
23	国家能源集团九江发电有限公司宗家垄光伏发电项目
24	蒋巷镇三洞湖 60 MW 渔光互补光伏发电项目
25	三峡新能源万安蕉沅光储一体化项目
26	棠浦光伏发电站二期
27	国电电力分宜水东 50 MW 复合互补光伏发电项目
28	国家电投赣县区韩坊镇 100 MW 农（林）光互补光伏发电项目
29	国家电投新余市渝水区南安乡 200 MWp 农光互补地面光伏电站项目
30	国家电投分宜电厂 50 MWp 光伏发电项目
31	华能怀高光伏电站
32	国家电投贵溪滨江婆桥村 50 MW 农光互补光伏发电项目
33	国家电投贵溪杨梅岭水库 19 MW 水面光伏发电项目
34	国家能源集团南城县上唐镇、新丰街镇一期 200 MW 光伏发电项目
35	和光新能源有限公司山砀镇 200 MW 光伏发电项目
36	乐平市双田镇废弃矿山治理 100 MW 林光互补光伏发电项目
37	潭口水库 50 MW 渔光互补项目
38	新余市渝水区罗坊镇 60 MW 渔光互补光储一体化项目
39	国能乐平市众埠镇、名口镇 90 MW 光伏项目
40	华能丰城生态综合利用光伏示范基地（二期白土镇渔光互补项目）
41	铅山县丰产水库 20 MWp 渔光互补光伏电站项目
42	华润抚州东乡 200 MW 渔光互补光伏发电项目
43	宜丰县塘田渔光互补光伏电站项目
44	广东能源集团崇仁县航埠镇 100 MWp 林光互补光伏项目
45	耀太新能源会昌县 50 MWp 农光互补光伏发电项目
46	渝水区罗坊镇 100 MW 农光互补光储一体化项目
47	大唐江西永修江夏光伏电站项目
48	国家电投江西遂川县 50 MW（二期 28 MW）光伏发电项目
49	南丰卓阳西山 180 MW 农（林）光互补光伏电站
50	袁州区洪塘 150 MW 农光互补光伏发电项目

11

江西省碳达峰碳中和的机遇与挑战

能源偏煤和产业偏重是江西省实现碳达峰碳中和的主要挑战，特色产业（有色等）和新兴产业（航空、电子、中医药、新能源等）排放绩效较优，数字经济发展潜力较大，是低碳发展的重大机遇。江西省的能源结构偏煤，省内能源自给能力薄弱，在全国“一盘棋”的整体达峰要求下，能源结构转型压力明显大于全国及周边省份。重点传统产业（包括电力、有色、石化、钢铁、建材等）碳排放占全省的比重近 75%，增加值占比不到 23%。电力和建材行业单位增加值碳排放高于全国平均水平，钢铁和石化化工单位增加值碳排放低于全国平均水平。作为江西省优势和特色产业，有色金属行业单位增加值碳排放为 0.35 tCO_2/ 万元，远低于全国行业平均水平，将发展为江西省两大“万亿级”产业之一。新兴产业（包括航空、电子信息、装备制造、中医药及生物医药、新能源、新材料等）及数字经济单位增加值排放均优于全国水平。新兴产业碳排放不到全省总排放量的 2%，增加值占比为 11%。

11.1　江西省能源和排放绩效与全国的比较

本书选择人均 GDP、第三产业占比、非化石能源占比、人均碳排放、碳排放强度、人均能耗、能耗强度、煤炭消费占比 8 个指标，将江西省现状水平与全国平均水平进行对比（图 11-1）。

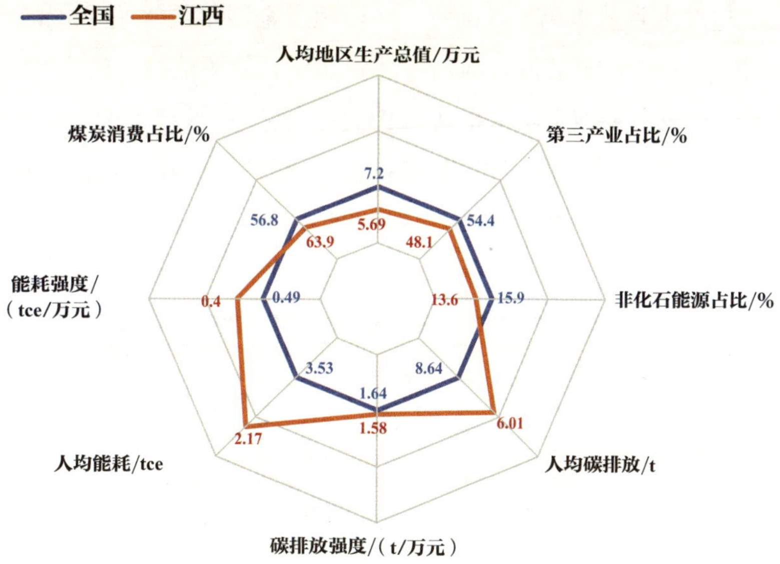

图 11-1　江西省能源和碳排放指标与全国平均水平的比较

注：越往外表示该指标越优。人均地区生产总值、第三产业占比、非化石能源占比这 3 个指标数值越大越优；人均碳排放、碳排放强度、人均能耗、能耗强度、煤炭消费占比这 5 个指标数值越小越优。

江西省人均地区生产总值、第三产业占比、非化石能源占比均低于全国平均值，煤炭消费占比高于全国平均值。江西省在产业结构调整和能源结构调整上还有很大空间，说明江西省在单位能源消费方面已经位于全国中上水平。其碳排放强度基本与全国平均水平相当，处于中等水平。未来江西省在产业结构和能源结构调整上有待加强，尤其是非化石能源占比和第三产业占比需进一步提升。

11.2　江西省与其他省份比较

本研究选择江西省周边产业结构较为类似，人口规模、经济规模较为接近的湖南、湖北、安徽三省作为比较对象。江西省碳排放量和能源消费相对较低，能耗强度、人均能耗、碳排放强度、人均碳排放量等指标与周边省份基本类似，且略低于全国平均水平（图 11-2）。

江西省 2020 年约消费了 9 800 万 tce（估计值），与湖南省基本相当，略低于安徽省，约为湖北省的 57%。江西省的人均能耗与安徽省相似，是湖南省的 1.32 倍，低于湖北省的人均能耗，且这 4 个省份的人均能耗均低于全国平均水平。江西省的单位地区生产总值能耗与湖北省类似，高于湖南省和安徽省，但低于全国平均水平。在能源结构方面，2020 年江西省煤炭消费量为 7 996 万 t（实物量），占能源消耗总量的 63.9%，与湖南省基本相当（60%），均超过全国平均水平（56.8%），远高于湖北省（49%）。在非化石能源方面，江西省非化石能源消费占比为 13.6%，低于湖北省（18%），也低于全国平均水平（15.9%），高于安徽省（8%）。总体而言，江西省能源消费总量较小，与湖南省基本相当，但能耗强度和人均能源消费量均高于湖南省。湖北省的能源结构相对较轻，安徽省的煤炭消费占比显著高于其他 3 个省份。

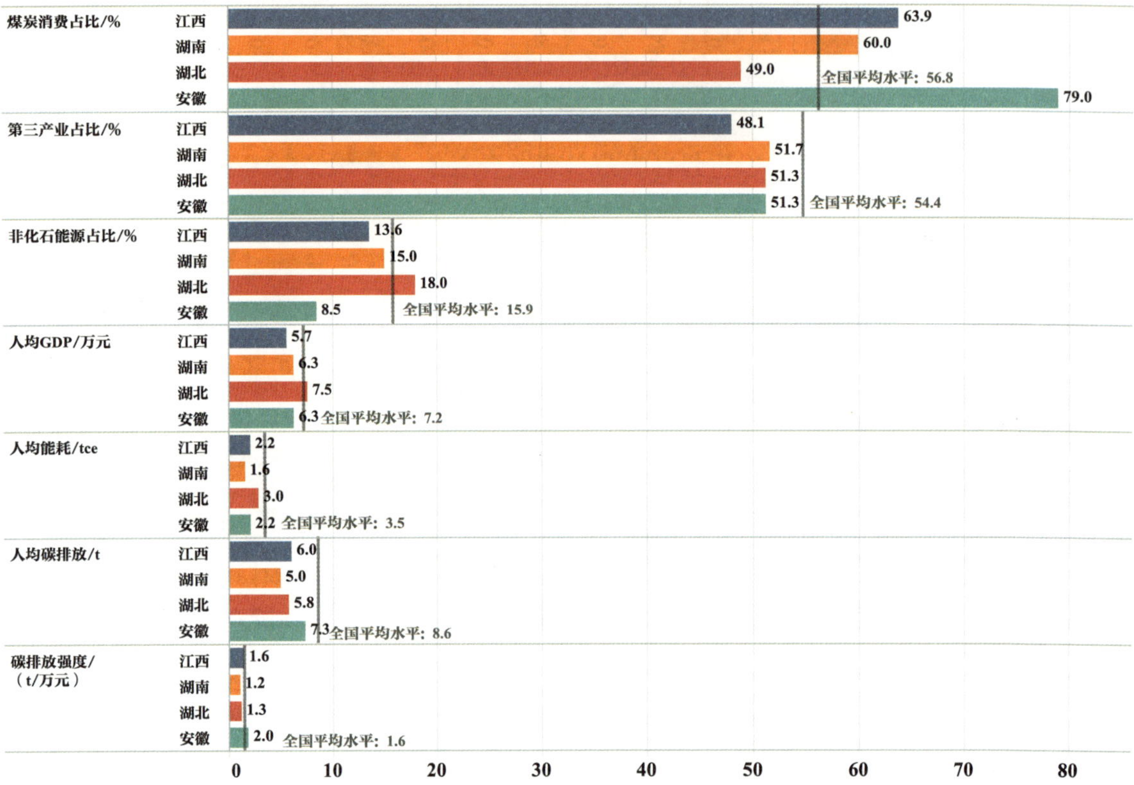

图 11-2　江西及周边省份的能源和碳排放指标与全国平均水平比较

江西省的碳排放量相对较低，2020 年总排放水平位于全国第 19 位，碳排放强度低于全国平均水平，人均碳排放与全国平均水平相当。2020 年，江西省的碳排放总量约为 2.83 亿 t，低于周边省份，约是湖南省的 80%、湖北省的 76%、安徽省的 63%，其碳排放强度一直处于全国中等水平（从小到大排列，第 14 位）。2020 年，江西省碳排放强度约为 1.58 t/ 万元，略高于湖南省和湖北省，低于安徽省。但这 4 个省份的碳强度水平差距不大，均处于全国中等水平。江西省的人均碳排放同样位于全国中等水平（从小到大排列，第 10 位）。2020 年，江西省人均碳排放约为 6.01 t，基本与湖北省相似，略高于湖南省，但都低于全国平均水平。江西省 2020 年的碳排放绩效见表 11-1。

表 11-1　江西省碳排放绩效（2020 年）

指标		江西		湖南	湖北	安徽
		数值	备注			
经济社会发展	人口 / 万人	4 519	占全国的 3.23%	6 899	5 775	6 324
	面积 / 万 km^2	16.69	占全国的 1.74%	21.18	18.59	13.96
	GDP/ 万亿元	25 692	居全国第 15 位，占 2.53%	41 781	43 443	38 680
	城镇化率 /%	58.6	全国平均为 60.60	58.76	62.89	55.81
	人均 GDP/ 万元	5.69	居全国第 17 位	6.29	7.52	6.34
	产业占比	8.7 : 43.2 : 48.1	全国为 7.7 : 38.6 : 54.5	10.2 : 38.1 : 51.7	9.5 : 39.2 : 51.3	8.2 : 40.5 : 51.3
碳排放情况	碳排放量（总排放）/ 亿 t	2.83	居全国第 12 位（从小到大排列），占 2%	3.45	3.45	4.64
	人均碳排放量 /t	6.01	居全国第 10 位，全国为 8.64 t	4.99	5.83	7.29
	碳排放强度 /（t/ 万元）(2005 年不变价)	1.58	居全国第 14 位，较 2015 年下降约 22%，全国为 1.64 t/ 万元	1.19	1.29	1.96
能源消费	能源消费量 / 万 tce	9 808（估计值）	占全国能源消费量的 2%	10 897（2019 年）	17 316（2019 年）	13 870（2019 年）
	人均能耗量 /tce	2.17	全国平均为 3.53 tce	1.641	2.998	2.179
	能耗强度 /（ tce/ 万元）	0.40	全国平均为 0.49 tce/ 万元	0.274	0.399	0.374
	煤炭消费占比 /%	63.9	全国为 56.8%	60	49	79
	煤炭消费量 / 万 t（实物量）	7 996	占全国煤炭消费量的 2.21%	10 664（2019 年）	11 768（2019 年）	16 700（2019 年）
	非化石能源占比 /%	13.6	全国为 15.9%	15	18	8.5
电力	非化石能源发电占比 /%	19	居全国第 10 位	45	59	9
	可再生能源电力消纳量占比 /%（2019 年数据）	25.5	全国平均为 27.5%	44.4	32.5	15.7
	全社会人均年用电量 /（kW·h）	3 600	全国为 5 161 kW·h	2 796	3 623	3 838
	人均年生活用电量 /（kW·h）	655.0	全国为 722 kW·h（2018 年数据）	771.7	742.4	62.5

通过对比发现，江西省相较于安徽省能源结构较轻、碳排放强度低，但经济发展水平落后；相较于与湖南省、湖北省能源结构偏煤，经济发展水平相对落后，碳排放强度相对偏高。在全国“一盘棋”的整体达峰要求下，江西省的能源结构、产业结构转型压力明显大于湖南省、湖北省，经济发展需求更加强烈。

11.3 江西省产业特征和趋势分析

基于与江西省产业相关的中文公开学术文献（12 142 篇）和江西省近 5 年（2017—2022 年）专利（发明和实用新型）（10 864 个），结合该省各类政府文件和权威研究报告等，本研究基于 IDM 模型评估和研判了江西省当前的产业特征和未来的产业发展趋势（图 11-3）。

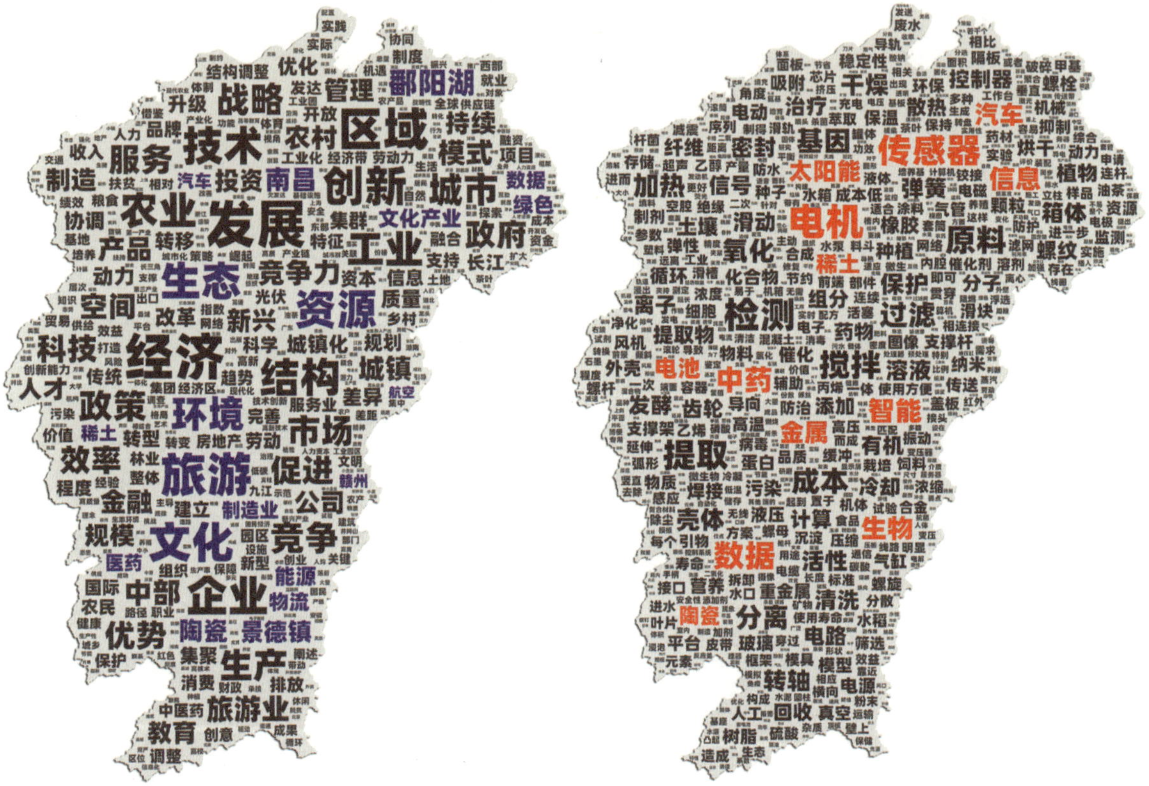

图 11-3　江西省产业现状特征（左图）和未来产业发展趋势（右图）

11.3.1　产业现状特征分析

从大数据分析来看，生态和环境是产业研究和讨论的热点，其反映了江西省绿色崛起的产业结构转变特点。江西省始终贯彻“绿水青山就是金山银山”的发展理念，重视本省生态保护和环境改善工作，关注并促进产业绿色转型。“生态”“环境”是江西省绝对的高频词汇。作为全国生态文明示范区，江西省始终保持对生态保护和环境改善的高度关注，绿色生态是其最大财富、最大优势、最大品牌。

从产业领域来看，“旅游”是产业研究的热点和高频词，这体现出江西省“旅游强省”和“建设世界知名旅游目的地”的势头，也反映出其旅游业发展仍然存在不足和困境。江西省的第三产业关注度明显高于第二产业和第一产业，与旅游、文化产业、服务业相关的词频数量明显较高。江西省作为生态文明示范省，文化旅游是其近年来重点发展的目标，围绕产业链部署创新链、围绕创新链布局产业链，促进产业链和创新链精准对接，推进文化产业和旅游业“上云用数赋智”。近几年，受新冠疫情影响，江西省的旅游业受挫明显，词频增加反映出目前的困境和发展诉求。与金融、教育、物流等相关的其他第三产业词频也明显高于同类别行业，均反映出江西省产业结构调整的重心和方向，同时也是江西省目前可能存在发展困境的行业。

江西省根据自身资源禀赋重点发展优势行业，陶瓷、医药、稀土、汽车、航空等产业发展具有特色，但这些优势行业的研究都与“效率”“模式”“创新”“数据”“物流”“资源”等词汇紧密结合，说明优势产业仍然面临很大的挑战。陶瓷产业在近期及“十四五”期间有新项目上马，是重要的增长方向；稀土作为江西省优势资源和优势产业，将成为“十四五”及之后的重点行业；医药、航空等作为高新技术产业的代表行业，是江西省近年来重点扶持和发展的对象。同时也可以看出，江西省内的高新技术产业发展仍有较大的增长空间，产业规模仍处在快速发展阶段。

农业发展在江西省的产业结构中备受关注，现代农业和特色农业是发展重点。农业研究热点问题与“区域”“布局”“物流”“生态”等词汇关联出现，说明优化空间结构、实施农业全产业链提升工程、加快绿色有机农产品发展是重要方向。

从产业相关区域来看，“南昌”“景德镇”“鄱阳湖”是高频热点词汇。这说明南昌市在集聚高端创新、引领产业升级方面发挥着重要作用，南昌都市圈已成为中部地区科技创新中心。鄱阳湖区域不仅是重要的生态区，也对有机农业、旅游业有着重要的影响和带动作用。景德镇作为“瓷都”，不仅对陶瓷产业有着重要的牵引和引领作用，而且正在建设国家陶瓷文化传承创新试验区，着力打造对外文化交流新平台，有利于突出江西省的特色产业，带动特色旅游业发展。

11.3.2 重点产业碳排放特征分析

本研究对江西省重点传统产业（包括电力、有色产业、石化产业、钢铁产业、建材产业、纺织服装产业、食品产业、家具产业）、新兴产业（包括航空产业、电子信息产业、装备制造产业、中医药及生物医药产业、新能源产业、新材料产业）、现代服务业（包括旅游业和现代金融）及数字经济（包括数字产业化和产业数字化）的经济情况和碳排放现状进行了综合分析，见图 11-4。

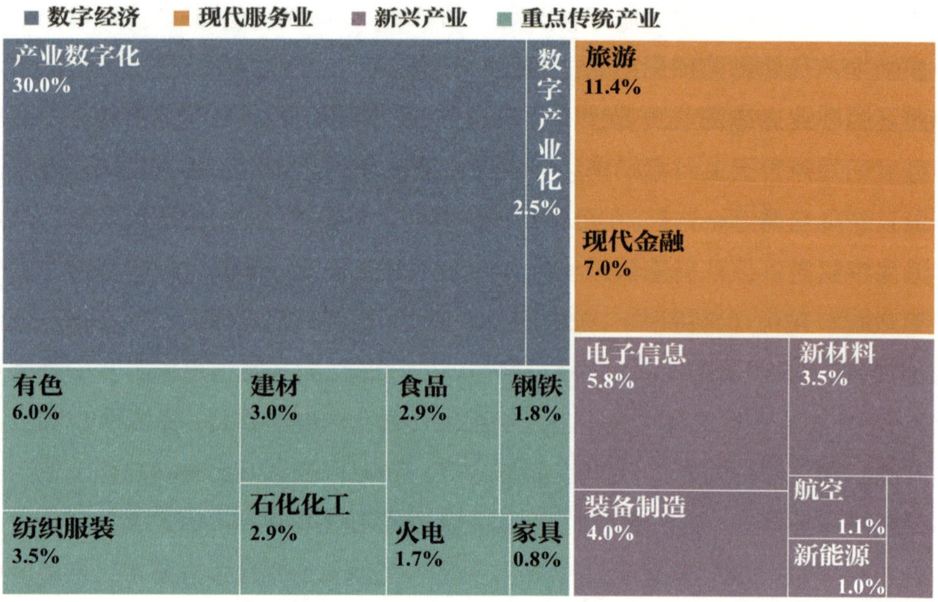

图 11-4 江西省重点产业 2020 年增加值占比

注：产业数字化为不同产业中数字技术贡献的部分，与其他行业增加值有相互交叉的部分。图中占比部分有重叠，不能直接加和。食品包括农副产品制造、食品制造和酒饮料精制茶制造，航空包括航空设备制造，新能源包括锂电和光伏产业，数字经济包括数字产业化和产业数字化。

1. 重点传统产业

“十一五”“十二五”“十三五”期间，江西省着力推进全省能源结构与产业结构转型，煤炭消费比重持续下降，钢铁、电力、建材等传统高耗能产业占比逐年降低，产业结构调整取得了积极成效。重点传统产业碳排放占比近 75%，增加值占比不到 23%。其中，电力行业排放占比 33.32%，增加值占比 1.7%；钢铁行业排放占比 13.17%，增加值占比 1.8%；建材行业排放占比 12.10%，增加值占比 3%。

江西省电力、钢铁、建材、石化化工这四大行业能源消费总量占全省工业行业能源消费总量的 94%。其中，电力行业能源消费总量占比 43%，石化化工行业能源消费总量占比 20%，钢铁行业和建材行业能源消费总量占比分别为 17% 和 14 %。虽然这 4 个行业的能源消费总量占全省工业行业能源消费总量的绝大部分，但其行业增加值占比仅为 27%，其中建材和石化化工行业的工业增加值占比最大，分别为 8.6% 和 8.4%。从单位增加值碳排放量来看，电力和建材行业的单位排放量要略高于全国平均水平，但钢铁和石化化工行业低于全国平均水平，尤其是石化化工行业。

有色金属冶炼作为重点传统产业一直是江西省的优势和特色产业。2020 年，江西省有色冶炼行业碳排放量约为 539 万 t，仅占工业排放的 5%，是全省碳排放总量的 2%。有色产业单位增加值碳排放为 0.35 tCO_2/ 万元，要远低于全国行业平均水平，也低于电力、钢铁等省内其他传统产业。在“双碳”的总体目标要求下，作为江西省两大“万亿级”产业之一，江西省有色产业基本代表了全国的先进水平。

纺织服饰、食品制造和家具生产也是江西省的重点传统产业，2020 年给全省经济贡献了 7.2% 的增加值，其增加值占比均高于全国，单位增加值碳排放均低于全国平均水平。尤其是纺织服装产业，在全省的增加值占比为 3.5%，单位增加值碳排放不到全国的 1/10。目前，江西省的纺织行业已经形成了以于都、奉新、万年三大国家纺织产业转移试点园区和九大省级纺织新型工业化产业示范基地为代表的江西省纺织服装特色产业发展模式。

2. 新兴产业

江西省高度重视新兴产业发展，为加快推进产业结构调整与转型升级，近年来立足优势支持新兴产业发展，包括航空产业、电子信息产业、装备制造业、中医药产业、新能源产业和新材料产业等。从单位增加值排放量来看，这些产业单位增加值排放量均优于全国水平。新兴产业碳排放占比不到 2%（约 1.76%），增加值占比为 11%。

航空产业依托研发基础优势，培育形成了“四位一体”的产业体系。2020 年，航空产业规模超过千亿元，预计 2025 年将突破 2 000 亿元。电子信息产业作为江西省另一个“万亿级”产业，通过电子信息领域技术突破、承接粤港澳大湾区电子信息产业转移，将成为江西省“十四五”经济的另一个重要增长点。新能源产业作为碳达峰碳中和目标实现的重要依托，是江西省极为重要的新兴产业部门，在光伏、锂电等领域合理布局、有序发展，将为江西省新兴产业发展和能源结构改善作出积极的贡献。

3. 数字经济

“十三五”以来，江西省抢抓数字经济发展机遇，深入实施数字经济发展战略，加快推动经济社会各领域数字化发展，2020 年全省数字经济增加值达 8 354 亿元，占地区生产总值的比重达 32.5%。2020 年全国各省的数字经济增加值和地区生产总值占比如图 11-5 所示，可以看出，江西省的数字经济发展在全国处于中等偏下的水平，数字经济排放量占比仅 0.5%，却贡献 32.5% 的增加值。

数字经济包括数字产业化部分和产业数字化部分：数字产业化部分即信息通信产业，主要包括电子信息设备制造、电子信息设备销售和租赁、电子信息传输服务、计算机服务和软件业、其他信息相关服务；产业数字化部分则是不同传统产业产出中数字技术的贡献部分，如电子商务、平台经济、共享经济、工业互联网、智能制造等工业数字化。2020 年，江西省数字产业化的增加值为 643 亿元，地区生产总

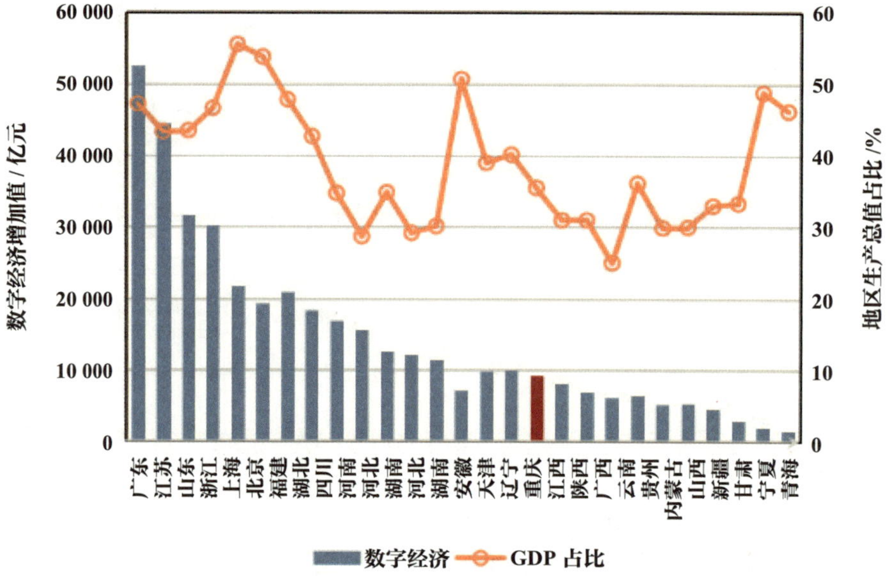

图 11-5　各省 2020 年数字经济增加值及地区生产总值占比

值占比为 2.5%；产业数字化的增加值为 7 707 亿元，地区生产总值占比为 30%。在产业数字化中，主要贡献来自服务业数字化，如批发零售业、住宿餐饮业及服务业（包括金融、互联网、软件等），贡献了近一半的增加值；其次是工业数字化，贡献了超过 1/3 的增加值。但从工业行业内部来看，数字经济对其影响较大，如在通信设备、计算机及其他电子设备制造业和通用设备制造业中，数字经济分别贡献了该行业 71% 和 86% 的增加值；在钢铁、水泥这类传统产业中，也分别有 44% 和 53% 的增加值是由数字经济带来的。

数字技术可以为社会经济的绿色发展提供网格、数字化和智能的技术手段，实现产业转型升级和结构优化，提高政府监管和社会服务的现代化水平，促进绿色生产和生活方式的形成，促进社会整体能源消费的减少。然而，数字经济产业的整体能源消耗增长非常快，2020 年全球 ICT 行业的碳排放量占全球的 2.3%。目前江西省数字经济的碳排放约为 138 万 t，占全国数字经济总排放的 1%。

整体来看，江西省各大重点产业整体单位增加值排放量要优于全国平均水平，尤其是新兴产业和数字经济（图 11-6）。在传统产业领域中，电力和建材产业的单位增加值要高于全国平均水平，未来要提高这两大产业的技术水平，继续降低单位产品能耗；有色金属冶炼作为江西省最主要的支柱产业之一，目前单位增加值排放量远低于全国平均水平，未来应继续保持该产业的发展龙头地位。从产业类型来看，新兴产业、数字经济和现代服务业与传统产业相比，其单位增加值排放量均较低，也是未来主要发展的重点产业。但要注意的是，江西省现代服务业的单位增加值排放量要略高于全国平均水平，未来需要继续加强对服务业的能耗控制。

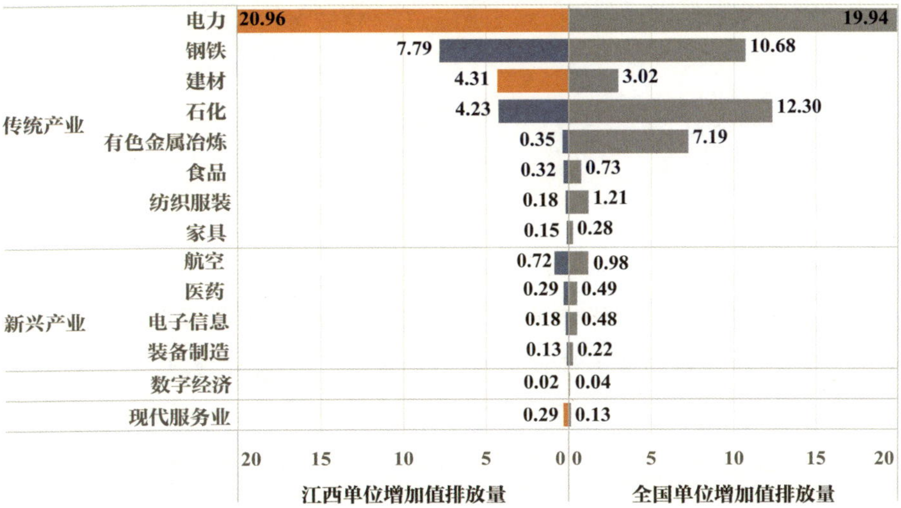

图 11-6 江西省 2020 年重点行业单位增加值碳排放（t/ 万元）

注：柱状图表示行业单位增加值碳排放（t/ 万元，2020 年当年价格），其中蓝色表示单位增加值碳排放低于全国水平，橙色表示单位增加值碳排放高于全国水平。食品行业包括农副产品制造、食品制造和酒饮料精制茶制造，航空产业包括航空设备制造，医药产业包括中医药及生物医药产业，新能源产业包括锂电和光伏产业，数字经济包括数字产业化和产业数字化，现代服务业包括除交通运输外的全部服务业。

11.3.3 未来产业趋势研判

根据江西省当前的技术储备和技术优势，结合区域科技规划和中长期产业愿景，充分考虑国家和区域碳达峰碳中和约束下的产业发展宏观趋势特征，以及全球相关产业发展趋势，综合研判江西省未来产业发展趋势特征。

根据关键产业预测模块（IDM）的分析，江西省未来以电机、传感器等为核心的先进制造与装备行业依然是重点发展行业，与之关联紧密的热点词“智能”“信息”“数据”等显示出新一代信息技术和新一代人工智能技术将在制造和装备行业发挥非常关键的作用；中医药也是未来的重点领域，相关技术侧重提取、分析、制备等，因此精细化中医药，尤其是中药材及生物医药领域将成为未来发展的重点；汽车、陶瓷、太阳能等已有的优势领域将继续发挥增长潜力，并且与“电池”“信息”关键词紧密相关；稀土特色行业将进一步向绿色、环保方向发展，“浸取”“修复”“废水处理”等高频热点词关联出现，此外氧化钇专利的增加也显示出稀土行业与陶瓷行业不断紧密结合的特点。在数字经济方面，到 2025 年，江西省数字经济增加值增速持续快于全省经济增速，也快于全国平均增速，并努力实现规模倍增，其占全省地区生产总值的比重达到45%左右，数字化创新引领发展能力显著提升，数字技术与经济社会各领域融合的广度、深度显著增强，数字化公共服务能力、数字化治理水平显著提升，南昌“元宇宙”等聚集区蓬勃发展，江西省数字经济整体发展水平力争进入全国先进行列。

11.4 江西省碳达峰碳中和的挑战与机遇

11.4.1 挑战

江西省碳排放呈总量小、人均低、强度低的特征，经济水平在全国处在中游位置，仍处于快速发展阶段，经济体量小、相对欠发达，“十四五”期间全省制造业内生增长及承接产业转移的速度还在加快，能源消费需求仍呈刚性增长趋势，要实现10年内碳达峰、40年内碳中和的目标，所面临的困难和挑战前所未有。

一是能源结构偏重、能耗“双控”压力较大。2020年，江西省煤炭比重约为62.9%，高于全国平均水平约5个百分点；天然气比重约4%，低于全国平均水平近5个百分点。省内化石能源自给能力弱，94%以上的煤炭、100%的原油、100%的天然气依靠外省调入。“十三五”期间，江西省通过严控新上高耗能项目，加快转方式、调结构、挖潜力，单位地区生产总值能耗已下降到0.405 tce，比全国平均低20%，在中西部地区最低，与沿海发达地区相当，但由于历史能耗基数偏低，进一步下降空间小、难度大。

二是产业结构偏重，2020年江西省三次产业结构的比重为8.7∶43.2∶48.1。与我国发达省份相比，第二产业比重偏高，产业结构层次差距较大。工业是二氧化碳排放的重要领域，2020年江西省工业（包括能源加工与转换）二氧化碳排放占总量的81%，工业率先达峰对江西省实现碳达峰的目标至关重要。目前，江西省产业结构仍突出表现为工业占国民经济的比重偏高、工业内部高耗能行业比重偏高。江西是工业大省，工业增加值占规模以上工业的比重仅为38.7%，高耗能行业单位工业增加值能耗是工业平均水平的1倍以上。高耗能行业建立在高投入与高消耗的基础之上，能源利用效率不高，导致江西省工业能效提升压力大，工业绿色低碳转型和实现率先达峰面临巨大压力。

三是产业转型任务艰巨，2020年六大高耗能行业能耗占规模以上工业的比重达86.9%。江西省传统重化工业，高能耗、高碳行业在产业中的占比仍然偏高，有色产业、石化产业、钢铁产业、建材产业等传统产业需要加快改造升级，新兴产业当前仍处在快速发展阶段，不足以快速改变该省产业结构偏重的现状。“十三五”审批立项的这类型项目在“十四五”期间陆续建成，未来如果没有扭转的态势可能会出现高位达峰，不利于全省绿色高质量发展，对今后碳排放控制进而实现碳中和也造成了巨大压力。“十四五”期间，江西省电力保供压力大，煤炭消费总量增速的下降空间有限，新能源暂无法完全满足日益增长的电力需求，进一步增加了产业转型的难度。

四是可再生能源资源潜力以风电、光伏发电为主，但存在开发难度大的缺点。江西省的水能资源开发量已接近上限；风能、太阳能资源在全国均处于中下水平，发展空间有限；生物质能蕴藏量虽较为丰富，但可利用规模小，九江市彭泽县内陆核电建设形势尚不明朗。“十四五”期间，江西省可再生能源发展受“瓶颈”制约依然存在不确定性，外购可再生能源电力规模因线路等原因存在不确定性，全省非化石能源占比偏低且短期内能源供应形势和消费结构难以得到根本性改善，依靠自身资源调整能源消费结构的困难很大。

五是绿色低碳技术创新能力不足。江西省在绿色低碳方面创新能力不足，高端领军人才偏少，缺乏一流的科研平台，重点高校少，地方研发力量相对较弱，绿色低碳技术储备不足，创新链与产业链协同保障能力不够，技术转化率偏低。虽然国家、省、市、县各级政府已实施能源“双控”、碳排放考核工作多年，但多数企业管理层及员工对节能、绿色低碳的认识不够，能源管理、节能减排工作相对落后于发达地区，缺乏企业自主创新研发的内生动力。

六是生态资源“变现”的体制机制尚未形成。绿色生态是江西省的最大财富、最大优势、最大品牌，全省林地、湿地、草地待开发的生态系统固碳潜力巨大：森林覆盖率达 63.86%，活立木总蓄积量达到 6.85 亿 m^3；拥有中国最大的淡水湖——鄱阳湖，具有完整的生态系统；拥有鄱阳湖滨湖地区、赣江流域湿地草场、武功山山地草甸等大片草地资源。但是江西省目前还不具备将生态资源转化为生态资产、将生态价值体现为经济价值的系统机制，“绿水青山就是金山银山”的转化路径和政策制度体系亟待建立。

11.4.2 机遇

生态优势是江西省最大的财富和潜力。作为首批国家生态文明试验区，在“十三五”的前 4 年，全省碳强度累计下降 20.48%，提前完成下降 19.5% 的目标任务，全省绿色低碳发展基础较好。碳达峰碳中和目标的提出将进一步提升江西省作为全国生态文明示范区的影响力，打造生态文明强省形象，加速传统行业转型升级，促进能源结构优化，进一步改善省内各地区发展不平衡不充分的问题。

一是实现全省经济发展的绿色转型。“双碳”目标的提出将进一步促进江西省加快产业结构、能源结构的绿色转型，彻底改变产业结构偏重、能源结构偏煤的不利现状。通过推进新兴产业、淘汰落后产能、构建新能源体系及贯彻可持续发展理念，江西省可以实现绿色低碳转型。

二是推进建设低碳高效的能源体系。江西省的能源体系和产业结构体系不断优化，风电和光伏发电发展迅速，新能源产业体系正在建立。虽然江西省的煤炭占比仍超过 60%，但非化石能源发展十分迅速，尤其是光伏发电和风电，近 3 年的发电量翻了一番，风电发电量由 2017 年的 31.4 亿 kW·h 增至 2020 年的 70.7 亿 kW·h，光伏发电量由 2017 年的 29.7 亿 kW·h 增至 2020 年的 61.7 亿 kW·h。以光伏发电、风电为主的新能源体系发展也初见规模，以晶科能源控股有限公司为龙头，形成了从上游单、多晶电池片到下游光伏发电系统的全产业链。

三是将江西省打造为低碳绿色发展的排头兵。江西省碳汇资源丰富，森林覆盖率全国排名第 2 位，林业碳汇交易与扶贫结合，促进“绿水青山”转变为“金山银山”。江西省作为首批全国生态文明试验区，“十三五”以来累计完成造林 544 万亩、低产低效林改造 742.9 万亩，森林覆盖率稳定在 63.1%，碳汇 563 万 t，成为全国首个“国家森林城市”“国家园林城市”设区市全覆盖省份。随着碳达峰碳中和工作的推进，森林碳汇资源变得越来越有价值，将具有减缓和适应气候变化效益的林业减排增汇项目与气候投融资等方式结合，利用碳汇资源推动扶贫和减贫，实现“绿水青山就是金山银山”。

四是推广江西省低碳示范工作。江西省碳排放增长趋势放缓，碳强度和人均碳排放都低于全国平均水平，低碳试点示范卓有成效。碳排放量在 2017 年之后年增速基本维持在 1% ～ 2%，增长速度明显放缓，每个 5 年的碳强度下降幅度也高于全国平均水平。2020 年人均碳排放量 5.1 t，低于全国平均水平（7.2 t）。南昌、赣州、景德镇、抚州、吉安、共青城先后获批国家低碳城市试点，近 10 年间先后开展近零碳排放示范区、低碳旅游示范景区、低碳县区等试点示范工作，并对重点区域、重点领域开展了达峰路径探索，对碳达峰碳中和工作的开展奠定了良好的基础。

五是推进低碳技术发展。“双碳”目标的实现需要低碳技术的坚实基础，这将进一步促进江西省内的企业院所投入低碳技术开发研究，吸引技术、人才入赣，全面提升江西省低碳技术储备与低碳科研人才储备，加快低碳、脱碳技术研发和推广，促进低碳企业优先发展，进一步做好重点用能企业节能技术升级和能源管理能力提升，提高新能源发电稳定性。

12

江西省 2020—2060 年排放情景分析

本章基于江西省经济社会分析及碳源、碳汇现状，采用 CAEP-CP-JX 2.0 模型对江西省碳达峰情景和碳中和情景进行模拟，根据文献资料、专家座谈、模型预测等设定江西省发展目标参数，评估 2020—2060 年碳排放变化情况。

12.1 基本情景参数

12.1.1 社会经济

基于江西省近年来经济、人口发展趋势，参考《江西省国民经济和社会发展第十四个五年规划和 2035 年远景目标纲要》内容，预测江西省 2035 年前经济社会发展的主要指标，再与中国工程院的研究结果相比较，设定江西省未来碳达峰碳中和情景分析基本参数，如表 12-1 所示。

根据表 12-1，2020—2025 年江西省人口保持较快增长速度，2035 年前后达到峰值，此后逐年下降。2020—2035 年，江西省人均地区生产总值保持稳定快速增长，增速逐年下降，2035 年后全省产业基本饱和，增速明显放缓。考虑到江西省城镇化率发展动力潜力较大，按照江西省“十四五”规划要求，设定 2035 年前保持城镇化率快速增长，2035 年后增速平稳。参考发达国家人均用电量水平，结合“双碳”目标及我国发电现状，预设江西省 2050 年人均用电量基本达到发达国家水平，约为 7 000 kW·h。

表 12-1 江西省中长期社会经济基本参数

主要指标	2020 年	2025 年	2030 年	2035 年	2040 年	2050 年	2060 年
人口 / 百万人	45.2	46.4	47.5	47.5	47.4	47.2	45.4
地区生产总值 / 万亿	2.57	3.60	4.70	6.03	7.23	10.23	12.91
人均地区生产总值 / 万元	5.69	7.76	9.98	12.63	15.16	21.61	28.41
城市化率 /%	59	64	68	71	74	78	83
全社会用电量 /（百亿 kW·h）	16.3	19.2	22.4	25.6	28.5	34.4	38.3
人均用电量 /（kW·h）	3 600	4 150	4 800	5 400	6 000	7 300	8 500
发电量 /（百亿 kW·h）	14.5	17.1	20.2	23.1	25.8	29.7	34.8
装机容量 /（百万 kW·h）	44.4	67.7	100.2	132.5	114.9	130.3	143.6

数据来源：①人口：2020 年为第七次全国人口普查数据，2025—2060 年参考 SSP2-RCP6 预测并结合本研究与江西生态文明研究院讨论研究得出。②地区生产总值及人均地区生产总值：2020 年为国家统计数据，2025 年参考《江西省国民经济和社会发展第十四个五年规划和 2035 年远景目标纲要》，2035 年及 2050 年参考 2035 年远景目标预测和“两个一百年”奋斗目标要求估算，2035 年达到发达国家收入水平（约 2 亿美元），2050 年较 2035 年翻一番。③城市化率：2025 年参考江西省“十四五”规划目标，2025 年后参考《我国碳达峰碳中和战略及路径》（中国工程院，2021）预测内容。④全社会用电量及人均用电量：参考《我国碳达峰碳中和战略及路径》（中国工程院，2021）结果及《中国 2030 年能源电力发展规划研究及 2060 年展望》（全球能源互联网发展合作组织，2021）。⑤发电量及装机容量：参考《中国 2030 年能源电力发展规划研究及 2060 年展望》（全球能源互联网发展合作组织，2021）预测内容，结合本研究与国网江西省电力有限公司专家研讨结果。

12.1.2 碳汇情景

碳密度随林龄增大而增加，天然林的碳密度比人工林高。江西省自 20 世纪 80 年代末期开始实施“山江湖”工程的植被恢复和造林措施，全省的森林主要以幼龄林和中龄林为主，加上人工林面积占比较高，森林碳密度低于全国平均水平。如果考虑森林生长及面积的增加，江西省的森林存在较大的固碳潜力。

生态过程模型模拟和森林资源清查数据估算是目前估算区域尺度森林碳汇的有效方法。本研究利用遥感数据、气象数据及生理生态模型，结合森林资源清查数据，主要考虑了江西省的气候条件、植被类型、造林政策、植被生长特征等因素对碳汇的影响，估算了气候变化情景下江西省的森林碳汇潜力（表 12-2）。

表 12-2 江西省 2020—2060 年森林碳汇潜力

单位：亿 tCO_2/a

年份	上限	下限	平均
2020	0.34	0.34	0.34
2030	0.39	0.35	0.37
2040	0.36	0.33	0.35
2050	0.34	0.29	0.32
2060	0.33	0.28	0.31

研究结果显示，江西省森林的碳储量处于持续增长的状态，且在2030年前后碳汇量达到峰值，然后趋于稳定，这与该省造林面积有限和林龄逐渐成熟有显著关系。碳汇增长最大的是怀玉山—武夷山山地丘陵森林带、幕阜山—罗霄山山地丘陵森林带这2个森林带，这与当地自然保护区的建立和国家储备林基地计划密切相关。

12.2 排放情景综合模拟

本研究采用CAEP-CP-JX 2.0模型对江西省碳达峰情景和碳中和情景进行模拟。根据文献资料、专家座谈、模型预测等设定江西省发展目标参数，采用“自上而下”和“自下而上”有机结合的方法，充分考虑我国与江西省2030年前实现碳达峰、2060年前实现碳中和等目标约束，同时考虑当地行业的发展特点，对未来行业或领域（电力、钢铁、水泥、陶瓷、建筑、交通等）情景参数，包括能效水平、活动水平及能源结构，进行数百次大量模拟，得到如图12-1所示结果，并最终选取高、中、低3种情景作为江西省未来碳排放情景。

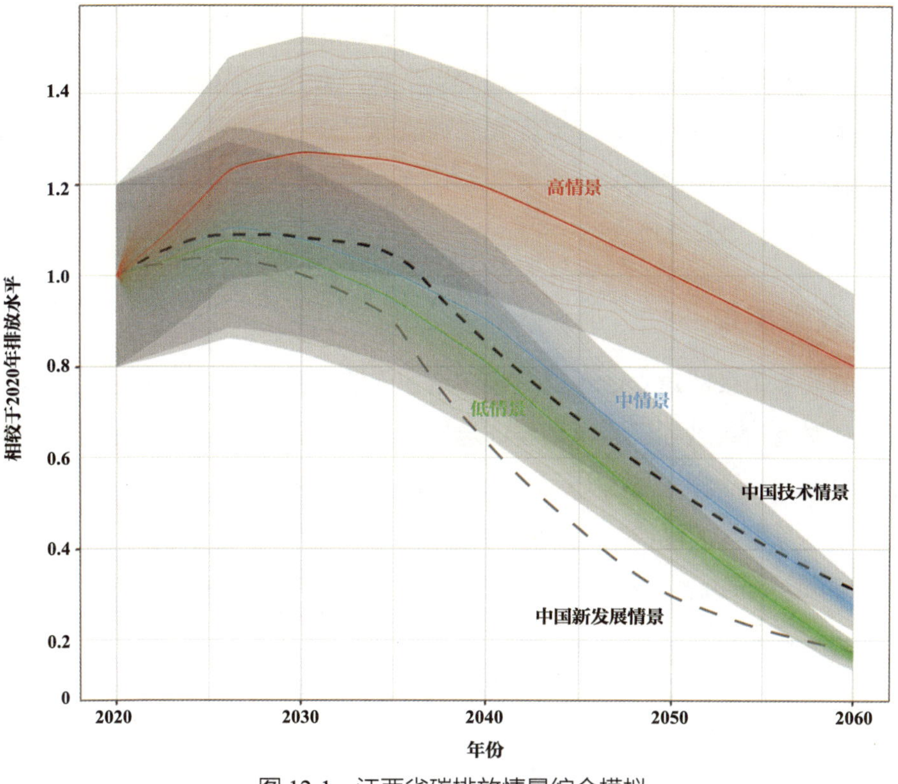

图12-1　江西省碳排放情景综合模拟

注：图中的排放数据都是相对于2020年基准年数据的比值；中国技术情景和中国新发展情景来自《我国碳达峰碳中和战略及路径》（中国工程院，2021）。

高情景设定考虑江西省保持近年来高经济增长速度，主要参数按照当前发展趋势和能源结构水平设定，不考虑在2060年完成碳中和目标。模拟2020—2060年碳排放整体变化情况，江西省总体上碳排放量较高，2060年碳排放总量超过2亿t，无法实现碳中和目标。

中情景和低情景在江西省当前发展趋势的基础上，综合考虑碳达峰和碳中和目标约束，能源结构改善力度更大，碳排放总量显著下降，2060年全省碳排放量均降至1亿t以下。总体来说，中、低2个情景在2030年前基本保持一致，碳排放总量预计于2026—2030年实现达峰，峰值相差不大，主要区别在于2030年后的碳排放下降速率。中情景更多考虑CCUS、碳汇等技术应用，为末端CDR带来可能，因此碳排放下降速率较慢且2060年的排放相对较高，总碳排放量预计在0.8亿t左右；低情景考虑到CDR技术的不确定性因素，降低了对技术的依赖程度，考虑更多的源头替代和结构改善措施，更多关注源头减排、新能源技术发展，总碳排放量在2060年降至0.5亿t左右。

12.3 碳达峰情景

基于江西省经济社会发展的历史趋势与现状，在高、中、低碳排放情景模拟结果的基础上进行适当调整，结合国家和江西省在经济社会发展与“双碳”目标方面的相关决策部署，设定了政策情景与强化情景，预测江西省2020—2035年经济社会发展和碳排放的主要发展情景。

12.3.1 政策情景

江西省政策情景的建立依赖于对经济增速、能耗强度下降率和能源结构变化的综合考虑，对高情景进行了适当调整，选择了符合本省当前发展速度的碳排放变化情景。

经济增速基于《江西省国民经济和社会发展第十四个五年规划和2035年远景目标纲要》发展情况确定；高耗能项目建设数量和规模对能耗强度下降幅度影响较大，高耗能项目建设数量和规模越大，能耗强度下降率越小，碳排放达峰时间越晚，峰值越高；非化石能源在能源结构中的占比越高，碳排放达峰时间越早，峰值越低。通过对未来经济增速、能耗强度下降率和能源结构变化的预测，确立了江西省二氧化碳排放“自上而下”的政策情景。

具体参数设定主要参考《中共中央关于制定国民经济和社会发展第十四个五年规划和 2035 年远景目标的建议》等文件，到 2035 年全国人均 GDP 相较 2020 年翻一番，由于江西近年来发展势头旺盛、发展需求强烈，承接粤港澳大湾区产业转移带来较大增长动力，因此设定江西省 2035 年人均地区生产总值较 2020 年增长 140%，预计达到 2.2 万美元（按 2020 年不变价计算）。根据江西省“十四五”规划目标并结合 2035 年目标折算，“十四五”“十五五”“十六五”期间，江西省地区生产总值增速分别是 7%、6.2% 和 5%，能耗强度下降比例分别是 18.3%、20.3% 和 19.0%。到“十四五”“十五五”“十六五”末，根据风电和光伏发电装机水平，非化石能源占比将分别达到 11%、16% 和 20%、煤炭消费占比将分别控制在 63%、57% 和 52%。碳排放强度下降速度达到 22.25%，比“十三五”国家对江西碳排放强度要求更高（18.3%）。

根据预测结果（图 12-2），在“自上而下”的政策情景下，江西省总碳排放将在 2021—2029 年继续上升，预测达峰时间为 2029—2030 年，峰值排放为 3.24 ～ 3.32 亿 t，随后在 2030—2035 年进入稳中有降阶段，到 2035 年降至约 3.2 亿 t。

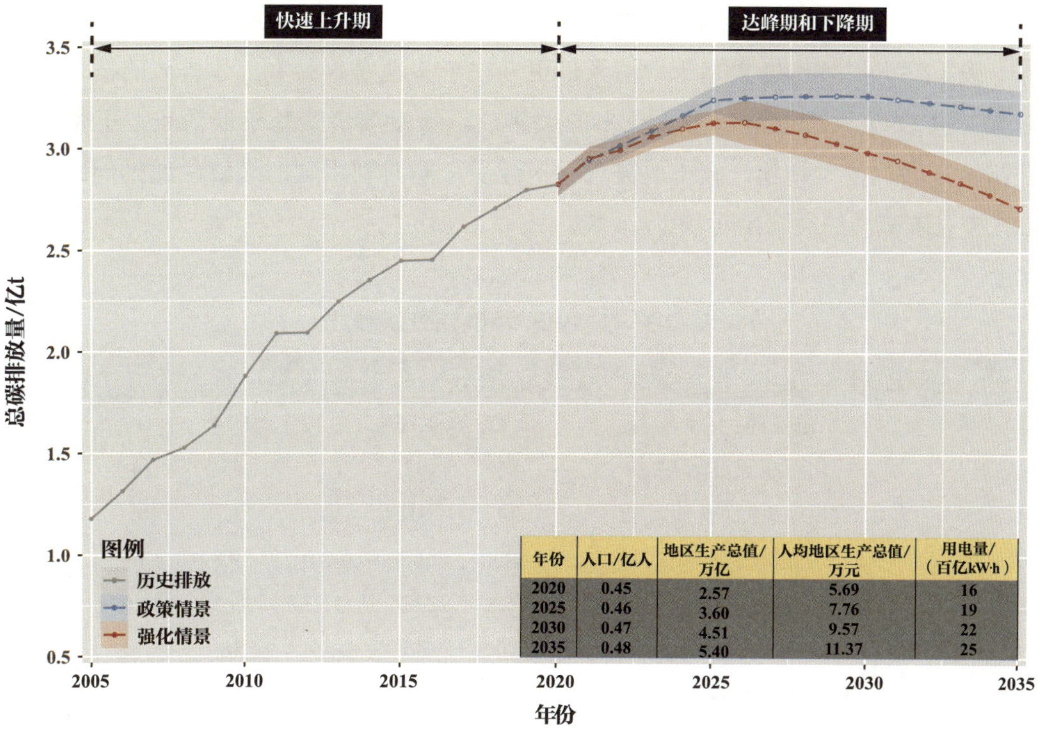

图 12-2　江西省总碳排放情景分析

12.3.2 强化情景

基于中情景和低情景的碳排放变化情况，由 CAEP-CP-JX 2.0 模型构建碳排放强化情景，以中国工程院重大专项“我国碳达峰、碳中和战略及路径研究”（2021-HYZD-14）为约束，充分考虑社会经济发展，中国 2030 年前实现碳达峰、2060 年前实现碳中和等目标约束。强化情景将在江西省基本参数设定的基础上提高碳排放控制措施应用比例，增加能源结构与产业结构调整力度，以实现 2030 年前的碳达峰目标。

根据模型结果，强化情景下江西省总碳排放将在 2021—2026 年继续上升，到 2026—2028 年达到排放峰值（3.10 亿～ 3.18 亿 t），随后在 2029—2035 年进入下降阶段。相较于“自上而下”的政策情景，强化情景可以实现更早的达峰和更低的峰值排放量。

12.4 碳中和情景

为实现 2060 年碳中和目标，本研究在中情景和低情景的基础上，结合江西省实际情况，设定了新发展情景和技术情景，通过不同路径在 2060 年实现碳中和目标（表 12-3）。技术情景基于中情景，更专注于实现净零温室气体排放的技术解决方案（CCUS），因而能够吸收更多的碳排放。新发展情景基于低情景，更多地关注需求方面的控制措施，碳排放需求相对减少，同时利用碳汇来解决减排问题，而 CCUS 对碳减排的贡献相对较少。

表 12-3　江西省碳中和情景相关参数

情景名称	主要指标	2020 年	2025 年	2030 年	2035 年	2050 年	2060 年
新发展情景	总能耗 / 亿 tce	0.97	1.15	1.29	1.34	1.13	1.04
	化石能源占比 /%	86	82	72	63	24	12
	非化石能源占比（含外调电）/%	14	18	28	37	76	88
	煤炭占比 /%	62.9	56.9	48.0	39.8	13.4	6.6
	全社会用电量 /（百亿 kW·h）	16.3	23.7	31.3	35.3	38.9	40.4
	电力占总用能的比重 /%	40	48	55	58	75	84
	发电量 /（百亿 kW·h）	14	20.9	27.4	29.9	30.1	31.3
	风力发电量占比 /%	8	10	19	25	33	32
	光伏发电量占比 /%	7	7	13	18	44	48

情景名称	主要指标	2020 年	2025 年	2030 年	2035 年	2050 年	2060 年
技术情景	总能耗 / 亿 tce	0.98	1.17	1.33	1.41	1.30	1.24
	化石能源占比 /%	86	82	74	64	27	17
	非化石能源占比（含外调电）/%	14	18	26	36	73	83
	煤炭占比 /%	62.9	56.9	49.3	40.4	15.0	9.0
	全社会用电量 /（百亿 kW·h）	16.3	19.2	23	26.9	37.8	41.3
	电力占总用能的比重 /%	41	48	50	53	76	83
	发电量 /（百亿 kW·h）	14.5	17.1	19.9	22.1	32.4	38.4
	风力发电量占比 /%	8	10	17	25	28	28
	光伏发电量占比 /%	7	7	12	18	43	46

在新发展情景下，江西省温室气体排放（包括二氧化碳排放、非二氧化碳温室气体排放、CCUS 和森林碳汇吸收）将在 2026—2028 年达峰，随后至 2035 年碳排放缓慢下降，2020—2035 年参考碳达峰情景内容。在 2035 年后，随着结构调整和减排措施的进一步加强，以及森林碳汇对碳排放吸收量的逐步增加，整体碳排放下降速度逐渐加快，最终到 2060 年实现碳中和。2060 年，江西省的碳排放总量约为 0.45 亿 t，通过碳汇＋ CCUS 技术实现碳中和。

在技术情景下，江西省总体用能情况要高于新发展情景，温室气体排放将在 2029—2030 年达峰，随后进入下降阶段，2030 年后随着 CDR 技术在火电和工业部门逐渐成熟，CDR 技术的减排潜力逐渐加大，碳排放下降速度逐渐加快，2050 年后下降速度略微放缓。技术情景下的社会发展和用能需求更高，能耗强度和碳排放总量较高，总能耗在 2035—2060 年缓慢下降，2060 年全省总能耗约为 1.24 亿 tce，人均能耗约为 2.7 tce。考虑外调电力占比不能过高，化石能源相较于新发展情景需要承担更多的能源供给任务，2060 年江西省非化石占比为 83%，较新发展情景低 5 个百分点。2060 年，江西省的碳排放总量预计为 0.85 亿 t，CCUS 移除量高于碳汇，存在较高的不确定性。

13

江西省碳达峰路径研究

在高质量碳达峰路径下，江西省预计于2026—2028年实现碳达峰，峰值为3.0亿～3.1亿t，峰值较基准年（2020年）增加14%。到2030年，全省单位地区生产总值碳排放强度相比2005年下降67%，非化石能源占比达到28%，人均新能源（风能＋太阳能）装机达到1.3 kW。2020—2035年，全社会累计资金总投入量需9 400亿元。

基于现状分析与情景模拟，本章给出了江西省高质量达峰路径：基于控煤、降强度、增风光的能源结构改善路径，结合大力发展数字经济、新材料等新兴产业的产业结构转型路径，实现“双结构”推动下的江西省高质量碳达峰目标。

在能源方面，通过大力发展风光为主的新能源、降低煤电占比，实现全省能源的绿色转型。到2030年，风光总装机容量达到6 200万kW，电力行业达峰时间预计为2031年。在工业方面，通过大力发展新兴产业、严格限制“两高一低”行业项目上马，逐步改善全省产业结构，全工业部门将在2026年前后实现达峰，此后随着钢铁、水泥、玻璃等行业碳排放量的逐步下降，工业部门的碳排放总量也将持续下降。在交通方面，以电动汽车为主推进交通工具的新能源化。江西省为实现碳达峰，2025年、2030年和2035年全社会总投入资金量分别为467亿元、802亿元和981亿元，2020—2035年累计总投入为9 400亿元。

为实现碳达峰目标，江西省应重点关注新能源发电、新型电网建设等重大项目。为保证能源供给稳定，风电、光伏发电装机容量将按照每五年翻一番甚至更高的增长速度发展；新型电网项目主要包括智能电网体系建设、省外入赣输电工程建设和储能工程；在已规划的雅砻江中游——江西特高压直流输电工程的基础上，进一步谋划清洁能源入赣输电项目，由于江西省新能源发电中光伏发电装机高于风电，需规划与风电储备丰富的地区，如福建省协调建设输配电工程，实现“削峰填谷”，保障电网稳定。

13.1 碳达峰路线图

江西省 2030 年和 2035 年非化石能源消费比重分别达到 28% 和 37% 以上，2030 年和 2035 年单位地区生产总值碳排放强度相较于 2020 年分别下降 35% 和 49%，相对低于全国同期平均水平（39% 和 55%）。

根据江西省碳达峰模拟情景，本研究梳理了 2020—2035 年江西省各阶段关键指标参数，见表 13-1。在碳达峰路径下，江西省各项指标的变化趋势相对稳定。其中，煤炭消费占比稳步下降；非化石能源消费占比稳步上升，2025 年后快速上升并在 2030 年达到 28%；油品消费占比缓慢下降（2020 年油品消费受疫情影响显著下降）。值得一提的是，天然气作为清洁能源，其消费占比在 2030 年前将持续增加（2030 年达到 7%）。第三产业占比将在“十五五”“十六五”快速提升，人均能耗在 2030 年达到 2.75 tce，在 2035 年达到 2.83 tce，仍低于发达国家达峰时的水平。人均碳排放和碳排放强度实现稳步下降。

表 13-1　碳达峰路径下江西省 2020—2035 年各阶段关键指标

关键参数	2020 年	2025 年	2030 年	2035 年
年均地区生产总值增速 /%	7.6	7	5.5	4
能源消费量 / 亿 tce	0.98	1.15	1.29	1.34
碳排放总量 / 亿 t	2.75	3.04	2.90	2.64
煤炭消费占比 /%	62.9	56.9	48	40
油品消费占比 /%	16.9	18	17	16
天然气消费占比 /%	3.8	6.8	7	7
非化石能源消费占比 /%	16.4	18.3	28	37
光伏装机容量 / 万 kW	776	1 437	3 382	4 576
风电装机容量 / 万 kW	510	1 161	2 851	3 631
外调电量 / 亿 kW·h	150	277	391	540
人均能耗 / tce	2.17	2.49	2.75	2.83

关键参数	2020 年	2025 年	2030 年	2035 年
人均碳排放 /t	6.08	6.6	6.2	5.6
单位地区生产总值碳排放强度（能源活动二氧化碳排放）/（t/ 万元）（以 2005 年不变价）	1.22	1.01	0.76	0.52
单位地区生产总值碳排放强度下降率（能源活动二氧化碳排放，相对于 2005 年）/%	−47	−56	−67	−78

未来，江西省一方面应建立以煤电为主体、风光加速发展、外调电为重要补充的能源结构。2030 年，江西省总体能源消费量为 1.29 亿 tce。2030 年，江西省能源流通情况如图 13-1 所示。从能源供给端来看，煤炭依然是最主要的能源类型，相较于 2020 年煤炭占比有明显下降，实际消费量基本保持不变；风光发电量大幅增加，较 2020 年增加约 5.5 倍。值得一提的是，江西省的调入电量增长较多，主要考虑到其风光电增速已经超过全国同期增速，同时在未来 15 年经济增长快、能源需求旺盛，将会增加能源缺口，因此要积极寻求外调电入赣。从消费端来看，电力用煤占比明显上升，工业用煤量与占比稳步下降；油品消费量在 2030 年前稳步增长，占比基本保持稳定；电力在消费侧占比大幅增加，占比超过 50%，工业、交通和建筑用电增速较快。江西省能源结构得到明显改善，外调电占比增加 2.6 个百分点。

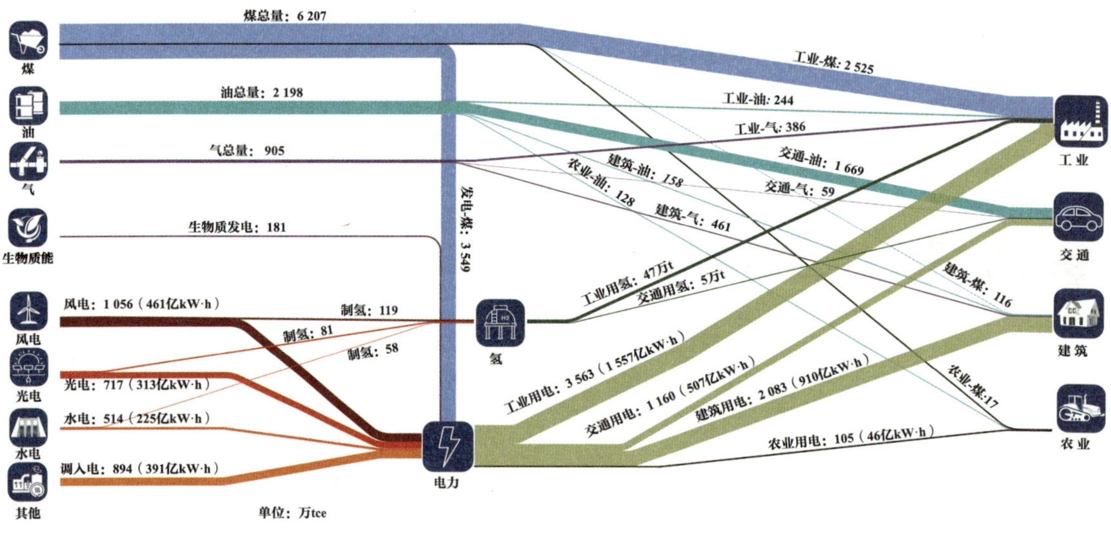

图 13-1　江西省 2030 年能源流通情况

另一方面，江西省应探索以工业降碳为主、交通火电降碳为辅的行业高质量降碳路径。从分部门来看，江西省碳达峰路径主要的碳减排量来源于工业、交通及火力发电，其中工业减排贡献最大。按照措施来看，节能降耗能效提升带来的碳减排量最高。通过分行业、分部门采取减排措施，江西省将有效避免峰值过高和达峰年过晚（图 13-2、图 13-3）。

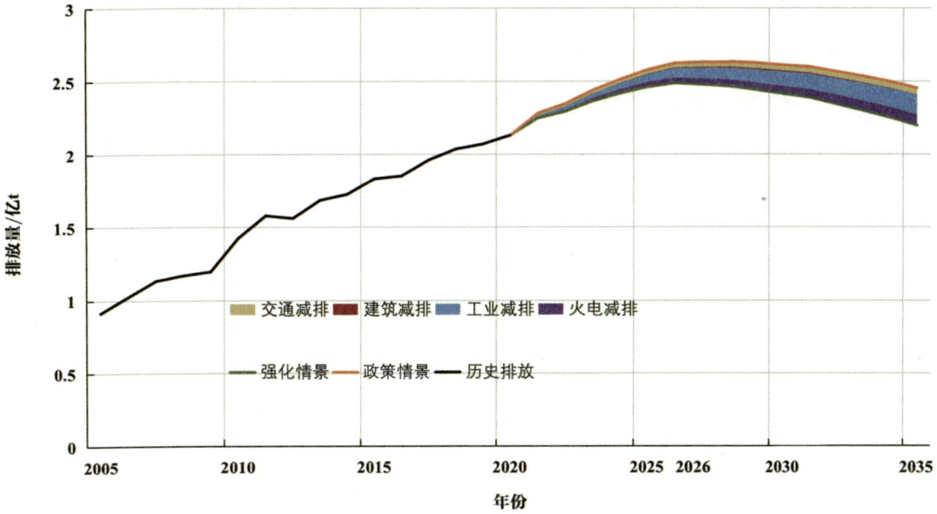

图 13-2　江西省碳达峰路径和主要部门减排（不含间接排放）

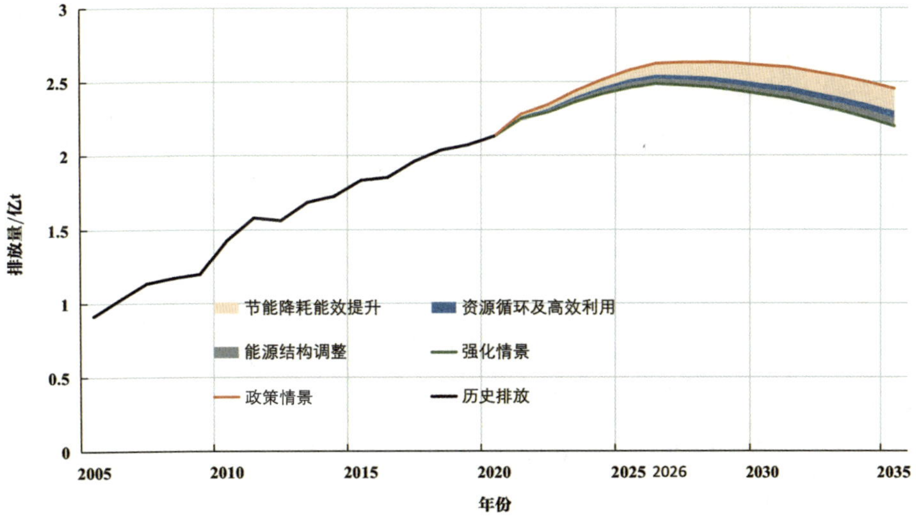

图 13-3　江西省碳达峰路径和主要技术减排量（不含间接排放）

13.1.1　电力部门

电力部门应建立以碳市场为约束的达峰路径。由于目前江西省电力行业绝大部分重点排放单位已经纳入全国碳市场，所以未来江西省电力行业主要受全国碳市场的影响。虽然在第一个履约周期内，江西省分配的碳配额要高于碳排放，主要是该履约周期的基准线相对较高，导致各企业分配配额普遍较高。根据IEA的报告，在碳市场约束下，未来15年中国火电行业单位发电量的碳排放量预计每五年分别下降3%、6%、6%左右，在全国碳市场的约束下，江西省火电企业的发电强度预计将以每年0.5%的速率下降。在全国碳市场和江西省达峰路径的双重约束下，电力部门碳排放量将在2021—2030年逐步上升，并在2031年前后实现达峰（约1.06亿t），与其他部门相比达峰时间较晚，随后在2032—2035年进入逐步下降阶段，到2035年降至1.00亿t，比峰值下降0.06亿t。

达峰路径下的电力部门减排主要由能源替代和节能降耗实现。提高水电、风电、太阳能和生物质发电是电力部门减少二氧化碳排放潜力的关键措施。2025年，利用陆上风电和提高太阳能、水力、生物质发电量将分别比基准情景减少二氧化碳排放37万t和27万t、16万t、9万t左右；到2035年，上述措施将比基准情景分别减少二氧化碳排放164万t和123万t、12万t、47万t左右。此外，通过节能降耗可以实现有效的二氧化碳减排。其中，通过纯凝机组建设、热电联产灵活性改造和现役机组的升级或淘汰可在2025年分别比基准情景减少二氧化碳排放190万t、40万t和26万t左右，在2030年分别比基准情景减少二氧化碳排放36万t、114万t和89万t左右。

13.1.2 工业部门

工业部门应建立以控制钢铁、建材为主的达峰路径。工业（除火电）部门排放水平与电力部门接近。达峰排放路径下，工业部门的碳排放量将在2021—2026年继续上升，并在2026年前后达峰，达峰时间较早，随后经历一段稳中有降的过程，到2030年降至0.81亿t（比峰值下降0.11亿t），在2030年后排放下降速度逐渐加快，进入碳排放下降期，到2035年降至0.68亿t（比峰值下降0.24亿t）。此外，工业过程排放将在2023年前后实现达峰，排放量从2020年的0.52亿t升至2023年的0.55亿t，随后开始下降，到2025年、2030年和2035年分别降至0.54亿t、0.48亿t和0.44亿t。

达峰路径下，钢铁行业峰值排放量约为0.39亿t，随后进入逐步下降阶段，到2025年、2030年和2035年分别降至0.34亿t、0.27亿t和0.21亿t。水泥行业在2020年的排放量为0.21亿t，2021—2023年继续上升，并在2023年前后达峰，达峰时间较早，峰值排放量约为0.22亿t，随后经历逐步下降阶段，到2030年和2035年分别降至0.18亿t和0.16亿t。陶瓷行业是江西省工业部门的重要排放行业，2020年的排放量为1 009万t，在2021—2026年小幅上升，并在2026年前后达峰，峰值排放量约为 1 099 万 t，随后进入稳定下降阶段，到 2030 年和 2035 年分别降至 905 万 t 和 664 万 t。

相较于基准排放路径，达峰路径下的工业部门减排主要由钢铁、水泥和陶瓷行业减排实现。钢铁行业的工艺结构调整（如废铁和直接还原铁电弧炉炼钢）、节能减排技术推广（包括焦化工艺、烧结工艺、高炉炼铁、转炉炼钢、电炉炼钢、粗钢精炼铸轧工艺和全过程管控）和 CCUS 技术是减少二氧化碳排放潜力的关键措施。本研究围绕钢铁行业钢铁生产的全过程，系统评估了各项技术的减排潜力和减排投入成本。其中，工艺结构调整、节能减排技术推广和 CCUS 将在 2025 年分别比基准情景减少二氧化碳排放 139 万 t、53 万 t 和 25 万 t 左右，在 2030 年分别比基准情景减少二氧化碳排放 223 万 t、113 万 t 和 54 万 t 左右，在 2035 年分别比基准情景减少二氧化碳排放 294 万 t、143 万 t 和 70 万 t 左右。

水泥行业的减排措施包括提高能效水平（如外循环生料立磨技术、辊压机终粉磨系统和带分级燃烧的高效低阻预热器系统）、能量回收技术（工业循环水余压能量闭环回收利用技术、余热回收技术）、燃料替代技术（利用高热值危险废弃物替代水泥窑燃料综合技术、生活垃圾生态化前处理和水泥窑协同后处理技术）和 CCUS 技术。本研究从生产前端的燃料替代到生产中的能效提高及末端的能量回收和 CCUS 4 个方面共选取了 17 项碳达峰技术，综合分析了江西省水泥行业的总体减排潜力。提高能效水平、能量回收技术、燃料替代技术和 CCUS 技术将在 2025 年分别比基准情景减少二氧化碳排放 89 万 t、9 万 t、5 万 t 和 1 万 t 左右，在 2030 年分别比基准情景减少二氧化碳排放 110 万 t、51 万 t、8 万 t 和 41 万 t 左右，在 2035 年分别比基准情景减少二氧化碳排放 201 万 t、14 万 t、11 万 t 和 18 万 t 左右。

13.1.3 建筑部门

建筑部门应建立以电气化改造为主的降碳路径。达峰路径下，建筑部门排放（直接排放）已实现达峰，峰值排放约为 1 261 万 t，随后进入稳定下降阶段，到 2025 年、2030 年和 2035 年分别降至 904 万 t、823 万 t 和 803 万 t。

城镇居住建筑中，对于新建建筑，2022 年有 20% 的新建建筑按电气化率 100% 设计进行工程示范，并以逐年递增 8% 的比例增加新建住宅建筑全电气化比重，到 2030 年实现 80% 的新建居住建筑全电气化，2035 年实现新建建筑电气化率 100%；对于既有建筑，2025 年开始启动全电气化改造，到 2030 年改造 90 亿 m^2，其中燃煤既有建筑全部改造完毕，燃气既有建筑完成 30% 的全电气化改造。在农村居住建筑中，对于新建建筑，2022 年按电气化率 100% 设计；对于既有建筑，2030 年燃煤部分由电替代 50%。城镇公共建筑中，对于新建建筑，2022 年均按电气化率 100% 设计；对于既有建筑，同步开展电气化改造，到 2030 年改造面积达 40 亿 m^2。

单位面积能源强度方面，未来预测是根据 2010—2018 年全国城镇居住建筑、农村居住建筑和公共建筑的年均单位面积能耗进行趋势外推，以估算未来年份不同建筑子部门的情况。同时参考其他国家建筑单位能耗和近 10 年间中国的建筑单位能耗趋势，设定城镇居住建筑、农村居住建筑和公共建筑的单位面积能源强度的最大限值分别为 10 kg 标准煤 /m^2，10 kg 标准煤 /m^2，25 kg 标准煤 /m^2。

达峰路径下的建筑领域减排主要由农村建筑减排、城镇建筑减排和公共建筑减排实现，主要有以下措施：农村建筑采用建筑节能措施和能源有效利用，如节能吊炕、高效土暖气、太阳能热水器、高效节能灶和户用沼气池；城镇建筑利用太阳能和采用节能电器，如住宅太阳能热水器、高效冰箱；公共建筑进行节能改造、利用太阳能以及智能用电计量分析，如高效暖通空调系统改造、商业建筑中的太阳能热水器和电能计量系统。农村建筑减排、城镇建筑减排和公共建筑减排措施将在 2025 年分别比基准情景减少 CO_2 排放 21 万 t、5 万 t 和 4 万 t 左右，在 2030 年分别比基准情景减少 CO_2 排放 57 万 t、13 万 t 和 9 万 t 左右，在 2035 年分别比基准情景减少 CO_2 排放 15 万 t、3 万 t 和 1 万 t 左右。

13.1.4 交通部门

交通部门应建立以新能源车发展为主的达峰路径。交通部门是江西省重要的排放部门，达峰排放路径下，交通碳排放量在 2021—2028 年持续上升，并在 2028 年前后实现达峰，较 2020 年增长 0.18 亿 t，达峰时间晚于工业、建筑部门；2029—2035 年，交通部门排放进入下降阶段，到 2035 年降至 0.40 亿 t，比峰值下降 0.05 亿 t。达峰路径下的交通部门减排主要通过提升车辆能效水平、推广新能源汽车与调整交通运输结构实现。到 2025 年，通过能效提升、新能源汽车推广与运输结构调整分别比基准情景减少二氧化碳排放 162 万 t、66 万 t 和 54 万 t 左右；到 2035 年，上述措施将分别比基准情景减少二氧化碳排放 201 万 t、190 万 t 和 63 万 t 左右。

以乘用车推进为重点，大力推进新能源汽车的导入。按照《新能源汽车产业发展规划（2021—2035 年）》的要求，实现 2025 年汽车销量中新能源车占比达到 20% 左右，2030 年达到 40% 以上。采取财税及使用优惠等综合措施加大新能源商用车的推广力度，2025 年商用车销量中新能源车占比达到 6%，2030 年达到 10%，2025 年年底前城市公交车基本实现新能源化。新增或更新的轻型物流车、网约车、出租车、中短途客运车、环卫清扫车使用新能源的比例达到 90% 以上。新增或更新的党政机构、事业单位及公共机构车辆优先选用新能源汽车，新采购车辆中新能源汽车的比例不低于70%，租赁车辆原则上全部采用新能源汽车。

2025年年底前实现江西省乘用车和商用车新车二氧化碳排放强度分别比2020年降低14%和10%。“十五五”开始实施温室气体排放标准，切实降低道路实际二氧化碳排放。引导企业在产品轻量化、轮阻降低、热效率提高、强混车比例提升等方面实现技术升级、产品结构调整，不断降低单车二氧化碳排放强度，实现乘用车和商用车2030年年底前分别降低25%和20%、2035年年底前分别降低34%和25%的目标。

在“十三五”货物运输结构调整的基础上，继续加大大宗货物运输结构的调整力度，优化公路货运结构。制定“十四五”和中长期国家货物运输发展规划，持续推进大宗货物“公转铁”“公转水”。到“十五五”末形成大宗货物中长途运输使用铁路、水路，中短途货物运输使用管道或新能源车辆，城市货物运输主要采用新能源轻型物流车的局面。

13.2 成本分析

为确定江西省各时期各行业的减排难易程度及资金投入总量，本节以2025年、2030年和2035年为时间节点，围绕电力行业、钢铁行业、水泥行业、交通行业和建筑行业五大主要排放领域，利用专家型的边际减排成本曲线等多种分析方法，在系统剖析各时期各项技术碳减排潜力和减排成本的基础上，分析得到江西省不同时期各行业相对于基础情景下的单位减排成本及总投入。其中，单位减排成本是指单位碳减排量情况下，低碳生产工艺相对于传统生产工艺的替代成本，表征了各行业绿色低碳转型的难易程度；总投入是指为实现绿色低碳转型，各行业所需投入的资金总量。

13.2.1 行业减排技术及成本

在系统剖析目前和未来上述5个行业各类低碳减排技术的基础上，通过文献调研和专家咨询等方式，构建形成了包含技术投资成本、推广比例和减排潜力等信息在内的减排技术数据集，并以此为依据，通过结合专家型的边际减排成本曲线，构建形成了江西省各时期针对各项技术的碳减排潜力及减排投入成本曲线。同时，利用经济-能源型的边际减排成本曲线，以对数型函数关系曲线为依据，通过模型拟合等方式最终形成江西省各时期各行业的总减排投入成本曲线。

对于电力行业，本节着重考虑陆上风电、太阳能发电和生物质能发电在煤电替代中的作用，并同时考虑热电联产灵活性改造、服役期满机组淘汰和现役机组节能升级改造等技术措施对该行业节能减排的促进作用。按照现行陆上风电开发成本，在2025年前造价可按照6 000元/kW考虑，2030年可按照5 000元/kW考虑，2035年可逐步降至4 000元/kW左右；按照现行集中式光伏项目开发成本，在2025年前造价可按照3 600元/kW考虑，2030年可按照2 000元/kW考虑，2035年可逐步降至1 500元/kW左右。

对于钢铁行业，本节围绕工艺结构调整、CCUS技术及焦化、烧结、高炉炼铁、转炉、电炉炼钢、精炼铸轧等钢铁生产全过程，系统评估了各项技术的减排潜力和减排成本。

对于水泥行业，本节从生产前端的燃料替代到生产中的能效提高及末端的能量回收和CCUS 4个方面共选取17项碳达峰技术，综合分析该行业的减排潜力和减排成本。

对于交通行业，本节针对乘用车、轻微型客车、中大型客车、轻微型货车和中大型货车5类交通工具，围绕发动机技术、变压器、电子电器、渐进式技术和新能源汽车5种角度12项技术，分析了各项技术的减排潜力和减排成本。

对于建筑行业，本节围绕城镇居住建筑、城镇公共建筑和农村居住建筑3种角度，筛选得到了高效热电联产系统、农村居民电气化、户用沼气池等18项建筑行业的碳达峰技术，并确定了各项技术的减排潜力和减排成本。

13.2.2 单位减排成本分析

江西省各行业的平均单位减排成本为806元/tCO_2，其中由于电动汽车等新能源汽车具有较高的能源替换成本，因此交通行业的单位减排成本较高，为1 295元/tCO_2；其次为建筑行业，其单位减排成本为873元/tCO_2。

钢铁行业中，废铁-电弧炉炼钢将成为主要生产工艺，其减排量约占各项工艺总减排量的50%以上，总成本为3 830元/t，已基本接近高炉-转炉炼钢生产总成本（3 650元/t），单位减排成本仅为140元/tCO_2。因此，钢铁行业的边际减排成本较低，仅为360元/tCO_2。

电力行业中，现阶段尽管煤电的投资成本低于水力、光伏等可再生能源发电技术，但从全生命周期的角度来看，水力发电和光伏发电的总成本已低于燃煤发电成本。经计算，燃煤发电、水力发电和光伏发电的平准化发电成本分别为357元/（MW·h）、286元/（MW·h）和320元/（MW·h），即水力发电和光伏发电的平准化发电成本较燃煤发电分别低71元/（MW·h）和37元/（MW·h）。因此，电力行业的单位减排成本同样较低，仅为192元/tCO_2。

水泥行业中，由于目前该行业仍然缺乏全工艺流程的替换技术，新型干法水泥生产工艺依然为水泥行业的主导工艺。水泥行业可用的低碳减排技术以技术改造为主，因此该行业具有最低的单位减排成本，即 47.8 元 $/tCO_2$。

江西省应优先推进水泥和电力行业的低碳绿色转型，在此基础上可进一步推进钢铁、建筑和交通行业的低碳转型。图 13-4 给出了达峰路径下江西省未来的单位减排成本和减排潜力分析。

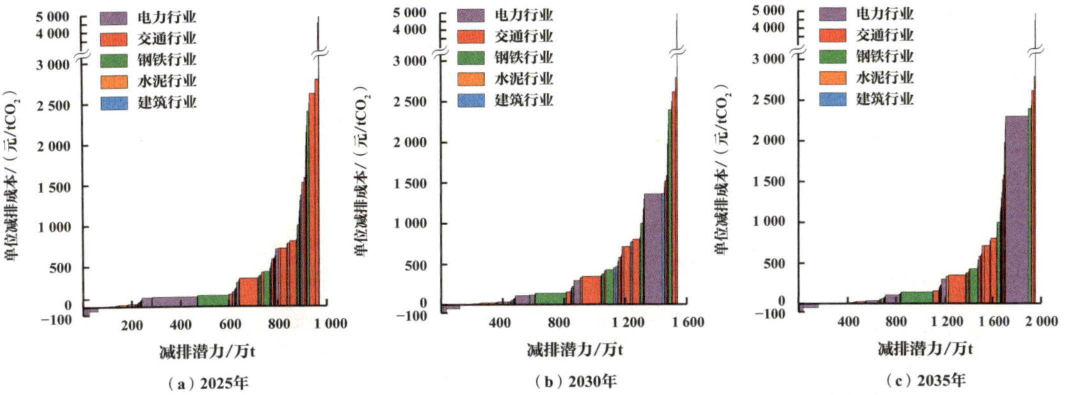

图 13-4　达峰路径下江西省单位减排成本及减排潜力

随着减排量的不断递增，江西省各行业的边际减排成本将不断增大，因此需要进一步判断在不同减排量下各行业的减排优先级。如图 13-5 所示，无论在何种减排情况下，水泥行业和电力行业均具有较低的总减排成本，其次为钢铁行业、交通行业和建筑行业。当减排量较低时，电力行业的总减排成本低于水泥行业，当减排量超过 500 万 t（3 年交点平均值）时，水泥行业的总减排成本将低于电力行业。该结果表明，当总减排量低于 500 万 t 时，可优先推进电力行业减排；当总减排量大于 500 万 t 时，可同时推进电力行业和水泥行业减排。

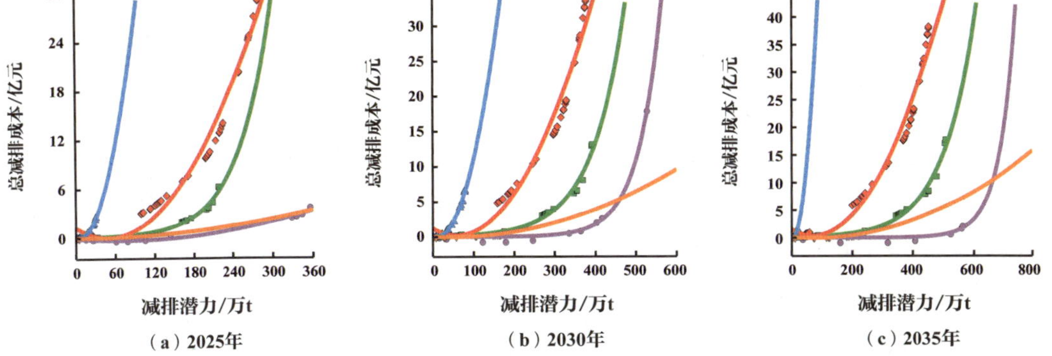

图 13-5　江西省各行业年度总减排成本曲线

13.2.3　总投入分析

图 13-6 展示了江西省各时期重点行业的年度总投入。整体来看，2025 年、2030 年、2035 年，江西省各年份全社会总投入分别为 467 亿元、802 亿元和 981 亿元。预计 2020—2035 年，为实现上述 5 个行业的低碳绿色转型及碳达峰目标，江西省需要累计总投入 9 400 亿元，其中 2020—2030 年总投入 6 335 亿元。交通行业中，汽车类型依然以传统的燃油汽车为主，且单位减排成本较高，因此总投入较高，2025 年、2030 年和 2035 年的投入成本分别为 330 亿元、519 亿元和 612 亿元，3 年总投入为 1 461 亿元。钢铁行业中，三个年份的投入成本分别为 93 亿元、175 亿元和 234 亿元，3 年总投入为 502 亿元；电力、建筑和水泥 3 个行业的总投入均较低，3 年总投入分别为 274 亿元、11 亿元和 2.5 亿元。

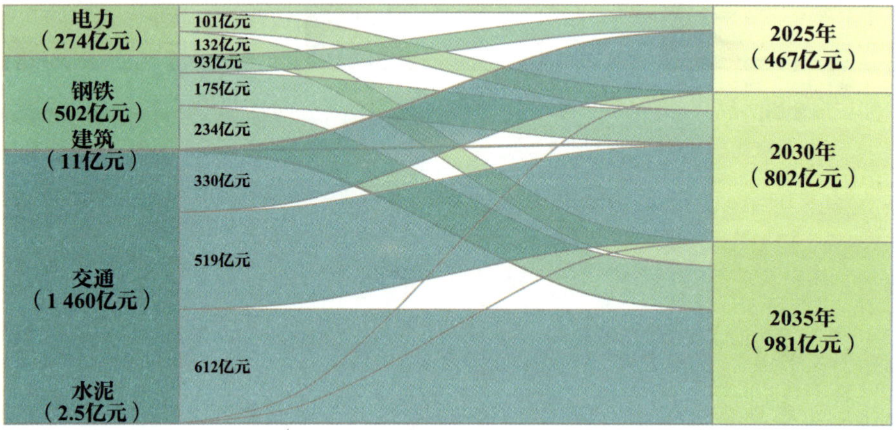

图 13-6　江西省重点行业年度总投入

13.3　社会经济分析

基于对研究需求的理解及为应对江西省面临的碳达峰碳中和政策和目标约束下的可能决策需求，本节以 2020 年江西省投入产出表为社会经济基础数据，结合 2020 年江西省能源平衡表、江西省统计年鉴、江西省碳排放数据等形成了基准年数据。模型涵盖 42 个部门（附表 3），包括生产模块、国内外贸易市场模块、政府和居民的收支模块及碳排放模块，以 1 年为步长，动态地模拟了不同碳排放约束情景下未来碳达峰和碳中和期间江西省的产业经济态势、产业结构变化、能源消费及其碳排放量的变化，从而探索“双碳”减排政策下未来江西省的社会经济变化。

江西省第一产业和第二产业比重总体略微呈下降趋势，分别下降了近 10% 和

13%，第三产业比重总体呈上升趋势，增长了10%，这在一定程度上说明江西省正在逐步过渡到以第三产业为重的时代。在碳达峰情景下，江西省2020—2035年产业结构的中长期发展趋势如图13-7所示。2030年以前，第一产业占比在持续小幅度下降，第二产业整体出现小幅下降趋势，第三产业在缓慢上升。整个“十四五”期间，第二产业的变化并不大，在碳达峰目标的约束下，“十五五”期间，第二产业收缩剧烈。以S14（化工行业）为例，“十四五”期间，其行业占比有小幅上升，但在2025年后行业占比持续下降。截至2035年，江西第二产业占比约35%，比2020年低近10%。第三产业已经成为江西省国民支柱产业，占比达到58.5%。尤其是S42（其他服务业，主要包括信息传输、软件和信息技术服务、金融、房地产、文化、体育和娱乐等），其行业增加值升至44%左右。

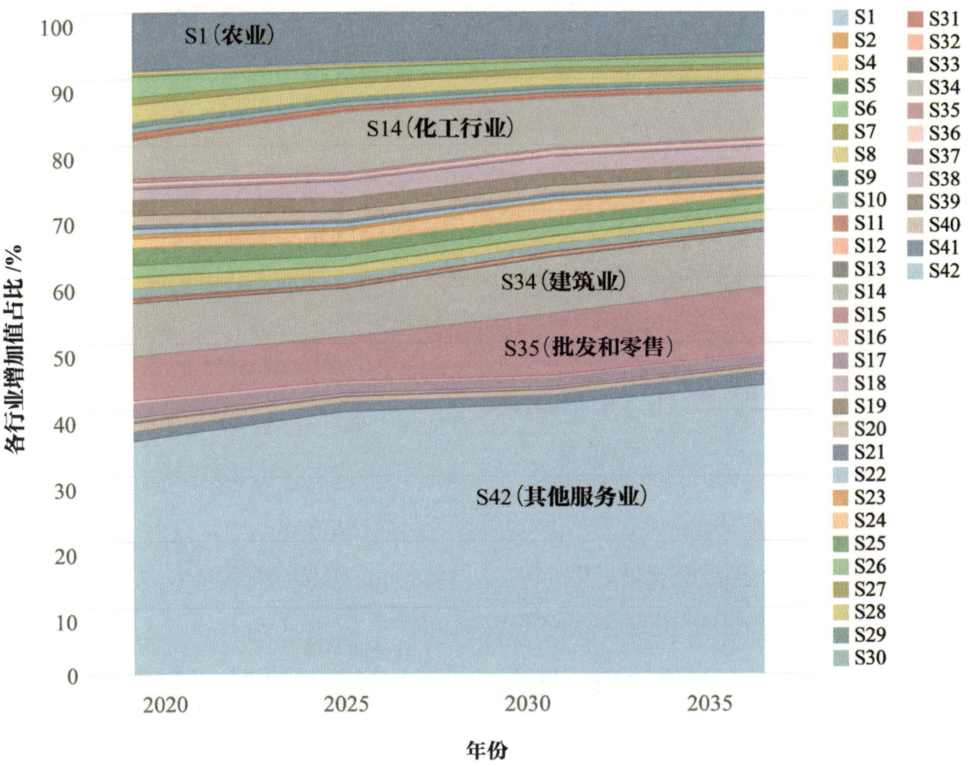

图13-7　2020—2035年江西省产业结构变化

注：行业详称见附表3。

江西省就业情况的变化与产业结构的变化基本类似，未来将有越来越多的就业岗位流入第三产业，第一产业和第二产业的就业情况总体略微呈下降趋势。在碳达峰情景下，江西省2020—2035年的就业情况如图13-8所示。2030年以前，碳达峰目标的确定使江西省的就业情况与产业结构变化相似。2030 年是一个明显的时间节点。2030 年以前，由于第一产业占比大幅下降，就业形势也很严峻，2030 年该行业就业人数占比不足 0.8%，到 2035 年就业人数将减少 549 万人。第二产业就业人数占比基本变化不大，仅下降了 3 个百分点。更多就业岗位从第一产业流向第三产业。在“十六五”期间，第一产业就业情况已经趋于稳定，第二产业就业情况开始出现明显缩水，尤其集中在 S14（化工行业）、S19（钢铁、钢压延产品、铁合金产品）、S25（电气机械和器材），就业人数占比均下降一半左右。S34（建筑业）是第二产业中就业人数最多的行业，就业人数占比基本变化不大，但随着全社会就业人数的整体上升，建筑业的就业人数将增加 35 万人。第三产业中，S35（批发和零售）变化最大，预计 2035 年该行业将增加 656 万人的就业岗位。S42（其他服务业）的就业情况与产业结构变化一致，出现大幅上升趋势，就业人数占比从 31% 增至 38%，就业人数较 2020 年增长了 87 万人。可以说到 2035 年，全省有一半的就业岗位（约 480 万人）都集中在其他服务业。

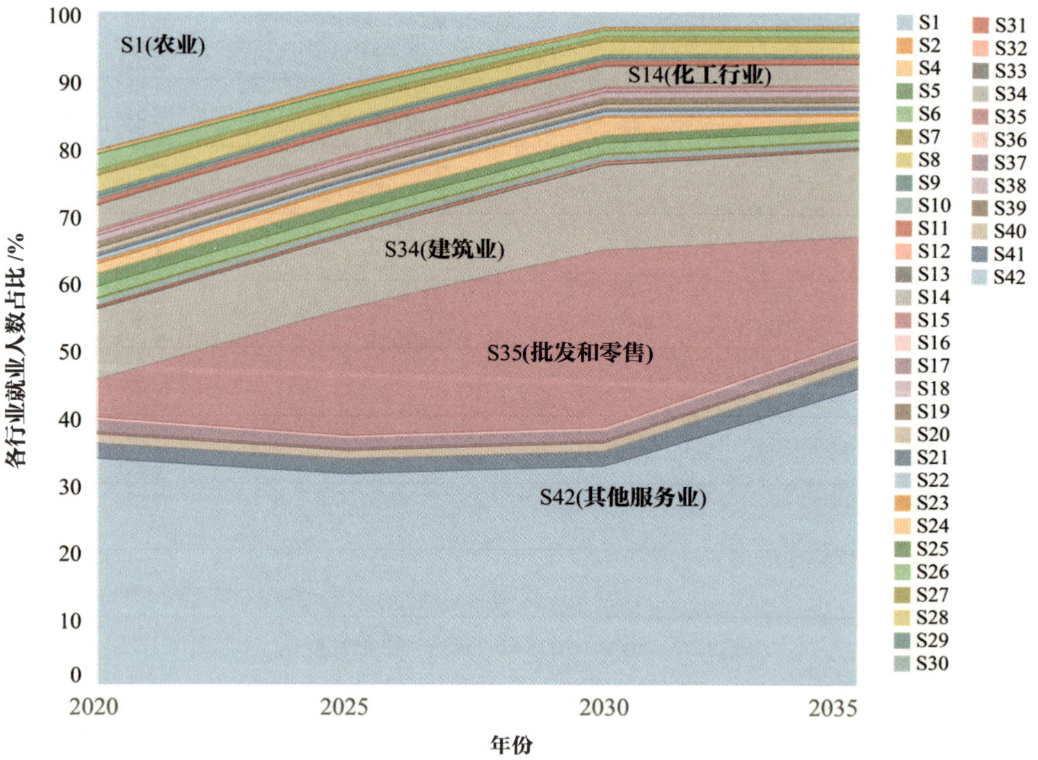

图 13-8　2020—2035 年江西省就业情况变化

注：行业详称见附表 3。

13.4 重点任务

根据《江西省国民经济和社会发展第十四个五年规划和2035年远景目标纲要》及江西省已有的专项规划，结合该省未来发展需求及碳达峰碳中和“1＋N”政策体系要求，本节梳理了其中可能对碳排放产生影响的重点任务。具体各项措施成本及减排量见附表4。

13.4.1 大力推进能源绿色低碳转型

加速能源绿色低碳转型是确保实现碳达峰的首要举措，江西省能源结构偏煤，用电需求持续增加，气候冬冷夏热，1月、7月常出现电力供不应求的情况，尤其需要科学谋划，在保障能源安全的前提下，大力实施可再生能源替代，实现本省能源绿色低碳转型，构建清洁低碳安全高效的能源体系。通过推动煤炭减量、提高新能源发电比例、建设新型电力系统等措施，可分别在“十四五”“十五五”“十六五”带来354万t/a、529万t/a和747万t/a的减排量。

一是推动煤炭消费替代和转型升级。江西省煤炭消费主要用于火力发电和工业部门，下一步要严格控制新增煤电项目，确保江西省预期新建的机组煤耗标准达到国际先进水平，有序淘汰煤电落后产能，加快现役机组节能升级和灵活性改造，积极推进供热改造，推动煤电向基础保障性和系统调节性电源并重转型。严控跨区外送可再生能源电力配套煤电规模，新建通道可再生能源电量比例原则上不低于50%。推动钢铁、水泥等重点用煤行业减煤限煤，大力推动煤炭清洁利用。加速陶瓷工业园区煤气发生炉淘汰改造，因地制宜地采用天然气等清洁能源。

二是大力发展新能源。江西省应坚持“适度超前、内优外引、以电为主、多能互补”的原则，大力发展风电、光伏发电，加快智能光伏产业创新升级和特色应用，创新“光伏＋”模式，推进光伏建筑一体化和“光伏＋农业”“光伏＋林业”等光伏发电多元布局，因地制宜地发展生物质发电，进一步完善可再生能源电力消纳保障机制，加快构建安全、高效、清洁、低碳的现代能源体系。根据2025—2060年江西省电力预测情况，江西省力争“十四五”末期新能源装机达到3 500万kW以上，2035年争取达到8 000万kW以上。根据江西省实际资源禀赋情况，重点发展风力发电与光伏发电，适当发展生物质发电。2020—2030年，新能源发展将累计为江西省带来约1 615万t的碳减排量。在赣州、抚州、萍乡、宜春、吉安等具备较好山地风电场资源的地区，积极开展山地风电场对生物多样性影响的论证，适度、适当地在生态保护缓冲区、实验区批准建设部分生态友好型风电场，在前期论证阶段对风电场施工、环保、生态修复等提出相应要求，严格要求开发企业和建设单位落实环境责任。在九江、南昌等环鄱阳湖区域，积极利用不涉及重点水源涵养的低丘陵、滩涂、防洪缓冲区建设一批风电和水面光伏项目，重点关注风电、光伏设备在建设、运行阶段的排污排废情况，对无法落实环境责任的有关开发建设单位予以严厉处罚。对不具备山地风电场建设条件的区域，重点支持分散式风电、分布式光伏发展，以“千村万乡驭风行动”等方案为抓手，简化项目核准、土地审批等流程，建立高效的核准管理工作机制。鼓励开展“隔墙售电”，帮助分布式能源与可调节资源协同解决波动性问题，提升区域内绿电消纳比例，减少远距离传输网损。

三是开展新型电力系统与智能电网体系建设。构建新能源占比逐渐提高的新型电力系统，推动清洁电力资源大范围优化配置。大力提升电力系统综合调节能力，加快灵活调节电源建设，引导自备电厂、传统高载能工业负荷、工商业可中断负荷、电动汽车充电网络、虚拟电厂等参与系统调节，建设坚强智能电网，提升电网安全保障水平。积极发展“新能源＋储能”、源网荷储一体化和多能互补，支持分布式新能源合理配置储能系统，进一步开发省内抽水蓄能潜力。进一步推进新型电力系统建设，建设智能电网，实现安全性、开放性、适应性目标。在雅中直流工程的基础上，积极引入优质区外电力，加快引入第二回特高压直流入赣通道，拓展新能源电力特高压直流入赣通道。

13.4.2 加快产业结构转型

作为中部欠发达省份，江西省处于工业化快速发展阶段，尽管在调整产业结构方面作出了巨大努力，但因轻重比例失衡，产业结构格局没有得到根本性改变，低碳约束将迫使全省进一步转变思路，调整经济结构，促进产业结构优化升级，优化能源结构，实现经济发展方式转变。

一是淘汰落后产能，优化产业结构。加快钢铁、有色金属、石化、建材、纺织、轻工等传统产业绿色化升级改造。按照长江经济带发展负面清单和“三线一单”要求，严禁准入不符合产业政策的工业项目，严控新增产能，严格落实国家火电、石化化工、钢铁、建材等产能控制政策，防范化解过剩产能。严格落实水泥、平板玻璃等行业新建扩建产能等量或减量置换政策，对重点区域、重点行业加大减量置换比例，压减过剩产能力度。针对建筑陶瓷、石化化工等重点行业，构建合理的产能新建扩建管理制度，提高建筑陶瓷、水泥、离子膜烧碱等重点产品的能耗限额标准，倒逼水泥、建筑陶瓷、石化化工等行业中能耗高、排放大的低效产能退出或转型升级，实现产业提质增效。针对重点行业加强产能过剩分析预警和窗口指导，加快化解过剩产能，实施水泥常态化错峰生产。完善以环保、能耗、质量、安全、技术为主的综合标准体系，严格常态化执法和强制性标准实施，持续依法依规淘汰落后产能。

二是坚决遏制“两高”项目盲目发展。根据2021年7月的调研情况，江西省目前拟建、在建的“两高”项目总数高达98个，江西省“十四五”期间计划新上火电机组超过7 000万kW，在能耗“双控”目标及碳达峰目标约束下，江西省“两高”压力巨大，需进一步采取更加强有力的措施，对其实行清单管理、分类处置、动态监控。全面排查在建项目，对能效水平低于本行业能耗限额准入值的，按有关规定停工整改，推动能效水平应提尽提，力争全面达到国内乃至国际先进水平。科学评估拟建项目，严格执行钢铁、水泥、平板玻璃等新建扩建产能等量或减量置换政策；对产能尚未饱和的行业，按照国家布局和审批备案等要求，对标国际先进水平提高准入门槛；对能耗量较大的新兴产业，支持引导企业应用绿色低碳技术，提高能效水平。深入挖掘存量项目，加快淘汰落后产能，通过改造升级挖掘节能减排潜力。强化常态化监管，坚决拿下不符合要求的“两高”项目。

三是聚焦优势产业，优化产业布局。强化碳减排对产业发展的引领作用，实施传统产业转型升级和新一轮技术改造行动，加快钢铁、有色金属、石化、建材、纺织、食品等传统产业高端化、智能化、绿色化升级改造。围绕航空、有色、电子信息、装备制造、新能源产业、新材料产业、中医药产业和数字经济等优势新兴产业，延伸产业链、提升价值链、融通供应链，依托万亿级京九（江西）电子信息产业带、鹰潭“世界铜都”、赣州“中国稀金谷”、南昌“航空城”、景德镇航空小镇、宜春“亚洲锂都”、中国（南昌）中医药科创城、上饶世界光伏城等“核心”区域，打造先进制造业绿色产业集聚区。推动石化企业，特别是涉及危险化学品生产的企业进区入园，协调推进化工园区依法调区扩区，提高入园率。培育壮大软件、人工智能、大数据、区块链、虚拟现实、信息安全等新一代信息技术产业，建设“智联江西”。推进数字经济发展，抓好南昌VR科创城等重点项目建设，大力发展“5G＋工业互联网”。深化“两化”融合，推进新一代信息技术与制造业融合发展，出台工业互联网发展、区块链发展等政策。推动重点行业重点领域差异化数字转型和万家企业深度上云。谋划布局氢能及装备、生命健康、柔性电子、微纳光学、量子科技等重大颠覆性、变革性技术产业，加快跨界融合和集成创新，孕育新产业、新业态、新模式。深入实施园区“两型三化”提标提档行动，全面推广实施工业企业亩产效益综合评价，打造新型标准厂房品牌，促进园区智慧云平台应用升级。

四是强化产业链互联互通。强化能源、钢铁、石化化工、建材、有色金属、纺织、造纸、食品等行业间的耦合发展，推动产业循环链接，支持钢化联产、炼化一体化、煤化电热一体化、林纸一体化等模式的推广应用。加强产业链跨地区协同布局，减少中间产品物流量。鼓励省内龙头企业联合上下游企业、行业间企业开展协同降碳行动，构建企业首尾相连、互为供需、互联互通的产业链。持续强化产业链链长制度，大力实施铸链、强链、补链、扩链工程，推动先进制造业集群发展。定期开展产业链竞争力调查和评价，分链施策提升产业链竞争力。改造提升钢铁、有色、建材、纺织等传统产业链，继续加大对电子信息、生物医药、新能源、航空航天等战略性新兴产业的支持力度，增强产业链根植性。建设一批“产业协同”“以化固碳”示范项目。

13.4.3 推动工业领域碳达峰

工业是江西省碳排放的核心部门，推动工业领域实现科学有序达峰至关重要。经过测算，在达峰路径下，钢铁和水泥等行业通过工艺结构调整、节能减排等措施，可分别在“十四五”“十五五”“十六五”带来 286 万 t/a、505 万 t/a 和 666 万 t/a 的减排量。

一是推动有色行业尽早实现碳达峰。江西省有色行业的碳排放强度低，随着能源结构的进一步优化将快速实现达峰。针对铜、锌、钨冶炼及稀土等本省优势有色产业，下一步需要增加行业集中度，在产能饱和行业严格贯彻等量或减量替代。在鹰潭、赣州等有色金属产业集中区，从关键技术、工艺优化、过程控制、管理水平等全流程进行优化提升，坚持“源头减量、过程控制、末端循环”的发展理念，持续改进关键工艺，降低有色行业碳排放强度。推广绿色制造新技术、新工艺、新装备，积极推行清洁能源替代措施，提升企业清洁能源比例；构筑再生资源循环回收体系，创新原生冶炼搭配城市矿产利用技术，超前部署资源替代整体方案；全生命周期提高冶炼技术水平，降低金属损失率和碳排放强度；逐步推进有条件的有色金属行业向国外转移。提高尾矿资源综合利用和熔炼渣、废气、废液和余热资源化利用水平，充分利用“互联网＋”，依托“城市矿产”示范基地和进口再生资源加工园区，创新回收模式，提高有价元素回收和保级升级再利用水平。

二是钢铁行业碳排放已于 2021 年达峰，应进一步促进该行业碳减排。发展城市钢厂，实现流程结构与产业布局的调整，以全废钢电炉流程生产建筑用长材替代以中小高炉 - 转炉生产螺纹钢、线材等大宗产品，进一步加大废钢资源回收利用，有序引导全废钢电炉流程发展，提高钢铁产业电气化水平；薄板等产品以大型高炉 - 转炉流程为主。采用先进的节能技术及装备，降低能源消耗，提高能源利用效率。加强具有自主知识产权的高炉减排、氢还原等创新低碳技术的完善、开发及推广应用。

发展区域性的循环经济，形成工业生态链。开发高品质生态钢材产品，降低用钢强度。通过以上措施，2020—2030 年江西省钢铁行业预计累计实现碳减排 2 293 万 t，2030—2035 年累计减排 2 319 万 t。

三是推动建材行业在 2023 年前实现碳达峰，开展水泥和陶瓷行业碳减排工作。使用有热值的垃圾、废旧轮胎、生物质燃料替代煤等化石燃料，减少化石能源消费量。提高能效水平并应用能量回收水平，应用窑炉尾气能量再利用 / 余热发电、减少烧成工艺过程热损失、新型预分解系统等节能减排技术，减少碳排放。提升水泥产品利用效率，有效减少水泥产品用量。开发并推广应用低碳水泥，将硅酸二钙的含量由约 20% 提升至 40%，发展散装灰泥、高等级水泥和新型低碳水泥。优化调整水泥原料结构，鼓励采用电石渣、造纸污泥、脱硫石膏、粉煤灰、冶金渣尾矿等工业废渣和火山灰等非碳酸盐原料替代传统石灰石原料，减少天然石灰石使用比例。推广应用 CCUS 技术。推动绿色智能化生产，减少熟料煅烧过程的波动性，提高稳定性，减少碳排放。通过以上措施，江西省 2020—2030 年建材行业预计累计实现碳减排 2 108 万 t，2030—2035 年累计减排 2 321 万 t。

四是开展能源低碳示范。鼓励工业园区、企业开展“光伏上房”等清洁能源建设。推进钢铁、建材、石化、有色金属等重点行业工业高温烟气回收与低品位余能高效利用。推动九江市与三峡水利电力集团开展低碳智慧综合能源合作，推广光伏发电、风电、水电等绿色低碳能源应用，加快推进清洁能源替代。大力培育省级绿色技术创新企业。支持企业采取综合能源服务、合同能源管理等市场化节能降碳方式，加快绿色低碳技术装备推广和应用，鼓励工业企业实施新一轮技术改造升级行动。推广低碳胶凝、节能门窗、环保涂料、全铝家具等绿色建材和生活用品。

五是打造江西碳达峰碳中和产业集聚区。推进航空、电子信息、新能源、新材料等新兴产业倍增发展，加快推进储能、微网、氢能、直流电、绿色照明等新技术产业化发展，探索建设零碳、负碳产业集聚区。重点在可再生能源发电、先进储能、新能源汽车、智慧交通等领域做大做强产业联动发展板块，壮大储能电池产业，构建多元化新能源产业格局。以上饶、新余为重点，联动九江、南昌、赣州等地，构建集研发、制造、应用于一体的光伏全产业链，加快区域光伏应用产业化基地等重大平台建设，创建国家级光伏先进制造业集群。以新余、宜春、赣州、吉安为重点，依托赣锋锂业、宁德时代、国轩高科等龙头企业延伸做强锂电全产业链，创建国家级锂电先进制造业集群，打造全国零碳产业集聚高地。以南昌、赣州、吉安、宜春、萍乡、新余、抚州为重点，以智能制造、服务型制造、绿色制造为主攻方向，着力培育新能源汽车、智能网联汽车、轨道交通、医疗器械、变电设备等特色装备制造产业链。

13.4.4 推进城乡建设领域绿色低碳发展

城乡建设领域是碳排放的重要领域，通过对城市和农村建筑、公有设施进行建筑节能改造，可分别在“十四五”“十五五”“十六五”带来 15 万 t/a、51 万 t/a 和 15 万 t/a 的减排量。

一是推进城乡建设绿色低碳转型。江西省正处在城镇化快速发展的阶段，城市建设动力强劲，应推动建立以绿色低碳为导向的城乡规划建设管理机制，制定建筑拆除管理办法合理控制建筑总量，避免大拆大建，通过对建筑的加固、维修和改造达到建筑能效和功能提升的需要。推动城市组团式发展，科学确定建设规模，控制新增建设用地过快增长。倡导绿色低碳规划设计理念，增强城乡气候韧性，建设海绵城市。推广绿色低碳建材和绿色建造方式，加快推进新型建筑工业化，大力发展装配式建筑，推广钢结构住宅，推动建材循环利用，强化绿色设计和绿色施工管理。加强县城绿色低碳建设，建设绿色城镇、绿色社区。

二是加快提升建筑能效水平。积极响应国家建筑节能和市政基础设施等标准，提高节能降碳水平，推动超低能耗建筑、低碳建筑规模化发展，加快推进居住建筑和公共建筑的节能改造，新建及改造建筑应充分考虑生活水平提升后城镇居民对采暖的用能需求，采用空气源热泵或冷热一体机等设备绿色高效采暖。提升城镇建筑和基础设施运行管理的智能化水平，加快推广供热计量收费和合同能源管理，逐步开展公共建筑能耗限额管理。到 2025 年，城镇新建建筑全面执行绿色建筑标准。

三是优化建筑用能结构。深化可再生能源建筑应用，推广光伏发电与建筑一体化应用。江西省全省城镇建筑屋顶面积约为（基于江西省新能源潜力评估模块）6.3 亿 m^2，农村建筑屋顶面积约为 6.9 亿 m^2，可充分利用已有和新建建筑开展太阳能改造。城镇建筑重点发展“光储直柔”新型建筑配电系统，“光”和“储”分别指建筑场景的分布式光伏和储能；“直”指低压直流配电网，旨在取消建筑中的交直变换环节，减少损失，简化并网接口；“柔”指柔性用电，旨在利用建筑负荷的灵活性，主动调节负荷功率，使荷随源动。根据各类建筑的类型和特点，开展太阳能建设。对于既有建筑屋顶实行光伏安装及改造，鼓励有条件的地区在建筑立面实施光伏改造。对于新建建筑，强制要求建筑屋顶安装光伏。工业建筑多为单、低层建筑，可安装分布式屋顶光伏发电，开展光伏建筑一体化（BIPV）项目。城镇居住建筑可以在原有建筑上进行光伏改造。对于大型公共建筑，如大型体育馆、文化中心、博物馆等，可采用光伏幕墙、光伏外廊、光伏看台遮阳、光伏车棚、光伏站亭等。农村地区发展分布式太阳能，以分布式光伏为基础建立新型直流微网电力系统，既可以满足农村生活生产用能，又可以将富余电力资源上网，从而产生经济效益。在农村发展屋顶光伏发电、农宅直流配电、车辆和农村生产生活设施需求侧响应模式用电，可全面满足农村用能需要，并将剩余部分经调整后售电上网，协助城市电力调峰，从而实现农村能源清洁化，减少农村用电用能负担，并通过发电上网产生经济收入。屋顶太阳能光伏发电可直接为农宅供电。农宅采用直流配电方式，包括蓄电池及室内配电系统的改造，可以满足各类农宅用电器具的需求，实现包括炊事在内的生活用能电气化。“十四五”期间，在不同地区、不同条件的农村形成 10 ～ 20 个屋顶光伏示范村。到 2025 年，城镇建筑可再生能源替代率达到 8%，新建公共机构建筑、新建厂房屋顶光伏覆盖率力争达到 50%。2030 年前，实现城镇建筑太阳能装机 320 MW，实现农村建筑太阳能 350 MW。

13.4.5 建设绿色低碳交通运输体系

根据预测，江西省交通领域将在 2028 年达峰，其碳达峰措施需要整体社会投入较高，“十五五”期间年均减排量约为 377 万 t，年均投入 517 亿元，主要通过车队电动化改造等措施实现，乘用车电动化是最主要的措施，“十四五”和“十六五”期间年均减排量约为 282 万 t/a 和 454 万 t/a。

一是推动运输工具装备的低碳转型。积极扩大电力、氢能、天然气、先进生物液体燃料等新能源、清洁能源在交通运输领域的应用。大力推广新能源汽车，逐步降低传统燃油汽车在新车产销和汽车保有量中的占比，推动城市公共服务车辆电动化替代，推广电力、氢燃料、LNG 动力重型货运车辆。提升铁路系统电气化水平。加快老旧船舶更新改造，发展电动、LNG 动力船舶，深入推进船舶靠港使用岸电，因地制宜地开展沿海、内河绿色智能船舶示范应用。提升机场运行电动化、智能化水平，发展新能源航空器。到 2030 年，当年新增新能源、清洁能源动力的交通工具比例达到 40% 左右，营运交通工具单位换算周转量碳排放强度比 2020 年下降 9.5% 左右。陆路交通运输石油消费力争在 2030 年前达到峰值。

二是构建绿色高效交通运输体系。发展智能交通，推动不同运输方式的合理分工、有效衔接，降低空载率和不合理客货运周转量。大力发展以铁路、水路为骨干的多式联运，推进工矿企业、港口、物流园区等铁路专用线建设，加快内河高等级航道网建设，加快大宗货物和中长距离货物运输“公转铁”“公转水”。加快城乡物流配送体系建设，创新绿色低碳、集约高效的配送模式。打造高效衔接、快捷舒适的公共交通服务体系，积极引导公众选择绿色低碳交通方式。到 2030 年，城区常住人口 100 万以上的城市绿色出行比例不低于 70%。

三是加快绿色交通基础设施建设。将绿色低碳理念贯穿交通基础设施规划、建设、运营和维护全过程，降低全生命周期能耗和碳排放。开展交通基础设施绿色化提升改造，统筹利用综合运输通道线位、土地、空域等资源，加大岸线、锚地等资源整合力度，提高利用效率。有序推进充电桩、配套电网、加注（气）站、加氢站等基础设施建设，提升城市公共交通基础设施水平。到2030年，民用运输机场场内车辆装备等力争全面实现电动化。

13.4.6 大力加强科技创新

江西省重视科技创新引领作用，不断补齐本省在绿色低碳领域科技人才、科研平台等方面的短板。

一是加强创新能力建设和人才培养。鼓励本省企业、高等学校、科研单位共建一批绿色低碳产业创新中心，积极与全国著名院校、优秀科研机构合作，打造合作平台，共商共建共享。创新人才培养模式，吸引优秀人才，建设绿色低碳领域未来技术学院、现代产业学院和示范性能源学院，通过具有吸引力的人才政策引入节能低碳领域高素质人才。深化产教融合，鼓励校企联合开展产学合作协同育人项目。

二是加快先进适用技术的研发和推广应用。响应国家重点研究方向开展复杂大电网安全稳定运行和控制、大容量风电、高效光伏、大功率LNG发动机、大容量储能、低成本可再生能源制氢、低成本CCUS等技术创新，加快碳纤维、气凝胶、特种钢材等基础材料研发，补齐关键零部件、元器件、软件等短板。积极推广先进成熟的绿色低碳技术，开展省内示范应用。建设全流程、集成化、规模化CCUS示范项目。加快氢能技术研发和示范应用，探索在工业、交通运输、建筑等领域的规模化应用。

13.4.7 构建绿色低碳的生活方式

江西省不断增强全民节约意识、环保意识、生态意识，倡导简约适度、绿色低碳、文明健康的生活方式，把绿色理念转化为全体人民的自觉行动；新建建筑全面执行绿色建筑标准，县（市、区）级以上党政机关全面建成节约型机关，推动南昌、赣州、上饶创建绿色出行城市；努力实现全省2030年和2035年单位地区生产总值碳排放强度相较2020年分别下降35%和49%以上。

一是加强生态文明宣传教育。开展多种形式的资源环境国情教育，普及碳达峰碳中和基础知识。加强对公众的生态文明科普教育，将绿色低碳理念有机融入文艺作品，制作文创产品和公益广告，增加省内媒体对世界地球日、六五环境日、全国节能宣传周、全国低碳日等主题宣传活动的宣传力度，增强公众的绿色低碳意识，推动生态文明理念更加深入人心。

二是推广绿色低碳生活方式。坚决遏制奢侈浪费和不合理消费，着力破除奢靡铺张的歪风陋习，坚决制止餐饮浪费行为。倡导节约用能，开展绿色低碳社会行动示范创建，深入推进绿色生活创建行动，评选宣传一批优秀示范典型，营造绿色低碳生活新风尚。大力发展绿色消费，推广绿色低碳产品，提升绿色产品在政府采购中的比例。

三是引导企业履行社会责任。引导企业主动适应绿色低碳发展要求，强化环境责任意识，加强能源资源节约，提升绿色创新水平。重点领域的国有企业要制定实施企业碳达峰行动方案，发挥示范引领作用。重点用能单位要梳理核算自身的碳排放情况，深入研究碳减排路径，“一企一策”制定专项工作方案，推进节能降碳。相关上市公司和发债企业要按照环境信息依法披露要求，定期公布企业碳排放信息。充分发挥社会团体作用，督促企业自觉履行社会责任。

四是强化领导干部培训。将学习贯彻习近平生态文明思想作为干部教育培训的重要内容，各级党校（行政学院）要把碳达峰碳中和相关内容列入教学计划，分阶段、多层次对各级领导干部开展培训，普及科学知识，宣讲政策要点，强化法治意识，深化各级领导干部对碳达峰碳中和工作重要性、紧迫性、科学性、系统性的认识。从事绿色低碳发展相关工作的领导干部要尽快提升专业素养和业务能力，切实增强推动绿色低碳发展的本领。

13.4.8 各地市梯次有序实现碳达峰

一是科学合理确定有序达峰目标。江西省应根据各地市产业结构、能源结构、发展动力和发展潜力科学确定各城市达峰时间。本书结合各地区已有的“两高”项目情况，结合城市脱钩判断和驱动力分析结果，初步给出各城市达峰梯次建议，仅供参考。预期较早达峰的城市有南昌市、鹰潭市、景德镇市。南昌市一直处在碳排放相对脱钩状态，产业结构较优，未来城市发展以新兴产业和第三产业为主，预计达峰时间较早。鹰潭市主要产业为有色金属冶炼及产品制造，主要能源消耗为电力，在未来能源结构得到调整后碳排放将实现下降。景德镇市未来以文化和艺术行业作为主要发展方向，脱钩系数较高，预期将会较早达峰。预期第二批达峰的城市有九江市、宜春市、萍乡市、新余市，主要为目前产业结构偏重、碳排放强度较高的城市。九江市的脱钩情况不乐观，有钢铁等高排放行业企业，宜春市虽“十三五”期间实现完全脱钩，但实际产业结构仍然偏重，且两市未来发展重点仍以工业为主，综合考虑目前两市产业结构和碳减排潜力，判断其属于第二批达峰城市，同时要严控“两高”项目，警惕“攀高峰”情况发生。萍乡市与新余市碳排放强度较高，产业结构偏重，碳减排的潜力和空间较大，在“十二五”期间脱钩指数实现为脱钩状态，考虑到“十四五”时期两市均有高耗能项目上马，因此达峰时间将会略晚于第一批城市。预期较晚达峰的城市有抚州市、上饶市、吉安市、赣州市，主要为目前碳排放强度较低、经济发展需求高的城市。以上 4 个城市的脱钩指数在江西省相对靠后，同时近年来经济发展和碳排放增长一直保持较快速度，发展需求旺盛，建议为这批城市充分留出发展空间，统筹省内各城市达峰梯次和碳排放总量，坚持绿色发展，打造新兴产业，实现经济社会发展的绿色转型，最终实现高质量达峰。

二是组织开展碳达峰试点建设。江西省应积极申请中央及各部委开展的碳达峰典型城市和园区试点项目，争取中央资金和政策支持，加快省内重点园区和城市达峰工作进程，为其他城市和园区提供一条可操作、可复制、可推广的经验做法。

13.5 重大项目

为支撑碳达峰重点任务有效落地，保障江西省在 2030 年前科学有序地实现达峰，本节根据江西省资源禀赋情况规划了其碳达峰重点项目内容。

13.5.1 新能源发电项目

1. 风力发电

根据江西省“十四五”规划目标，2025 年全省风电总装机要达到 700 万 kW，较 2020 年新增 190 万 kW。根据达峰路径预测，2025 年全省风电总装机将达到 1 100 万 kW 以上，较 2020 年实现翻倍。

根据江西省风能资源图谱，江西省风资源分布存在明显的空间格局差异，资源良好区（100 m 高度年平均风速在 7 m/s 以上的）均位于海拔较高的山地区域，包括西北部的修水、北部的庐山、东北部的浮梁等县（市），南部的全南、龙南、定南、安远等县（市）；资源一般区域（100 m 高度年平均风速在 5 ～ 7 m/s）占江西省的大部分，主要以围绕鄱阳湖的平原地区和中南部的低山及丘陵区域构成；资源较差区域（100 m 高度年平均风速在 5 m/s 以下）主要集中在江西省东北部、中东部和中西部，受季风性气候影响及通风廊道的地形影响，铅山、横峰、弋阳、广丰、靖安、万载等县的风能资源相对匮乏，短期内具备可开发价值的面积较少。

江西省已并网风电项目达到 500 万 kW 以上，主要分布在南部的高山区域，全南、定南、龙南等县（市）均已有并网运行的风电项目，开发呈现集中连片的规律。从江西省整体理论风能资源储量分析，已开发的风能资源仅占较小比例。考虑未来风电项目实施阶段面临生态红线等限制因素，江西省的风电发展仍存在较大的阻力和难度。

根据2020年江西省风力发电量及装机容量估算，风力发电小时数约为1 386小时，“十四五”期间需年均新增130万kW装机容量。

2. 光伏发电

江西省绝大部分地区属于太阳能资源丰富区域，且全省分布均匀，年总辐射量最大值与最小值之间仅相差20%。江西省大部分地区属于太阳能资源稳定区，仅有小块属于较稳定区域，无不稳定区域，但是部分地区最长连续无日照时数可超过40天，对太阳能开发利用非常不利。赣北环鄱阳湖地区及景德镇一带、赣南北部与赣中南部交界处、赣东北等地年日照时数大于6小时的天数普遍在160天以上，其太阳能资源具有较大的开发利用价值。江西省发展晶体硅也具备资源优势，多晶硅的主要原料——石英矿储备丰富，因此发展光伏发电将是江西省能源结构调整的重要发力点。

按1%陆地面积、转换效率20%计算江西省太阳能资源的可获得量，全省年太阳能储量约为1.82×10^6亿kW·h，各设区市中以赣州市的储量最为丰富，达4.25×10^5亿kW·h，其次为吉安市和上饶市。最优太阳能储量场多分布于赣南的赣县、兴国、宁都、石城、寻乌，赣北最优太阳能储量场主要分布于德安县附近的小部分区域。较优储量场则在赣北、赣南、赣东北等地有较为广泛的分布，其中赣北环鄱阳湖地区的太阳能资源非常丰富，但由于该地区多属平原地区，耕地、水域、草洲等不适合开发的土地面积占比较大，导致适合开发的太阳能储量场面积较小。西部、赣南南部、赣中大部年日照时数大于6小时的天数相对较少，一般在140天以下，太阳能资源开发利用价值相对较低。

根据江西省“十四五”规划要求，2025年光伏发电装机将达到1 100万kW，较2020年新增324万kW。根据达峰路线要求，2025年江西省光伏发电装机将达到1 437万kW，按照江西省光伏年均发电小时数796小时计算，2020—2025年年均新增光伏发电量为11亿kW·h，减少二氧化碳排放约84.2万t/a［按照发电煤耗0.288 kg/（kW·h），单位标准煤排放因子2.66 tCO_2/t进行估算］。初步预测，“十四五”期间江西省集中式光伏发电主要应建设在景德镇一带、赣南北部与赣中南部交界处、赣东北等地，其年日照时数大于6小时的天数较多，普遍在160天以上。

江西省太阳能开发潜力相对风电、水电等较为丰富，将成为2025年之后新能源发展的主要增长点。在规模化光伏电站建设的基础上，推行利用城镇屋顶光伏发电计划，通过与其他省份电网协同调峰，补齐夜间用电缺口。预计到2035年，全省光伏发电装机容量超过 5 000 万 kW。

3. 生物质发电

根据江西省“十四五”规划要求，2025 年全省生物质发电装机容量将达到 100 万 kW，较 2020 年增长约 67 万 kW，按照年发电小时数 4 058 小时估算，2025 年后新增生物质发电量为 27.2 亿 kW·h，减少二氧化碳排放约 208.7 万 t/a［按照发电煤耗 0.288 kg/（kW·h），单位标准煤排放因子 2.66 tCO_2/t 进行估算］。江西省粮食产区分布主要有鄱阳湖粮产区、吉泰盆地粮产区、赣抚平原粮产区和赣西粮食高产片，预期生物质发电项目主要建设在以上地区。

13.5.2　新型电网建设项目

1. 智能电网体系建设

根据《江西省电网发展规划（2017—2022 年）》，全省电网基本形成以 500 kV 为骨干、220 kV 为支撑、110 kV 为基础的电网体系，到 2022 年，初步建成安全可靠、协调兼容、竞争有序、经济高效的现代智能电网体系。凡列入省级规划或年度开发计划的太阳能、风能、生物质等新能源发电项目，其电网送出工程按管理程序有关要求自动纳入规划；加强新能源配套接入工程与电站同步投产，避免出现因接入受限导致的弃风、弃光等现象。充分考虑新能源发展需求和潜力，针对吉安、赣州、九江等新能源集中分布地区合理增加主变容量，切实保证新能源有效送出消纳。

根据工信部等 10 个部门印发的《5G 应用“扬帆”行动计划（2021—2023 年）》，江西省将在“十四五”期间推广 5G＋智慧电网项目，目前已规划的项目有江西移动国网电力 5G 专网项目、基于 5G 融合定位智慧电厂应用示范、5G＋智慧电厂生产管控平台等。进一步提升了电网企业对自身业务的自主可控能力，助力供电能源体系向“安全、可靠、绿色、高效”目标迈进。

2. 输电工程

为保障全省用电安全稳定，江西省将在未来采取引入与自建并举的原则开展电源和电网建设，将在下一阶段加快建设外省入赣输电工程，其中雅砻江中游——江西特高压直流输电工程已列入“十四五”规划。2025 年后需要进一步建设外购电网输电线路。江西省新能源发电中光伏装机高于风电，可规划与风电储备丰富的地区（如福建省）协调建设输配电工程，实现“削峰填谷”，保障电网稳定。

3. 储能工程

储能是新型电力系统的重要组成部分，江西省将在下一阶段加快储能建设，提升储能能力。根据调研，江西省目前满足建设条件的抽水蓄能项目已勘测完毕，主要包括奉新、洪屏二期、赣县抽水蓄能电站项目，预计于 2025 年前后完成建设。

13.5.3 应对气候变化综合管理项目

一是建立应对气候变化智能监管系统。集成碳考核、碳市场、能源活动、林业碳汇等相关数据，推进国家统一碳市场登记系统和交易系统、集成气候适应型指标分析、数据评价、气候资源的气候变化展示系统。

二是建设碳排放交易平台建设工程。配合全国碳排放权交易市场，建设江西省重点企业碳排放权交易配额分配、履约、清缴系统平台，支撑江西省全国碳排放权交易市场建设工作。

三是建设排污权交易平台建设项目。建设全省排污权出让、收缴、清算系统平台，为排放权有偿使用和交易提供支撑。

13.6 政策措施

一是建立健全碳达峰碳中和工作推进制度。成立江西省碳达峰碳中和工作领导小组，坚持部署“1 + N”政策体系，由工作领导小组统筹推进，定期研究、协调和解决重大问题，各级有关部门密切配合，形成良好的工作格局和工作合力。强化组织领导，探索高效机制，在具备条件的县（区、市），开展“双碳”工作组织改革试点工作，整合抽调各部门“双碳”相关岗位，成立县级“双碳”工作小组或专班，集中事权推动相关工作。

二是加强省内顶层设计，坚持破立并举，推动江西省实现能耗“双控”向碳排放总量和强度“双控”转变。强化基础能力建设，完善江西省温室气体基础数据体系，为碳排放分析和精细化管理提供及时的数据支撑，各级地方部门需进一步加强基础能力建设，厘清重点领域、重点行业二氧化碳排放现状。完善省内各行业及重点企业碳排放总量核算方法与制度，积极参与全国碳市场建设，不断扩大碳市场覆盖范围，根据发展阶段不断调整企业碳排放量约束目标。科学准确地计算全省各行业及重点企业碳排放总量，将碳排放强度列为各地市考核指标，定期调度碳排放总量及强度数据，加强对各地市碳排放总量和强度的考核力度。

三是推进市场化机制建设。加快加入全国碳排放权交易市场的步伐，根据温室气体排放控制要求完善碳排放配额总量确定和分配方案。加快用能权交易市场建设，完善用能权有偿使用和交易制度，发展市场化节能方式。健全碳汇补偿和交易机制，探索将碳汇纳入生态保护补偿范畴。

四是建立省内企业碳评价、碳认证标准与机制。针对碳排放重点企业和项目试点开展“环评＋碳评”双评价工作，将碳评结论应用于碳金融、碳排放总量控制等相关政策领域，加强碳排放多场景应用联动。试点开展“碳足迹”“碳认证”等创新性工作，针对江西省特色产品和产业，尤其是有出口需求的产品开展省内评价认证工作，提升省内优势产业国际竞争力，打造江西省绿色低碳样板产品。

五是完善投融资政策。充分发挥政府投资引导作用，完善支持社会资本参与碳达峰碳中和的政策。鼓励金融机构开发以碳排放权、用能权等为抵押物、质押物的信贷产品，拓宽绿色低碳企业直接融资渠道，发挥绿色保险保障作用，创新碳金融产品服务，引导金融资源向绿色低碳领域倾斜。构建与碳达峰碳中和相适应的绿色投融资政策体系，严格控制高耗能、高碳项目投资，加大对节能环保、新能源、新能源汽车、CCUS 等的投融资支持力度。建立省级绿色低碳项目库，加大碳达峰碳中和专项资金投入。

六是提高新能源开发政策支持力度。能源绿色转型是碳达峰目标实现的根本途径，江西省要针对本省各类新能源项目加大政策支持力度，如构建电 - 碳市场及用电价格机制，提高绿电电价扶持力度，促进碳市场与电力市场相结合；鼓励企业与个人开展分布式可再生能源试点工作，对园区屋顶产权、个人房屋产权等进行统一认定、批量管理，对村集体用地归属及租赁价格等明确价格，对利用集体用地进行新能源建设的村镇给予奖励及金融投资扶持。

七是完善标准体系升级。抓紧修订江西省能耗限额标准，扩大能耗限额标准覆盖范围。在能源利用、工业、交通、公共建筑、农林等重点领域开展碳减排量评估、低碳评价等工作。加强江西省标准与国家标准的衔接，依法构建更加严格的地方能耗标准、低碳标准体系。鼓励企业开展绿色（低碳）产品认证、产品全生命周期碳足迹标准等工作。

八是完善监管体系。建议完善重点行业温室气体排放核算体系，对核算过程中需实测的关键参数进一步明确实测方法、实测标准，根据实际情况及时更新缺省值。推动应对气候变化法律体系建设，明确碳排放总量控制和减排责任主体，强化基层执法人员能力建设，对重点排放单位虚报、瞒报碳排放量，核查单位未履行核查职能等问题提高处罚力度。

14

江西省碳中和路径研究

在零碳智慧能源体系、可再生能源＋氢能产业、零碳循环工业等支撑下，江西省实现新发展碳中和路径模式，2060 年实现碳中和，排放量为 0.45 亿 t，由森林碳汇＋ CCUS 抵消。2060 年单位地区生产总值碳排放强度相比 2005 年下降 98%，非化石能源占比达到 88%，人均新能源（风能＋太阳能）装机达到 3.8 kW。

2060 年，江西省碳排放总量预计为 0.45 亿 t，二氧化碳移除量为 0.45 亿 t，全社会能源消费量为 1.04 亿 tce，非化石能源消费占比达到 88%，单位地区生产总值碳排放强度为 0.04 t/ 万元。为保障实现碳中和目标，需持续大力发展风电和太阳能发电，提高新能源发电能力，并适时开展内陆核电项目。按照当前的技术发展水平预测，预计到 2060 年，江西省风光总装机容量将超过 1.7 亿 kW，外调电力占比超过 22%。2050 年较 2035 年煤炭消费总量下降约 71%，2060 年煤炭消费占比仅为 6.6%。2060 年风光占比将达到 67%（风电 27% 和光伏发电 40%），氢能将占全社会总能源消费量的 5.5%。

江西省北部鄱阳湖区域应进一步大力发展集中式风电、光伏发电等新能源发电项目，挖掘优质新能源潜力，配套发展储能设施和绿氢产业，提升可再生能源消纳能力。北部区域应开展 CCUS 项目，提高二氧化碳移除能力。南昌市及周边应优先发展零碳智慧能源，结合风光等零碳电力，配套做好储能设施建设，逐步降低煤电依赖，提升多元化清洁能源供应能力，促进多能互补，提升能源系统自适应、自调节和自由化能力，打造碳中和“零碳智慧能源”新模式。东部地区应大力发展数字工业，促进全省数字工业蓬勃发展，为江西省实现产业结构转型提供技术推力。南部地区应进一步提高关键金属开发和应用力度，发挥江西省稀土资源、有色金属资源优势，重点围绕稀土金属、稀有金属等关键金属布局产业并进行高端化利用，进一步巩固稀土和关键金属产业的优势地位，通过低碳、高附加值的关键金属产业带动经济高质量增长。

14.1 碳中和路线图

根据情景分析，江西省将在 2060 年前后实现碳中和目标。根据该目标涉及的主要部门和领域，本章梳理了江西省实现碳中和目标的路径措施，包括重点任务与碳中和关键技术。

由于技术情景下未来江西省总体能耗偏高，能源供给压力巨大，新能源技术的不确定性对碳中和目标实现的影响更大，较为依赖 CCUS 消除碳排放（约 4 600 万 t/a）。新发展情景与江西省碳达峰路径更加吻合，从需求端控制碳排放有利于碳中和目标的实现，降低对 CCUS 等二氧化碳移除技术的依赖，减少目标实现的不确定性。因此，本章选择新发展情景作为江西省碳中和路径参考，根据情景预测内容梳理了碳中和实现主要年份的重要目标指标（表 14-1）。

表 14-1 碳中和路径下江西省 2020—2060 年各阶段关键指标

关键参数	2020 年	2025 年	2030 年	2035 年	2050 年	2060 年
年均地区生产总值增速 /%	7.6	7	5.5	5	3.6	2.4
能源消费量 / 亿 tce	0.98	1.15	1.29	1.34	1.13	1.04
碳排放总量 / 亿 t	2.75	3.04	2.90	2.64	0.85	0.45
CDR/ 亿 t（森林碳汇＋ CCUS）	0.34	0.36	0.37	0.35	0.39	0.45
煤炭消费占比 /%	62.9	56.9	48.0	39.8	13.4	6.6
油品消费占比 /%	16.9	18.0	17.0	16.2	7.3	3.5
天然气消费占比 /%	3.8	6.8	7.0	7.0	3.4	1.9
非化石能源消费占比 /%	16.4	18.3	28.0	37.0	75.8	88.0
光伏装机容量 / 万 kW	776	1 437	3 372	4 576	11 087	12 497
风电装机容量 / 万 kW	510	1 161	2 851	3 631	4 792	4 864
外调电量 /（亿 kW·h）	150	277	391	540	795	820
人均用电量 /（kW·h）	3 600	5 098	6 651	7 433	8 238	8 894
人均能耗 / tce	2.17	2.49	2.75	2.83	2.40	2.30

关键参数	2020 年	2025 年	2030 年	2035 年	2050 年	2060 年
人均碳排放 /t	6.08	6.6	6.2	5.6	1.8	0.85
单位地区生产总值碳排放强度（以 2005 年为不变价）/（t/ 万元）	1.22	1.01	0.76	0.52	0.1	0.04
单位地区生产总值碳排放强度下降率（与 2005 年相比）/%	−47	−56	−67	−78	−96	−98

为达到 2060 年碳中和目标，江西省需在碳达峰路径的基础上加快非化石能源发展速度，在 2050 年实现非化石能源占比超过 75%，2060 年达到 88%。2060 年，江西省风电和光伏发电将分别占全省总发电量的 38% 和 57%，按 2020 年江西省风光实际运行发电小时数估算（分别为 1 400 小时和 800 小时）并预测发电效率逐步提升，江西省 2060 年风电和光伏发电装机容量至少分别为 0.49 亿 kW 和 1.25 亿 kW。根据江西省风光资源禀赋情况，这在当前发电效率情况下难以实现，因此必须提升非化石能源发电效率，发展新的发电技术，科学有序地发展内陆核电。

2060 年江西省实现碳中和目标时，能源消费总量约为 1.04 亿 tce。从供给端来看，风电、光伏发电将成为最主要的来源，分别占能源消费总量的 32% 和 48%，煤油气化石能源消费量大幅减少，外调电占总电比例约为 22%。从消费端来看，各行业用能中电力成为最主要的部分，电力占比达到 84%，煤炭主要用于必要的工业用煤（化工），以及调峰或应急火力发电使用；氢能成为风光电的重要流向之一，同时在终端用能中发挥重要作用，预计在 2060 年可广泛用于交通燃料、氢能冶炼等行业，消费量达到 253 万 tce。2060 年江西省能源流通情况如图 14-1 所示。

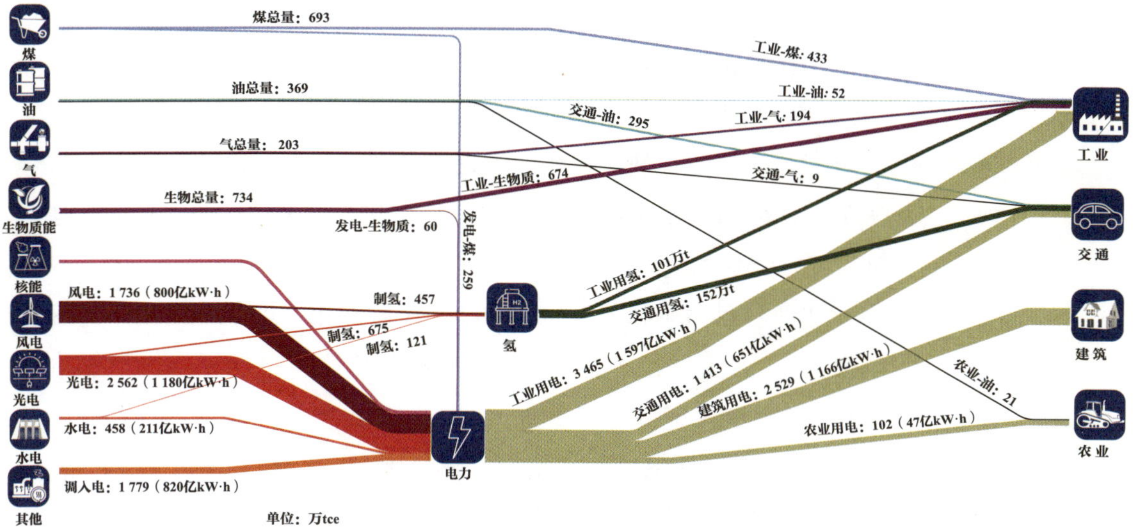

图 14-1　江西省 2060 年能源流通情况

碳中和路径（图 14-2）下，江西省温室气体排放（包括二氧化碳排放、非二氧化碳温室气体排放、CCUS 和森林碳汇吸收）将在 2026—2028 年达峰，随后至 2035 年缓慢下降。在 2035 年以后，随着结构调整和减排措施的进一步加强，以及森林碳汇对碳排放吸收量的逐步增加，整体碳排放下降速度逐渐加快，最终到 2060 年实现碳中和。

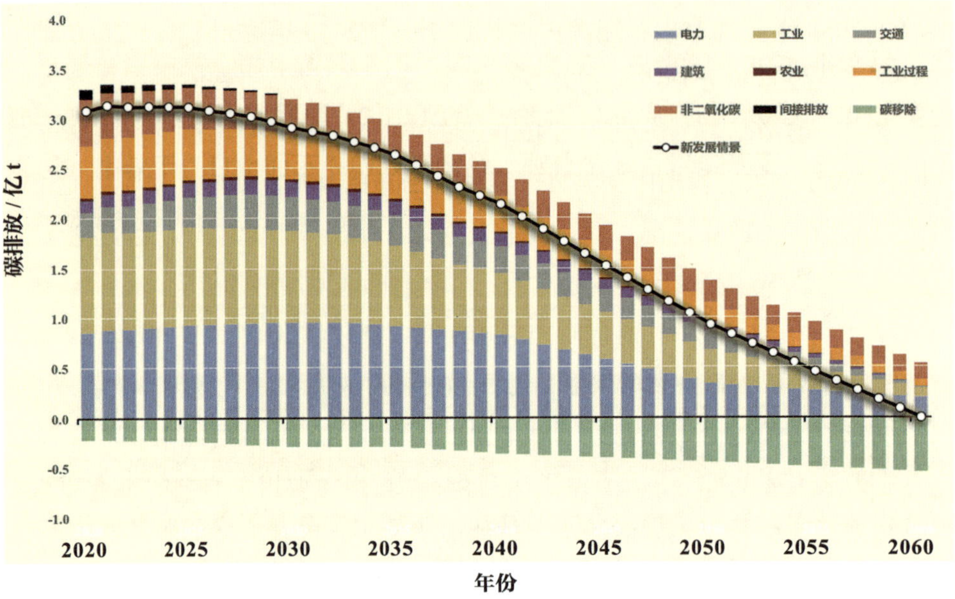

图 14-2　江西省 2020—2060 年碳中和路径

能源结构方面，在江西省碳达峰路径的基础上，非化石能源占比逐年上升，在 2035 年以后上升速度明显加快，电力煤炭消费加速下降。2050 年较 2035 年煤炭消费总量下降约 71%，2060 年煤炭消费占比仅为 6.6%。石油和天然气消费量在 2035 年后开始下降，2060 年基本实现车辆新能源化。风光占比快速上升，2035 年约为 25%（风 15%、光 11%），2060 年达到 67%（风 27%、光 40%），考虑江西省光伏发电较风力发电具有难度低、产业本地化等优势，预计光伏发电的发展速度高于风电。

能耗方面，考虑江西省可再生和外调电力的实际情况约束，能耗强度在保持下降的同时，社会总能耗将保持合理增速，2020—2035 年江西省总能耗年均增速约为 1.8%，2035—2060 年总能耗年均下降 1%，人均能耗在 2060 年达到约 2.3 tce。2020—2030 年，江西省人均能耗保持较快增速并逐年上升，年均增速约为 2.4%，2030—2035 年约为 6%，2035 年以后保持稳定，此后随着经济结构优化与技术进步变化，2050 年较 2035 年人均能耗下降 14%。基于以上考虑，计算得到 2035—2060 年江西省外调电占比始终保持在 15% ～ 23%，较 2020 年有明显增加，说明江西省对外调电力的依赖程度增加。

行业方面，电力用煤在 2020—2030 年保持增长，2030—2060 年持续下降，2030 年电力用煤占煤炭消费量的 57%，2060 年降至 37%。工业用煤在 2020 年后持续下降，但在 2035 年电力用煤快速下降后占比有所提高，2060 年工业用煤占煤炭消费量的 63%，电力消费量不断提高。交通领域 2035 年后油品消费量快速下降，由 2035 年的 1 735 万 tce 下降到 2060 年的 295 万 tce，年均下降率为 6.8%。建筑用能在 2050 年基本全部改为非化石能源。

在碳中和路径下，江西省各部门在 2035 年以后碳排放增长需求受到控制。电力部门碳排放在 2050 年和 2060 年将分别降至 0.34 亿 t 和 0.20 亿 t；工业（不含火电）部门在 2060 年将降至 0.09 亿 t；森林碳汇对碳减排的贡献总体增强，抵消碳排放从 2020 年的 0.21 亿 t 增至 2060 年的 0.32 亿 t；CCUS 合计减排在 2060 年将升至 0.13 亿 t。

14.2 关键技术

14.2.1 零碳智慧能源体系

能源系统碳中和是碳中和实现的首要目标。江西省在碳达峰路径上将初步实现能源的绿色转型，扭转本省煤炭依赖，在碳中和过程中进一步提升新能源用能比例，调高电网能力，进一步降低能源系统碳排放。

一是建设集中式清洁能源供应、化石能源清洁利用、生物质及氢能高效利用、零碳智慧能源网络。按照零碳能源供应、多能互补协同、能效综合最优的目标要求，零碳智慧能源体系将实现“安全、高效、零碳”。

二是实现多元化清洁能源供应、多能互换和多能互补，提升能源网络输送、转换、调度和存储能力，加强能源系统韧性及应对极端情况的能力，实现能源供应安全可靠。

三是提高能源系统自适应、自调节和自优化能力，推动能源技术升级和产业重构，实现业务和商业模式创新。零碳智慧能源体系蓝图中以零碳智慧能源网络为主干网络，通过主干网络和分布式网络的交互协同，连接各典型能源场景，形成以新能源为主体、集中式与分布式相结合、源网荷储协调互动、多能转换、多能互补、多网融合、数字全面赋能的零碳智慧能源体系。

四是结合各地区资源禀赋，形成以风、光、水、核、储、氢为核心的集中式清洁能源供应基地，通过零碳智慧能源网络实现清洁能源的全网优化调度与配置。

五是开发新能源发电主动支撑技术。为不断打造江西省新型电力系统，提高该省电网新能源适配能力，需要关注新能源发电主动支撑技术。新能源从辅助性电源向主力电源转变，要求新能源的控制和运行方式要发生根本性转变，从对电网安全的“被动跟随”转变为“主动支撑”，成为维持电网频率、电压的主要载体。

六是建设大容量高安全低成本新型储能系统。江西省全年有 1 月、7 月缺电的风险，抽水蓄能潜力即将开发完毕，新型储能系统至关重要。新型储能系统可提供毫秒到天的多时间尺度上的灵活双向调节能力，有望成为以新能源为主体的新型电力系统灵活调节和辅助支撑的主力资源，从而促进能源绿色低碳转型，实现碳中和目标。

14.2.2 绿氢产业

氢能是用能终端实现绿色低碳转型的重要能源载体，是中国新能源发展的重要组成部分。2020 年 12 月，国务院印发《新时代的中国能源发展》白皮书，其中提出加速发展绿氢制取、储运、应用等产业链技术装备，促进氢能燃料电池技术链、氢燃料电池汽车产业链发展。2021 年 10 月，国务院印发《2030 年前碳达峰行动方案》，将氢能列为交通领域重要的新能源类型。2022 年 3 月，国家发展改革委、国家能源局印发《氢能产业发展中长期规划（2021—2035 年）》，围绕氢能三大定位，提出了三个阶段的发展目标、四大发展任务。此外，《国务院关于加快建立健全绿色低碳循环发展经济体系的指导意见》《“十四五”全国清洁生产推行方案》《中共中央 国务院关于深入打好污染防治攻坚战的意见》等文件都提到了促进氢能相关产业和技术发展，进一步明确了氢能的重要定位。在江西省的碳中和路径中，氢能在 2060 年占全社会总能源消费量的 5.5%，推进氢能利用将是江西省实现碳中和目标的重要措施。

根据来源，氢主要分为灰氢、蓝氢和绿氢。其中，灰氢是通过化石能源转化制氢，包括天然气制氢、煤炭气化制氢、甲醇制氢，其碳排放量高，能源投入小于产出，是非可持续发展制氢路径；蓝氢通过 CCUS 等方式在灰氢的基础上减少碳排放；绿氢作为零碳排放的氢能制取方式，是氢能大规模推广利用的最本质基础和氢能的最终理想形态。

氢能产业包括制氢、储运、利用 3 个主要环节，目前在这 3 个方面均存在不同程度的技术困难，导致现阶段氢能利用受到限制。因此，瞄准突破关键技术环节，有助于江西省在氢能方面走在全国乃至世界氢能行业前列，为解决江西省能源安全和低碳发展问题提供补充方案。

1. 制氢

可再生能源电解制氢是目前规模化制取绿氢的唯一方法，包括碱性电解水、固体氧化物电解水、质子交换膜（PEM）电解水 3 种主流技术。当前阶段碱性电解水已有部分企业实现商业化应用，而 PEM 及固体氧化物电解水技术具有更高的技术发展潜力，是绿氢制取发展的主要方向。PEM 电解槽成本较高，但占地面积小，且对供电水平要求不高，容易与可再生能源相整合。预计 2030 年，江西省氢能发展将仍采用碱式电解槽和 PEM 电解槽方式混合来制备氢气，预计成本将分别约为 2 000 元 /kW 和 6 000 元 /kW。

2060 年，风电和光伏发电等可再生能源制氢将成为江西省发展氢能的重要来源。江西省氢能发展将主要采用 PEM 电解槽方式及其他方式，如阴离子交换膜（AEM）电解槽与固体氧化物（SOEC）电解槽制备氢气，电解槽效率将大大提升。

2. 储存及运输

2030 年，江西省将采用长管拖车短距离运输和液氢罐车短距离运输相结合的方式。在用氢环节，国内加氢站主要有固定加氢站、撬装式加氢站和临时加氢站，预计 2030 年江西省加氢站仍以撬装式为主，且与加气站、加油站混建，日加注量可达到 1 000 kg。

未来将采用高压气态储氢、低温液态储氢和其他有机液态储氢及固态储氢技术相结合的方式，且低温液态储氢在 2060 年有望逐步商业化。在运输氢气环节，2060 年江西省将采用以管道运输为主、长管拖车短距离运输和液氢罐车短距离运输相结合的方式。

3. 利用

目前氢能最主要的利用方式为氢能燃料电池。该方式具有无须燃烧、功率密度高的优点，包括质子交换膜燃料电池（PEMFC）、固体氧化物燃料电池（SOFC）、磷酸燃料电池（PAFC）。质子交换膜燃料电池具有启动最快、寿命最长、能量转化效率高的特点，是现阶段燃料电池汽车厂商普遍采用的燃料电池技术。燃料电池具有较高的科技集中度，含有大量核心部件，掌握关键核心材料的相关技术是产业高质量发展的关键所在。此外，欧洲部分地区采用与天然气混合的利用方式，充分利用天然气管道基础，可作为过渡阶段的降碳措施以降低天然气使用量。

可再生能源与氢能耦合发展的技术路径是氢能发展的主要技术路径，通过可再生能源电解水制氢、储存运输、利用，使绿氢进入各行业领域。在当前技术条件下，绿氢已用于交通领域（氢能汽车）、工业领域（氢能冶炼、化工原料等），且具备较为明确的发展路径。针对江西省氢能产业发展前景，提出两点建议。一是重视氢能制取、储运、利用各环节的发展。建立激励机制，鼓励相关技术企业入赣，重点突破制氢、储氢和输运的关键环节，与氢能行业主要央企开展合作，通过绿色金融等方式为优质企业和项目融资，利用江西省矿产资源丰富的优势，争取在氢能领域取得领先。二是鼓励氢能试点工作。氢能在中国新能源发展布局中具有重要的战略地位，江西省应充分把握能源转型契机，通过新能源与氢能的耦合试点，打造风光＋氢能的新能源路径，通过氢能的储存削减风光发电波动性的不利影响，提升电网稳定性。

14.2.3　零碳循环工业体系

在工业部门达峰后，江西省应进一步促进工业产业内部结构调整，持续淘汰落后技术，同时针对难以减排和调整的工业部门，推广采用 CDR 技术，主要包括大规模应用可再生能源和可再生金属资源，大规模推广电气化替代、炼油减油增化，提高全废钢电炉流程等新技术的应用比例，推广 CCUS 技术应用，推广氢冶炼、绿氢炼化、乙烯电裂解炉等颠覆性技术，实现工业部门碳中和目标。

1. 工业数字化技术

重点突破芯片、操作系统、工业软件等基础性技术“瓶颈”，保障数字技术产业供应链的战略安全，为实现深度减排提供技术支撑。加快发展智能传感、高性能计算，建立集自然冷源应用技术、业务与基础设施深度协同的综合管理技术于一体的促进数据中心绿色低碳运行的技术。加快液冷技术推广，支持基站设备冷板式、喷淋式和浸没式液冷等的研发应用。

2. 全废钢电炉流程的集成优化技术

钢铁行业是江西省重要的碳排放来源之一，应进一步增加短流程炼钢比例，提升短流程炼钢质量。全废钢电炉流程的集成优化技术是钢铁行业脱碳的核心技术之一。该技术基于持续液态熔池的全废钢快速熔化新工艺，建立全废钢电炉流程动态运行的优化技术体系，实现全废钢电炉流程的动态 - 有序、协同 - 连续运行，建立高效率、低成本的全废钢电炉流程集成优化技术体系。未来充足的废钢资源将为全废钢电炉流程的发展提供资源保障。

3. 氢冶炼（氢还原炼铁＋电炉）技术

氢冶炼技术以氢取代碳为还原剂和能源，从源头减少钢铁生产过程的碳排放，同时降低碳还原剂带入的硫分、灰分导致的污染物排放，产出的无碳、低硫的氢直接还原铁（HDRI），再通过界面衔接技术送入电炉短流程工艺，进行高效、低渣量的纯净钢冶炼，从而构建氢冶炼短流程清洁高效的生产系统。

4. 低碳零碳有色及陶瓷技术

有色及陶瓷产业是江西省的重点产业之一。有色金属冶炼及制造业的碳排放总量不高，需重点解决当前未实现电气化的环节。陶瓷业当前的碳排放相对较高，应重点关注可再生能源替代技术、节能降耗技术等。在有色金属方面，包括有色金属二次资源的回收再利用技术、金属-合金回收料的熔体杂质元素高效提纯技术、生物湿法冶炼新流程技术、新型连续阳极电解槽、稀土氯化物熔盐体系电解生产镨钕合金等冶炼短流程技术。在陶瓷方面，需重点关注可再生能源、绿氢替代化石能源的脱碳陶瓷生产工艺，研发热泵技术等电气化热源替代技术，研发液压、低温烧结等低能耗陶瓷生产技术，探索工业废料、污染物等再利用生产陶瓷产品的技术，开发超薄超强度瓷砖。

5. 关键金属开发和循环利用技术

江西省可充分发挥有色金属全产业链的基础优势，重点围绕稀土金属、稀有金属等关键金属布局产业，推动有色产业向新方向发展。关键金属指在节能环保、新一代信息技术、生物、高端装备制造、新能源、新材料、新能源汽车等战略性新兴产业领域中必需的或者能够发挥关键性作用的金属。关键金属大部分属于稀有金属（锂、铍等）、稀土金属（镧、铈等）、稀散金属（镓、锗等）和其他稀少稀贵金属（铂、铬、钴等）。

14.2.4 零碳智慧园区

零碳智慧园区是指在园区规划、建设、管理、运营方面全方位系统性融入碳中和理念，依托零碳操作系统，以精准化核算规划碳中和目标设定和实践路径，以泛在化感知全面监测碳元素生成和消减过程，以数字化手段整合节能、减排、固碳、碳汇等碳中和措施，以智慧化管理实现产业低碳化发展、能源绿色化转型、设施集聚化共享、资源循环化利用，实现园区内部碳排放与吸收的自我平衡，生产、生态、生活深度融合的新型产业园区。随着园区在中国经济发展中的引擎作用越发突出，建设零碳智慧园区将有效推动碳中和目标的实现。

通过零碳智慧园区体系，对园区内水电、光伏、储能等各类能源数据进行全面管理及趋势分析，整合碳管理模块，建设零碳操作系统。基于零碳操作系统，利用大数据、云计算、边缘计算和物联网等技术对采集数据进行聚类、清洗和分析，建立企业范围内的资源-能源平衡模型，并设定评价指标体系，结合统计分析、动态优化、预测预警、反馈控制等功能，实现企业能源信息化集中控制、设备节能精细化管理和能源系统化管理，降低设备运行成本，提升能源利用效率。

14.2.5 零碳建筑

在商业建筑和居民建筑领域，江西应加快推进技术较为成熟的电气化技术，包括燃气灶电能替代、户用高效电热泵供暖及集中式供暖制冷等技术，农村地区应逐步消除炊事及采暖中传统薪柴、秸秆的燃烧，同步提升电气化应用比例。中后期应积极探索高效直流配电技术及建筑柔性用电等交直流转换供电技术，降低电网电力损耗，提高供电效率。同时，随着人民生活水平的提高，也应关注冬季采暖问题，新建小区及老旧小区改造中需考虑冬季清洁高效供热。

在可再生能源建筑领域，主要包括光伏建筑一体化（BIPV）、光伏 / 光热（PV/T）一体化组件设备，面向不同类型建筑需求的蒸气、生活热水和炊事高效电气化替代技术，夏热冬冷地区新型高效分布式供暖制冷技术设备，以及建筑环境零碳控制系统在城市“光储直柔”建筑电力系统技术领域的应用，“光储直柔”建筑电力系统利用城乡建筑的屋顶空间安装分布式光伏，在建筑内设置分布式蓄电，将建筑内部供电系统由目前的交流电变为直流电，并使建筑作为电力负载的性能从目前的刚性转为柔性，从而使建筑从能源系统的使用者转变为能源系统的生产者、使用者和调控者，更有效地生产和消纳风电、光电。

14.2.6 交通领域关键技术

逐步探索氢能汽车的应用，加快推广燃氢轮机、固态氧化物燃料电池、低温液态储氢等技术，同时推进航空燃油的生物质等燃料替代，实现交通领域的碳中和目标。研发高性能电动、氢能驱动和低碳能源驱动载运装备技术，突破重型陆路和水运载运装备混合动力技术。

探索开展鄱阳湖内河以 LNG 氢能为动力的船舶航运试点。研究公共交通、物流配送、景观环卫等服务领域的氢燃料电池用车。研发交通能源自洽及多能变换技术，研究交通自洽能源系统高效能与高弹性技术。研究轨道、民航、水运和道路交通系统数字化、智能化与综合化等技术，重点研究九江港、南昌港的绿色岸电、智能岸电建设。研究构建网络化、协同化、集约化、智能化、标准化的绿色物流运输体系，加快将赣州市建设成国家物流枢纽承载城市。具体技术主要包括以下几种：

1. 氢燃料航空发动机技术

航空制造是江西省的新兴支柱产业，新的氢燃料发动机技术将对航空产生重大影响。氢涡轮推进系统是氢燃料在燃烧室内燃烧，然后推动涡轮产生推力或者轴功。

氢燃料航空发动机技术是中国航空发动机领域实现“换道超车”的一个全新机遇，需要重点解决低污染氢燃料稳定燃烧、低延时氢燃料控制、液氢稳压换热、氢燃料密封、氢冷量管理等问题。

2. 可持续航空燃料技术

可持续航空燃料（SAF）是一种可与传统航空煤油掺混的航空燃料，可满足与化石基喷气燃料相同的所有技术和安全要求。基于生物质（食用油、动物脂肪、生物质等）的 SAF 的主要优势之一是可以通过现有的化石燃料基础设施网络进行运输和加注，包括管道和加油站等。

3. 船舶电动化和新型动力系统

江西省的水运占 6.4%，船舶及码头绿色建设是交通部门实现碳中和的必要措施。船舶电动化是指将传统以燃料油、柴油、LNG 等化石能源为动力的柴油机动力系统改为电力驱动。新型动力系统包括以氢燃料电池为主要能源供应的船舶系统。中国是世界航运大国，船队的能源结构转变将影响全球海上运输格局，引领全球行业发展。借助船舶电动和氢能动力系统的发展，有望实现“弯道超车”，提升国际影响力。

4. 新能源汽车与新型电网双向互动技术

大规模的电动汽车入网是未来智能电网的典型标志之一，江西省在新能源车制造方面已有所布局，需要进一步关注相关技术研发。新能源汽车与新型电网双向互动技术指电动车辆不仅可以作为充电负荷，还可以作为储能设备，通过充电站向电网反馈电能。该技术将电动汽车作为系统灵活调节电源，为系统提供调峰、调频、无功补偿、电能质量等多种辅助服务，提高电网效率和运行可靠性、灵活性，能够为电力系统提供海量且低成本的灵活性资源，有效解决弃风弃光问题，而且还能够显著降低电动汽车的全周期成本，从而在经济性上达到甚至超过燃油车。

14.2.7 碳中和农业和农村

在贯彻落实加快农村能源转型发展、助力乡村振兴的基础上进一步发展农业新能源产业，培育壮大农村绿色能源产业，加快形成绿色低碳生产生活方式，促进农村及农业实现碳中和。

一是推动千村万户电力自发自用。支持具备资源条件的地区利用农户闲置土地和农房屋顶，建设分布式风电和光伏发电，配置一定比例的储能，自发自用，就地消纳，余电上网。

二是积极培育新能源＋产业。鼓励能源企业发挥资金、技术优势，建设光伏＋现代农业。农业企业、村集体在光伏板下开展各类经济作物规模化种植，提升土地综合利用价值。在林区合理布局林光互补等项目，打造一体化生态复合工程。建设新能源＋农村景观示范，推动新能源与公共设施一体化发展。推动农村生物质资源利用，引导企业有序布局生物质发电项目。

三是推动农村形成绿色低碳生产生活方式。推动农村生产生活电气化，政府主导、电网支撑、各方参与，提升农村电气化水平。引导农村居民绿色出行，引导充电业务运营商、新能源汽车企业在大型村镇、易地搬迁集中安置区、旅游景区、公共停车场等区域建设充换电站，优先推进县域内公务用车、公交车、出租车使用电动车。

四是推进农业农村减排固碳。大力发展绿色低碳循环农业，推进农光互补、“光伏＋设施农业”等低碳农业模式。研发应用增汇型农业技术。开展耕地质量提升行动，提升土壤有机碳储量。合理控制化肥、农药、地膜的使用量，实施化肥农药减量替代计划，加强农作物秸秆综合利用和畜禽粪污资源化利用。

14.2.8 CDR

1. 生态系统固碳

碳汇是江西省实现碳中和的天然优势，要进一步充分发挥江西省陆地生态碳汇的优势，发掘碳汇潜力，增加林业碳汇固碳能力。

一是巩固生态系统固碳作用。稳定现有森林、湿地、草地、土壤等生态系统固碳作用。着力完善“绿水青山就是金山银山”转化路径和政策制度体系，深入推进抚州国家生态产品价值实现机制试点。在赣南山区、赣中丘陵区、赣北平原滨湖区等特色生态单元，探索打造不同类型、各具特色的山水林田湖草沙生命共同体示范区。

二是科学经营森林、加大林业投入、增加森林集约经营水平、提高森林质量等人工管理措施是增加森林综合效益的有效手段。多角度探索林业碳汇产业链发展，科学挖掘造林绿化潜力，鼓励在废弃矿山、荒山荒地、裸露山体上恢复植被。建立健全林业碳汇产品价值实现机制，研究设立绿色碳汇公益基金，将林业碳汇纳入生态保护补偿范畴，增加森林碳汇。

三是制定实施本省碳中和林业行动方案，增强森林、湿地生态系统固碳能力，降低因资源破坏、森林灾害造成的碳排放。加强林业碳汇计量监测技术研究，完善林业碳汇计量监测体系建设，开展林业资源碳汇能力监测评价。推进碳中和林业行动，探索建立政府引导、市场运作的“碳汇＋”多元化生态产品价值实现机制。支持有序开展全省林业碳汇项目开发，保障林权所有者权益。加强林业碳汇宣传，普及林业碳汇知识。鼓励社会资本参与林业碳汇建设。

四是提升生态系统碳汇能力。加强鄱阳湖滨湖地区、赣江流域湿地草场、武功山山地草甸等的资源保护与修复。强化森林资源保护，实施森林质量精准提升工程，提高森林质量和稳定性，加强低产低效林改造、中幼林抚育、大径材和阔叶树种培育及国有林场场外造林等多种措施，加快森林质量提升步伐，全面加强森林湿地资源保护。加强草原生态保护修复，提高草原综合植被盖度。加强河湖、湿地保护修复。加强退化土地修复治理，实施历史遗留矿山生态修复工程。

2. CCUS 技术应用

一是开展 CCUS 一体化示范工程及产业化建设，加大 CCUS 技术研发投入，并利用樟树盐矿的资源优势开展大规模全链条集成示范工程，重点在火电、水泥、钢铁、化工等行业开展 CCUS 示范。选择资源条件良好、源汇匹配适宜的区域建设二氧化碳输送管网，开展产业集群集中建设。

二是开展 CCUS 与工业流程耦合技术、新型低能耗低成本碳捕集技术、二氧化碳高值化利用技术、BECCS 负碳技术应用，开展区域封存潜力评估封存技术研究与示范。江西省行政区内目前没有较为理想的地质封存点，距离较近的分别是洞庭盆地和江汉盆地。宜春市和九江市作为江西省碳排放量最高的城市，距离以上两地超过 150 km，在当前技术条件下实现 CCUS 封存较为困难，建议布局和规划 CCUS 基础设施建设，突破 CCUS 管网对 CCUS 工程成本和地域的限制，依托油气领域的技术与管理经验，逐步形成区域二氧化碳输送技术体系。积极推进九江、宜春两地火电、钢铁、建材等行业的重点碳排放企业开展 CCUS 试点工作，力争到 2035—2040 年建成百万吨级 CCUS 商业化工程项目。

综合以上碳中和关键技术内容，各领域碳中和技术框架如图 14-3 所示。

14.3 战略布局

通过碳中和关键技术识别，根据江西省各地区当前的产业布局与资源禀赋，谋划江西省碳中和战略布局，围绕新能源、数字工业、零碳智慧能源、智慧园区、关键金属开发、森林碳汇等内容，在各项技术逐步发展成熟的前提下，初步构建江西省未来各区域的主要发展方向（图 14-4）。

在北部鄱阳湖区域进一步大力发展集中式风电、光伏发电等新能源发电项目。发掘优质新能源潜力，配套发展储能设施和绿氢产业，提升可再生能源消纳能力。同时，在北部区域试点开展 CCUS 项目，寻找开发适宜的封存地点，提升江西省二氧化碳移除能力。

在南昌市及周边优先发展零碳智慧能源。结合风光等清洁电力配套做好储能设施建设，逐步降低煤电依赖，提升多元化清洁能源供应能力，促进多能互补，提升能源系统自适应、自调节和自由化能力，打造碳中和“零碳智慧能源”新模式。

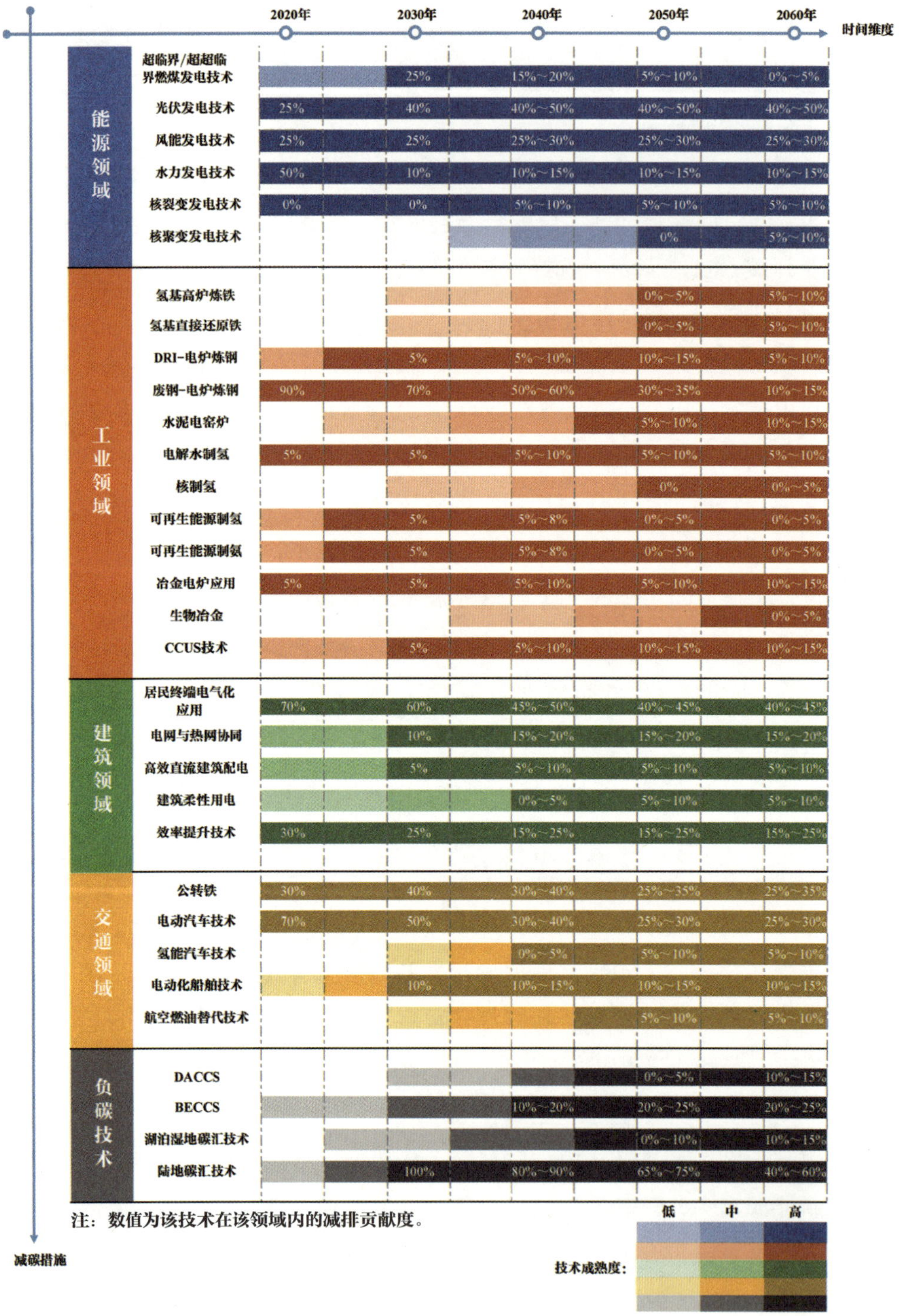

图 14-3　江西省碳中和技术框架

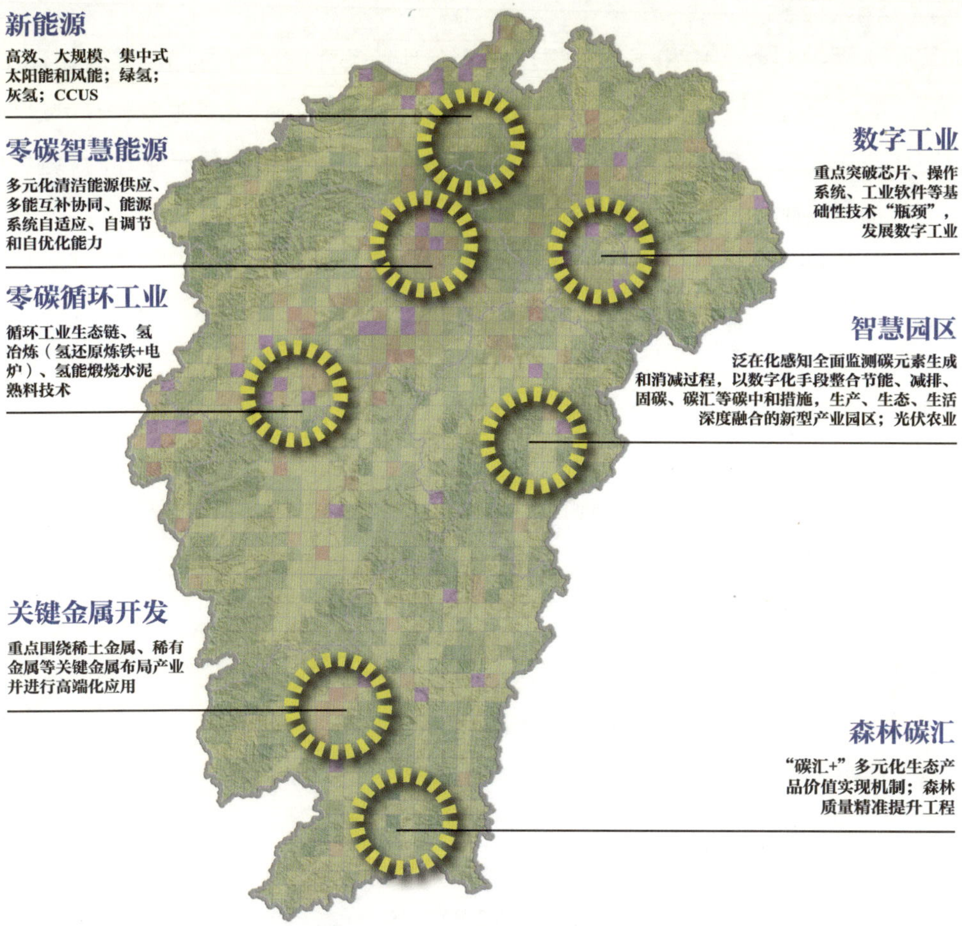

图 14-4　江西省碳中和战略

在东部地区大力发展数字工业。引进高新技术企业与高端领军人才，重点解决芯片、操作系统、工业软件等“卡脖子”难题，促进江西省数字工业蓬勃发展，为江西省实现产业结构转型提供技术推力。

在南部进一步提高关键金属开发力度。发挥江西省稀土资源、有色金属资源优势，重点围绕稀土金属、稀有金属等关键金属布局产业和高端化利用，进一步巩固稀土和关键金属产业优势地位，通过低碳、高附加值的关键金属产业带动江西南部地区经济高质量增长，实现经济增长与碳排放脱钩。

在赣州地区做好森林碳汇保持工作，提升森林碳汇的二氧化碳移除能力，精准识别、逐步改善森林碳汇质量，建立多元化生态产品价值实现机制，不断提升江西省森林碳汇储量。

在全域重点打造智慧园区和零碳循环工业。打造循环工业生态链，紧密衔接产业链上下游，提高资源循环利用比例，试点并推广氢冶炼（氢还原炼铁＋电炉）、氢能煅烧水泥熟料等碳中和工业关键技术，在具备条件的区域内打造零碳循环工业圈。通过推广智慧园区管理技术，包括泛在化感知全面监测碳元素生成和消减过程，以数字化手段整合节能、减排、固碳、碳汇等碳中和措施，光伏智慧农业等，打造生产、生态、生活深度融合的新兴产业园区。

14.4 社会经济分析

在碳中和情景下，江西省2020—2060年产业结构的中长期发展趋势如图14-5所示。2035年之后，江西省第一产业占比整体变化不大，第二产业总体呈下降趋势，第三产业比重总体呈上升趋势。从行业细分来说，S42（其他服务业）和S35（批发和零售）行业是未来江西省的主要经济支柱产业，尤其是S42（主要包括信息传输、软件和信息技术服务、金融、房地产、文化、体育和娱乐等）在2035—2045年继续上升，2060年该行业增加值将突破50%，整个第三产业占比将达到70%。第二产业中的所有行业都在大幅下降，到2060年，第二产业占比不足30%。S14（化工行业）和S34（建筑业）仍是江西省第二产业中占比最大的两个行业，在碳中和情景下，其行业增加值占比也在逐渐下降，截至2060年约下降一半。

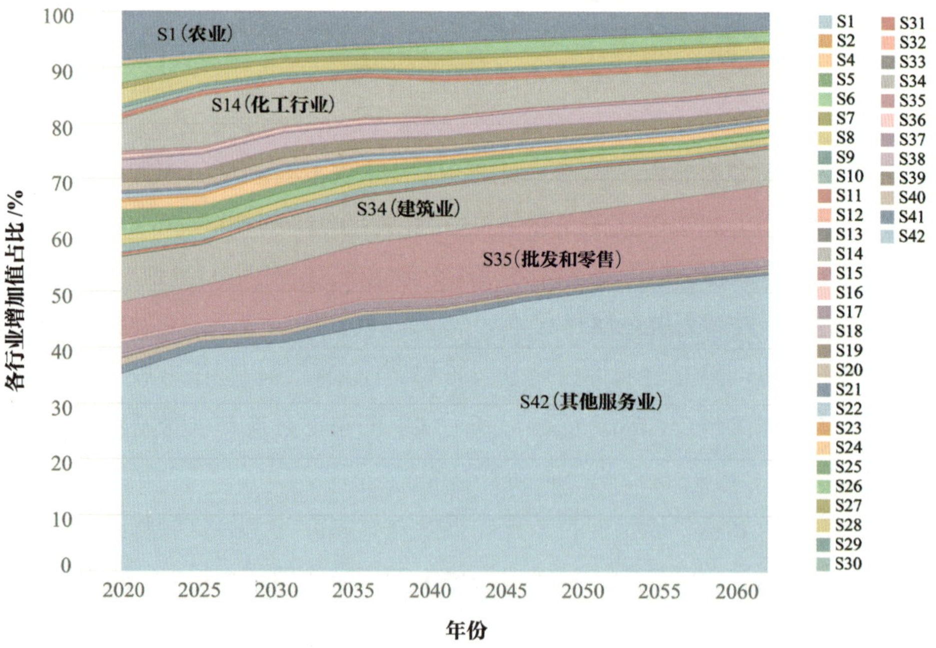

图14-5　2020—2060年江西省产业结构变化

注：行业详称见附表3。

在碳中和情景下，江西省2020—2060年的就业情况如图14-6所示。江西省就业情况的变化与产业结构的变化基本类似，未来将有越来越多的就业岗位流入第三产业，第一产业保持稳定，第二产业的就业情况总体呈下降趋势。从行业细分来说，由于第一产业占比已经在2035年后基本维持在1%以内，所以在2035年后其就业形势也基本保持了稳定状态。第二产业的就业情况在2035年后出现明显下降，尤其是S14（化工行业）、S19（钢铁、钢压延产品、铁合金产品）、S25（电气机械和器材）的就业人数占比均下降一半左右。相反，第三产业的就业情况与产业结构变化一致，一直呈上升趋势。2060年，全社会就业人数基本有近七成都在第三产业，尤其集中在S42（其他服务业）和S35（批发和零售），S42在2060年的就业人口占比突破了一半。运输相关行业（S36、S37、S38和S39）的就业情况较为稳定，没有较大的变化。

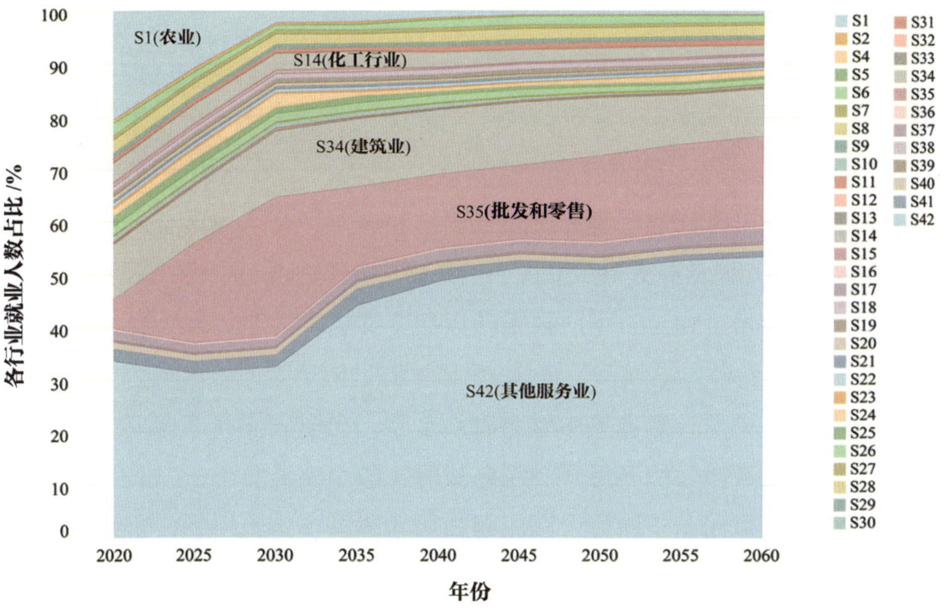

图14-6 2020—2060年江西省各行业就业情况变化

注：行业详称见附表3。

2020年时，S30（火电和热力的生产和供应）与其他各行业的碳排放联系最为密切，可以说很多行业的碳排放受火电行业的影响很大，主要是因为很多行业都有用电需求，而S30主要受S2（煤炭采造产品行业）的影响最大。另外，S12（石油及核燃料加工业）对很多行业的影响都很大，如S14（化工行业）、S34（建筑业）和运输相关行业（S36、S37、S38、S39）。此外，S34也受到很多工业行业的影响，如 S16（水泥、石灰和石膏制造业）、S18（其他非金属矿物制品）和 S19（钢铁、钢压延产品、铁合金产品），其碳排放主要是由这些行业带来的。2060 年时，S30 与其他各行业的碳排放联系相对也是最为密切的，因为很多行业都有用电需求，而且可以看到 S42（其他服务业）受电力行业的影响很大，这与 S42 在 2060 年产业结构发生的变化有关，该行业的产业在逐渐扩大，用电需求也会随之变大。S34 在 2060 年的碳排放基本不受其他工业行业的影响，这与这些工业行业在碳中和情景下逐渐被淘汰有一定关系。

参考文献

关雎文，周琪，毛保华．碳排放控制的国际比较及经验借鉴 [J]. 交通运输系统工程与信息，2022(10): 1-12.

何建坤．CO_2 排放峰值分析：中国的减排目标与对策 [J]. 中国人口资源与环境，2013, 23(12): 1-9.

蒋含颖，段祎然，张哲，等．基于统计学分析的中国典型大城市二氧化碳排放达峰研究 [J]. 气候变化研究进展，2021, 17 (2): 1-9.

聂晓培，周星，周敏，等．生产性服务业与制造业节能减排评价及影响因素研究 [J]. 中国矿业大学学报，2020, 49(4): 807-818.

裴庆冰．典型国家碳达峰碳中和进程中经济发展与能源消费的经验启示 [J]. 中国能源，2021, 43(9): 68-73.

王少鹏，朱江玲，岳超，等．碳排放与社会经济发展：碳排放与社会发展Ⅱ [J]. 北京大学学报（自然科学版），2010, 46(4): 505-509.

张立，万昕，蒋含颖，等．二氧化碳排放达峰期、平台期及下降期定量判断方法研究 [J]. 环境工程，2021, 39 (10): 1-7.

张立，谢紫璇，曹丽斌，等．中国城市碳达峰评估方法初探 [J]. 环境工程，2020, 38(11): 1-5, 43.

Arouri M E H, Youssef A B, M'henni H, et al. Energy consumption, economic growth and CO_2 emissions in Middle East and North African countries[J]. Energy Policy, 2012, 45: 342-349.

Bağdatlı M C, Can E. Analysis of Precipitation Datas by Mann Kendall and Sperman's Rho Rank Correlation Statistical Approaches in Nevsehir Province of Turkey[J]. Recent Research in Science and Technology Journal, 2019 (11): 31.

Barla P, Miranda-Moreno L F, Lee-Gosselin M. Urban travel CO_2 emissions and land use: A case study for Quebec City[J]. Transportation Research Part D: Transport and Environment, 2011, 16(6): 423-428.

BP (British Petroleum). Statistical Review of World Energy[R]. 2021.

C40. 27 Cities Have Reached Peak Greenhouse Gas Emissions whilst Populations Increase and Economies Grow[R/OL]. (2018-09-13) [2021-05-14]. https://www.c40.org/news/27-cities-have-reached-peak-greenhouse-gas-emissions-whilst-populations-increase-and-economies-grow/.

Chen X, Shuai C, Wu Y, et al. Analysis on the carbon emission peaks of China's industrial, building, transport, and agricultural sectors[J]. Science of the Total Environment, 2020, 709: 135768.

Chernick M R. Bootstrap Methods: A Guide for Practitioners and Researchers[M]. USA: John Wiley & Sons, Inc, 2011.

Cole M A, Neumayer E. Examining the impact of demographic factors on air pollution[J]. Population and Environment, 2004, 26(1): 5-21.

Cui C, Wang Z, Cai B, et al. Evolution-based CO_2 emission baseline scenarios of Chinese cities in 2025[J]. Applied Energy, 2021, 281: 116116.

Deangelo J, Azevedo I, Bistline J, et al. Energy systems in scenarios at net-zero CO_2 emissions[J]. Nature Communications, 2021, 12(1): 1-10.

Dellink R, Chateau J, Lanzi E, et al. Long-term economic growth projections in the Shared Socioeconomic Pathways[J]. Global Environ Chang, 2017, 42: 200-214.

Des Participants L. Good practice guidance and uncertainty management in national greenhouse gas inventories[R/OL]. (2001-05-01)[2021-05-14]. https://www.ipcc-nggip.iges.or.jp/public/gp/english/gpgaum_en.html.

Dong F, Wang Y, Su B, et al. The process of peak CO_2 emissions in developed economies: A perspective of industrialization and urbanization[J]. Resources, Conservation and Recycling, 2019, 141: 61-75.

Dong K, Sun R, Li H, et al. Does natural gas consumption mitigate CO_2 emissions: Testing the environmental Kuznets curve hypothesis for 14 Asia-Pacific countries[J]. Renewable and Sustainable Energy Reviews,2018,94: 419-429.

Duan H, Sun X, Song J, et al. Peaking carbon emissions under a coupled socioeconomic-energy system: Evidence from typical developed countries[J]. Resources, Conservation and Recycling, 2022, 187: 106641.

Larson E, Greig C, Jenkins J, et al. Net-Zero America: Potential Pathways, Infrastructure, and Impacts, Final Report Summary[R]. 2021.

Efron B. Bootstrap Methods: Another Look at the Jackknife[J]. In Breakthroughs in Statistics, 1992: 569-593.

EC A. Clean Planet for all: a European strategic long-term vision for a prosperous, modern, competitive and climate neutral economy[J]. Com (2018) 773-Communication from the Commission to the European Parliament, the European Council, the Council, the European Economic and Social Committee, the

Committee of the Regions and the European Investment Bank, 2018.

Fan J L, Hou Y B, Wang Q, et al. Exploring the characteristics of production-based and consumption-based carbon emissions of major economies: A multiple-dimension comparison[J]. Applied Energy, 2016, 184: 790-799.

Farhani S, Mrizak S, Chaibi A, et al. The environmental Kuznets curve and sustainability: A panel data analysis[J]. Energy Policy, 2014, 71: 189-198.

Fujii H, Managi S. Which industry is greener? An empirical study of nine industries in OECD countries[J]. Energy Policy, 2013, 57: 381-388.

Gao Y, Zhang M, Zheng J. Accounting and determinants analysis of China's provincial total factor productivity considering carbon emissions[J]. China Economic Review, 2021, 65: 101576.

Gilbert R O. Statistical methods for environmental pollution monitoring[M]. New York: John Wiley and Sons , 1987.

Gois G D, José Francisco de OLIVEIRA-JUNIOR, Silva E B D, et al. Carbon monoxide trend in the city of Rio de Janeiro via Mann-Kendall and cusum tests[J]. Bioscience Journal, 2017, 33(5):1332.

Grossman G M, Krueger A B. Economic growth and the environment[J]. The Quarterly Journal of Economics, 1995, 110(2): 353-377.

Guan D, Hubacek K, Weber C L, et al. The drivers of Chinese CO_2 emissions from 1980 to 2030[J]. Global Environmental Change, 2008, 18: 626-634.

Guan D, Meng J, Reiner D M, et al. Structural decline in China's CO_2 emissions through transitions in industry and energy systems[J]. Nature Geoscience, 2018, 11: 551-555.

Helland I S, Sæbø S, Almøy T, et al. Model and estimators for partial least squares regression[J]. Journal of Chemometrics, 2018, 32(9): e3044.

Hm Government. Net Zero Strategy: Build Back Greener[R/OL]. 2021. https://www.gov.uk/government/publications/net-zero-strategy.

Hong M, Hwang E. Bootstrap inference for network vector autoregression in large-scale social network[J]. Journal of the Korean Statistical Society, 2021, 4: 1-21.

IEA. World energy outlook 2020[R/OL]. [2021-06-29]. https://www.iea.org/reports/world-energy-outlook-2020.

IEA. World energy model[R/OL]. [2021-06-29]. https://www.iea.org/reports/world-energy-model.

IEA. Net Zero by 2050[R/OL]. [2023-05-31]. https://www.iea.org/reports/net-zero-by-2050.

IPCC. Climate Change 2014: Synthesis Report. Contribution of Working Groups Ⅰ, Ⅱ and Ⅲ to the Fifth Assessment Report of the Intergovernmental Panel on Climate Change[R]. Geneva: IPCC, 2014.

IPCC. Summary for Policymakers. In: Global Warming of 1.5℃. An IPCC Special Report on the impacts of global warming of 1.5℃ above pre-industrial levels and related global greenhouse gas emission pathways, in the context of strengthening the global response to the threat of climate change, sustainable development, and efforts to eradicate poverty[M]. Cambridge University Press, 2018.

IPCC (Intergovernmental Panel on Climate Change). Refinement to the 2006 IPCC Guidelines for National Greenhouse Gas Inventories[R/OL]. (2019-05-12)[2021-05-14]. https://www.ipcc.ch/report/2019-refinement-to-the-2006-ipcc-guidelines-for-national-greenhouse-gas-inventories/.

IPCC. Climate Change 2022: Mitigation of Climate Change. Contribution of Working Group Ⅲ to the Sixth Assessment Report of the Intergovernmental Panel on Climate Change[M]. Cambridge University Press, 2022.

Jenkins J D, Mayfield E N, Farbes J, et al. 2022. Preliminary Report: The Climate and Energy Impacts of the Inflation Reduction Act of 2022[R/OL]. https://repeatproject.org/docs/REPEAT_IRA_Prelminary_Report_2022-08-04.pdf.

Jiang L, O'Neill B C. Global urbanization projections for the shared socioeconomic pathways[J]. Global Environ Chang, 2017, 42: 193-199.

Kasman A, Duman Y S. CO_2 emissions, economic growth, energy consumption, trade and urbanization in new EU member and candidate countries: a panel data analysis[J]. Economic Modelling, 2015, 44: 97-103.

Kharbach M, Chfadi T. CO_2 emissions in Moroccan road transport sector: Divisia, cointegration, and EKC analyse[J]. Sustain. Cities Soc, 2017, 35: 396-401.

Lee K, Oh W. Analysis of CO_2 emissions in APEC countries: A time-series and a cross-sectional decomposition using the log mean Divisia method[J]. Energy Policy, 2006, 34: 2779-2787.

Levin K, Rich D. Turning points trends in countries' reaching peak greenhouse gas emissions over time[J]. World Resources Institute, 2017.

Li H, Qin Q. Challenges for China's carbon emissions peaking in 2030: A decomposition and decoupling analysis[J]. Journal of Cleaner Production, 2019, 207: 857-865.

Liang S, Wang H, Qu S, et al. Socioeconomic drivers of greenhouse gas emissions in the United States[J]. Environmental Science & Technology, 2016, 50: 7535-7545.

Liu L C, Liang Q M, Wang Q. Accounting for China's regional carbon emissions in 2002 and 2007: production-based versus consumption-based principles[J]. Journal of Cleaner Production, 2015, 103: 384-392.

Ozcan B. The nexus between carbon emissions, energy consumption and economic growth in Middle East countries: a panel data analysis[J]. Energy Policy, 2013, 62: 1138-1147.

Pablo-Romero M D P, Sánchez-Braza A. Residential energy environmental Kuznets curve in the EU-28[J]. Energy, 2017, 125: 44-54.

Parikh J, Shukla V. Urbanization, energy use and greenhouse effects in economic development: Results from a cross-national study of developing countries[J]. Global Environmental Change, 1995, 5(2): 87-103.

Parrella M L, Albano G, Perna C, et al. Bootstrap joint prediction regions for sequences of missing values in spatio-temporal datasets[J]. Computational Statistics, 2021, 36(4): 2917-2938.

Poumanyvong P, Kaneko S. Does urbanization lead to less energy use and lower CO_2 emissions? A cross-country analysis[J]. Ecological Economics, 2010, 70(2): 434-444.

Samir K C, Lutz W. The human core of the shared socioeconomic pathways: Population scenarios by age, sex and level of education for all countries to 2100[J]. Global Environ Chang. 2017, 42: 181-192.

Sharma S S. Determinants of carbon dioxide emissions: empirical evidence from 69 countries[J]. Applied Energy, 2011, 88(1): 376-382.

Shen L, Wu Y, Shuai C, et al. Analysis on the evolution of low carbon city from process characteristic perspective[J]. Journal of Cleaner Production , 2018, 187: 348-360.

Sheng Y, Pilon P, Cavadias G. Power of the Mann–Kendall and Spearman's Rho tests for detecting monotonic trends in hydrological series[J]. Journal of Hydrology, 2002, 259(1-4): 254-271.

Shi C. Decoupling analysis and peak prediction of carbon emission based on decoupling theory[J]. Sustainable Computing: Informatics and Systems, 2020, 28: 100424.

Shuai C, Chen X, Shen L, et al. The turning points of carbon Kuznets curve: evidences from panel and time-series data of 164 countries[J]. Journal of Cleaner Production, 2017, 162: 1031-1047.

Song J, Yang W, Wang S, et al. Exploring potential pathways towards fossil energy-related GHG emission peak prior to 2030 for China: An integrated input-output simulation model[J]. Journal of Cleaner Production, 2018, 178: 688-702.

Song M L, Zhang L L, Wei L, et al. Bootstrap-DEA analysis of BRICS' energy efficiency based on small sample data[J]. Applied Energy, 2013, 112: 1049-1055.

Su B, Ang B W, Li Y. Input-output and structural decomposition analysis of Singapore's carbon emissions[J]. Energy Policy, 2017, 105: 484-492.

Su K, Lee C M. When will China achieve its carbon emission peak? A scenario analysis based on optimal control and the STIRPAT model[J]. Ecological Indicators, 2020, 112: 106138.

Su Y, Liu X, Ji J, et al. Role of economic structural change in the peaking of China's CO_2 emissions: An input–output optimization model[J]. Science of the Total Environment, 2021, 761: 143306.

Tapio P. Towards a theory of decoupling: degrees of decoupling in the EU and the case of road traffic in Finland between 1970 and 2001[J]. Transport Policy, 2005, 12(2): 137-151.

UNEP (United Nations Environment Programme). The Emissions Gap Report 2018[R]. Nairobi: UNEP, 2018.

United States Department of State and the United States Executive Office of the President. The long-term strategy Of the United States: Pathways to net-zero greenhouse gas emissions by 2050[EB/OL]. [2023-5-31]. https://www.whitehouse.gov/wp-content/uploads/2021/10/US-Long-Term-Strategy.pdf.

Waggoner P, Ausubel J. A framework for sustainability science: A renovated IPAT identity[J]. Proceedings of the National Academy of Science of the United States of America, 2002, 99(12): 7860-7865.

Wang Q, Song X, Liu Y. China's coal consumption in a globalizing world: Insights from Multi-Regional Input-Output and structural decomposition analysis[J]. Science of the Total Environment, 2020, 711: 134790.

Wang S S, Zhou D Q, Zhou P, et al. CO_2 emissions, energy consumption and economic growth in China: A panel data analysis[J]. Energy Policy, 2011, 39(9): 4870-4875.

Wang Z, Huang W, Chen Z. The peak of CO_2 emissions in China: a new approach using survival models[J]. Energy Economics, 2019, 81: 1099-1108.

WRI (World Resources Institute). Mitigation Goal Standard[R/OL]. Washington, DC: World Resources Institute, (2014-11-19)[2021-05-14]. http://www.ghgprotocol.org/mitigation-goal-standard.

York R, Rosa E A, Dietz T. STIRPAT, IPAT and ImPACT: analytic tools for unpacking the driving forces of environmental impacts[J]. Ecological Economics, 2003, 46(3): 351-365.

Yurtkuran S. The Effect of Agriculture, Renewable Energy Production, and Globalization on CO_2 emissions in Turkey: A Bootstrap ARDL Approach[J]. Renewable Energy, 2021,171: 1236-1245.

Zhang C, Lin Y. Panel estimation for urbanization, energy consumption and CO_2 emissions: A regional analysis in China[J]. Energy Policy, 2012, 49: 488-498.

Zhang L, Wu P, Niu M, et al. A systematic assessment of city-level climate change mitigation and air quality improvement in China[J]. Science of The Total Environment, 2022, 839: 156274.

Zhong H, Feng K, Sun L, et al. Household carbon and energy inequality in Latin American and Caribbean countries[J]. Journal of Environmental Management, 2020, 273: 110979.

附表

附表 1　江西省化石燃料二氧化碳排放因子

能源类型	排放因子	单位
原煤	1.93	tCO_2/t
无烟煤	2.36	tCO_2/t
煤矸石	0.72	tCO_2/t
褐煤	1.24	tCO_2/t
烟煤	1.93	tCO_2/t
洗精煤	2.23	tCO_2/t
其他洗煤	0.70	tCO_2/t
其他煤制品	1.94	tCO_2/t
型煤	1.99	tCO_2/t
焦炭	2.86	tCO_2/t
焦炉煤气	9.15	tCO_2/t
高炉煤气	2.28	tCO_2/t
其他煤气	2.28	tCO_2/t
天然气	21.62	tCO_2/ 万 m^3
炼厂干气	3.01	tCO_2/t
原油	3.08	tCO_2/t
汽油	3.04	tCO_2/t
煤油	3.15	tCO_2/t

能源类型	排放因子	单位
柴油	3.15	tCO_2/t
燃料油	3.05	tCO_2/t
溶剂油	3.09	tCO_2/t
润滑油	2.98	tCO_2/t
石蜡	2.87	tCO_2/t
石脑油	3.16	tCO_2/t
石油焦	3.16	tCO_2/t
沥青	3.08	tCO_2/t
焦油	2.64	tCO_2/t
粗苯	3.41	tCO_2/t
液化石油气	3.10	tCO_2/t
液化天然气	3.18	tCO_2/t
供热	0.13	tCO_2/GJ
供电	0.43	$tCO_2/$（GW·h）

注：2019 年江西省主要从湖北省、山西省和甘肃省调入电力。从湖北省调入电力占总调入量的 70%，山西省占调入总量的 15%，甘肃省占调入总量的 15%。湖北省、山西省和甘肃省的电网排放因子分别是 0.357 4 kg CO_2/(kW·h) 、0.739 9 kg CO_2/(kW·h) 和 0.491 2 kg CO_2/(kW·h)，根据调入电力权重得出江西省 2019 年平均电网排放因子为 0.44 kg CO_2/(kW·h)。

附表 2　江西省工业过程二氧化碳排放因子

产品类型	排放因子	单位
水泥熟料	0.53	tCO_2/t
石灰	0.68	tCO_2/t
玻璃	0.20	tCO_2/t
粗钢	0.15	tCO_2/t
电石	1.15	tCO_2/t
电解铝	1.35	tCO_2/t

附表 3　江西省 42 个行业的代码和名称

行业代码	行业名称	产业划分
S1	农业	第一产业
S2	煤炭采选产品	第二产业
S3	石油和天然气开采产品	
S4	金属矿采选产品	
S5	非金属矿和其他矿采选产品	
S6	食品和烟草	

行业代码	行业名称	产业划分
S7	纺织品	第二产业
S8	纺织服装鞋帽皮革羽绒及其制品	
S9	木材加工品和家具	
S10	造纸及纸制品业	
S11	印刷和文教体育用品	
S12	石油及核燃料加工业	
S13	炼焦业	
S14	化工行业	
S15	塑料制品业	
S16	水泥、石灰和石膏制造业	
S17	玻璃及玻璃制品制造业	
S18	其他非金属矿物制品	
S19	钢铁、钢压延产品、铁合金产品	
S20	其他金属冶炼和压延加工品	
S21	金属制品	
S22	通用设备	
S23	专用设备	
S24	交通运输设备	
S25	电气机械和器材	
S26	通信设备、计算机和其他电子设备	
S27	仪器仪表	
S28	其他制造产品和废品废料	
S29	金属制品、机械和设备修理服务	
S30	火电和热力的生产和供应	
S31	其他电力的生产和供应	
S32	燃气生产和供应	
S33	水的生产和供应	
S34	建筑业	
S35	批发和零售	第三产业
S36	铁路运输	
S37	道路运输	
S38	水上运输	
S39	航空运输	
S40	其他运输、仓储和邮政	
S41	住宿和餐饮	
S42	其他服务业	

附表 4　江西省碳达峰措施成本及减排量

行业	措施	行业达峰年	“十四五”时期		“十五五”时期		“十六五”时期	
			投资 /（亿元 /a）	减排量 /（万 t/a）	投资 /（亿元 /a）	减排量 /（万 t/a）	投资 /（亿元 /a）	减排量 /（万 t/a）
电力	现役机组节能升级改造（技术进步、系统优化等）	2031	0.13	7.10	0.59	13.04	0.37	3.27
	陆上风电		13.48	33.50	30.99	74.90	43.33	96.81
	太阳能		15.88	42.50	37.01	96.70	51.74	129.18
	生物质		2.87	8.23	13.59	39.02	12.53	35.97
	抽水蓄能		4.11	10.32	5.15	17.68	7.97	27.38
	纯凝机组建设		3.39	183.91	0.34	28.80	0.00	0.00
	热电联产灵活性改造		0.46	39.04	0.99	89.62	1.22	115.67
	新型储能		0.81	11.99	7.56	112.45	12.36	183.70
	服役期满机组淘汰（全部设为上大压小）		0.00	17.74	0.00	57.03	0.00	154.69
钢铁	工艺结构调整	2021	91.53	156.00	171.80	256.00	230.55	366.00
	焦化工艺		0.12	10.20	0.28	29.56	0.37	30.65
	转炉炼钢		0.52	3.13	0.05	9.92	0.06	9.20
	电炉炼钢		0.19	4.00	0.38	10.82	0.53	10.70
	铸轧工艺		0.01	5.30	0.02	15.50	0.03	13.39
	全过程管控		0.01	5.00	0.01	14.26	0.01	10.43

行业	措施	行业达峰年	“十四五”时期		“十五五”时期		“十六五”时期	
			投资 /（亿元 /a）	减排量 /（万 t/a）	投资 /（亿元 /a）	减排量 /（万 t/a）	投资 /（亿元 /a）	减排量 /（万 t/a）
交通	乘用车	2028	294.30	216.00	466.49	304.00	539.06	353.26
	轻型客车		13.35	13.90	23.24	23.43	27.30	28.70
	大中型客车		1.76	3.80	2.09	2.55	2.66	2.74
	轻型货车		15.99	33.63	20.87	34.70	33.19	51.90
	中重型货车		3.67	14.20	4.97	12.38	7.63	17.10
建筑	城镇居住建筑节能改造	2018	0.87	2.70	1.77	8.50	0.44	2.00
	公共建筑节能改造		0.45	2.00	0.56	5.79	0.11	1.09
	农村居住建筑节能改造		1.27	11.26	4.33	36.96	0.84	12.05
建材	能效提高技术	2023	0.29	88.52	0.38	109.77	0.64	200.50
	能量回收技术		0.02	8.67	0.13	51.14	0.04	14.00
	燃料替代技术		0.02	5.01	0.02	7.80	0.03	11.40
其他	各行业 CCUS 及其他措施		1.04	50.05	6.98	90.88	6.27	89.19
总计			466.50	987.70	800.60	1 553.20	979.28	1 970.98

注：减排量为该技术带来的减排量总和，由于行业在发展过程中存在碳排放增量，因此达峰路径中相较于基准年的行业减排量小于技术减排量之和。